名校名师**精品**系列教材

U0300322

Vue.js Basic and Application
Development

Vue.js

基础与应用开发实战

微课版

陈承欢●编著

人民邮电出版社

北京

图书在版编目（CIP）数据

Vue.js基础与应用开发实战：微课版 / 陈承欢 编
著. -- 北京：人民邮电出版社，2022.11（2024.1重印）
名校名师精品系列教材
ISBN 978-7-115-59617-8

Ⅰ．①V… Ⅱ．①陈… Ⅲ．①网页制作工具—程序设
计—教材 Ⅳ．①TP393.092.2

中国版本图书馆CIP数据核字(2022)第114476号

内 容 提 要

Vue.js 是一套用于构建用户界面的渐进式框架，采用"模型—视图—视图模型"的模式，支持数据驱动和组件化开发。

本书在模块化、层次化、活页式、在线式等方面做了大量的探索与实践，构建了独特的模块化结构，合理选取并有序组织内容，兼顾知识学习的灵活性与教材使用的实用性。本书构建了 Vue.js 应用开发的理论知识学习与编程技能训练的层次化结构，由易到难、由浅入深，分为 10 个单元（包括 9 个教学单元和 1 个综合应用实战单元）和 6 个附录进行讲解。除单元 10 外，每个教学单元又划分为 4 个学习阶段：学习领会、拓展提升、应用实战、在线测试。其中，理论知识学习分为 3 个层次，即入门知识、必修知识、拓展知识；编程技能训练也分为 3 个层次，即验证程序编写、实例程序编写、综合应用实战。本书将纸质固定方式与电子活页方式相结合，构建了模块化的新形态教材的活页式结构，充分发挥网络资源优势，构建了网络资源共享新模式。

本书可以作为普通高等院校、高等或中等职业院校和高等专科院校相关专业的 Vue.js 程序设计课程的教材，也可以作为 Vue.js 程序设计的培训教材及自学参考书。

◆ 编　著　陈承欢
　　责任编辑　桑　珊
　　责任印制　王　郁　焦志炜
◆ 人民邮电出版社出版发行　　北京市丰台区成寿寺路 11 号
　　邮编　100164　电子邮件　315@ptpress.com.cn
　　网址　https://www.ptpress.com.cn
　　天津嘉恒印务有限公司印刷
◆ 开本：787×1092　1/16
　　印张：19.75　　　　　　　　2022 年 11 月第 1 版
　　字数：584 千字　　　　　　2024 年 1 月天津第 3 次印刷

定价：69.80 元

读者服务热线：(010)81055256　印装质量热线：(010)81055316
反盗版热线：(010)81055315
广告经营许可证：京东市监广登字 20170147 号

前言 PREFACE

本书全面贯彻党的二十大精神，以社会主义核心价值观为引领，传承中华优秀传统文化，坚定文化自信，使内容更好体现时代性、把握规律性、富于创造性。

Vue.js 是一套用于构建用户界面的渐进式框架，Vue.js 的核心库只关注视图层，不仅易于上手，还便于与第三方库和既有项目整合。Vue.js 的目标是通过尽可能简单的应用程序接口实现响应式的数据绑定和组合的视图组件。Vue.js 自身并不是一个"全能"框架，它只是聚焦于视图层，容易与其他库和已有项目整合。在与相关工具和支持库一起使用时，Vue.js 还能驱动复杂的单页面 Web 应用。

本书在模块化、层次化、活页式、在线式等方面做了大量的探索与实践，主要特色如下。

1. 构建了独特的模块化结构，合理选取并有序组织教材内容，兼顾知识学习的灵活性与教材使用的实用性

Vue.js 是目前流行的 Web 前端应用开发框架之一，其特点之一就是具有较强的灵活性，其生态系统不断繁荣，可以在一个库和一套完整框架之间自如伸缩。Vue.js 本身是基于 JavaScript 语言的程序开发框架，JavaScript 语言是一种基于对象和事件驱动的脚本语言，其下一代标准为 ES6（ECMAScript 6.0），JavaScript、ES6、Vue.js 都有完整的语法知识体系。Vue 应用开发涉及大量的开发工具、开发平台与框架、库与插件，说明如下。

- 相关的开发工具包括 Node 包管理器 NPM 和 Yarn、脚手架工具 vue-cli、打包工具 webpack、前端构建工具 Vite、ES 转码器 Babel、CSS 预处理器 SASS、代码检查工具 ESLint 等。
- 相关的开发平台与框架包括 Node.js、Express、Vuex、Koa、Koa2、Nuxt.js 等。
- 相关的库与插件包括 HTTP 库 Axios、UI 组件库 Element-UI、iView UI 与 View UI、插件 Postman、模拟后端接口插件 Mock.js。

本书的教学内容至少涉及以上多个方面的内容，这些内容是一个庞大的知识库，内容的取舍与组织是编写 Vue.js 教材的关键。

本书打破常规，将内容划分为三大模块（即 3 个学习阶段）：Vue.js 应用开发核心理论知识学习与编程技能训练、Vue.js 应用开发综合应用实战、Vue.js 应用开发相关内容介绍与实例验证。其中 Vue.js 应用开发核心理论知识学习与编程技能训练模块按 Vue.js→Vue-cli→Vuex→Nuxt.js 的逻辑顺序，由易到难、由浅入深，划分为 9 个教学单元，分别为 Vue.js 起步、Vue 网页模板制作、Vue 数据绑定与样式绑定、Vue 项目创建与运行、Vue 组件构建与应用、Vue 过渡与动画实现、Vue 路由配置与应用、Vuex 状态管理、服务器端渲染，其中前 7 个教学单元为 Vue.js 的核心教学内容。本书最后一个单元为 Vue 综合应用实战，设置了 4 个层次的综合应用任务。Vue.js 应用开发相关内容介绍与实例验证模块涉及 Vue 程序开发环境搭建等多个方面的内容，在前面各个教学单元都会或多或少用到一些工具、平台、框架、插件、库和编程风格，为了便于比较与应用，本书将其划分为 6 个独立部分并以附录形式呈现。由于篇幅的限制，附录内容大部分以电子活页形式呈现。

总之，本书根据重要程度、使用频率、掌握的必要性等，对每个知识点、技能点进行了合理取舍，对使用频率高、必须掌握的知识点与技能点进行了条理化处理，形成了层次分明、结构清晰、重点突出、方便学习的模块化结构。

2. 构建了 Vue.js 应用开发的理论知识学习与编程技能训练的层次化结构

除单元 10 外，本书的每个教学单元划分为 4 个学习阶段：学习领会、拓展提升、应用实战、在线测试。其中，理论知识学习分为 3 个层次，即入门知识、必修知识、拓展知识；编程技能训练也分为 3 个层次，即验证程序编写、实例程序编写、综合应用实战。

（1）理论知识学习的3个层次

- 入门知识：公共的基础知识，是学习必修知识和Vue.js项目开发的前提。
- 必修知识：Vue.js应用开发的重点内容，是必须理解、掌握，并能灵活应用的知识。
- 拓展知识：有的是难度较高的知识，有的是从知识的完整性、系统性等方面考虑而列出的知识，有的是为学习能力较强的学习者提供的知识。

（2）编程技能训练的3个层次

- 验证程序编写：以单条语句在命令行窗口中执行，或者编写简单程序代码，对相关知识进行验证与讲解。
- 实例程序编写：以完整程序方式，对知识进行验证性训练，在Vue.js程序开发环境中编写程序代码，运行后查看结果。本书提供了107个实例程序。
- 综合应用实战：根据待解决的实际问题或待实现的功能需求，应用相关知识编写程序、实现要求的功能，运行程序并查看结果，主要训练知识应用能力和问题分析能力。本书提供了28个任务程序。

每个教学单元以及附录都包括验证程序编写和实例程序编写。单元1至单元9中的应用实战项目不同程度地综合应用了本单元或者前面各单元介绍的编程知识和技能，具有一定的综合性，也考虑了程序功能的多样性。单元10优选了4个综合应用实战，这4个任务具有典型性和实用性。第1个任务为实现简单的登录注册评论功能，用户数据与评论内容存放在Vue实例的data节点中，采用"1个HTML文件+1个JavaScript文件"的方式实现。第2个任务为实现简单的购物车功能，商品数据与用户数据存放在JSON文件中，采用"1个HTML文件+1个JavaScript文件+1个JSON文件"的方式实现。第3个任务为实现前后端分离的移动版网上商城项目，商品数据存放在MySQL数据库中，综合应用"Vue.js+Axios+Vuex+Node.js+MySQL"等多项技术构建前后端分离的移动版网上商城。第4个任务是一个难度较大的真正的综合项目，项目中的所有数据都存放在MySQL数据库中，综合应用"Vue.js+vue-router+Axios+Vuex+Element-ui+Node.js+MySQL"等多项技术构建前后端分离的网上商城：前端包含11个页面，实现了商品的展示、商品分类查询、商品详细信息展示、登录、注册、用户购物车、订单结算、用户订单等众多实用功能；后端采取MVC模式，根据前端需要的数据分模块设计了相应的接口、控制层、数据持久层。

3. 构建了模块化新形态教材的活页式结构

本书将纸质固定方式与电子活页方式相结合，并扬长避短，形成活页式教材的典型模式。各个教学单元的拓展知识、篇幅较长的程序代码以及附录的大部分内容均以电子活页形式呈现，并提供资源二维码，读者以电子活页方式阅读本书更清晰、更灵活。

4. 充分发挥网络资源优势，构建了网络资源共享新模式

网络中有海量的资源，也有很多优秀的文章和案例。编著者在编写本书的过程中浏览了1000多篇网络文章和500多个网上案例，由于数量太多，无法一一列举，在此对所参考文章和案例的原作者一并表示衷心感谢。本书有些案例直接使用了网上的优秀案例，在此对原作者的辛勤劳动表示感谢。

本书由湖南铁道职业技术学院陈承欢教授编著，冯向科、颜谦和、张军、颜珍平、吴献文、谢树新、汤梦姣、肖素华、林保康、张丽芳等老师参与了部分章节和程序的编写工作。

由于编著者水平有限，教材中难免有疏漏之处，敬请专家与读者批评指正。

编著者

2023年5月

本书导学 GUIDE

1. 关于本书版本的约定

目前 Vue.js 的版本有 v2.x 和 v3.x，本书以 v2.x 为主，兼顾 v3.x。

2. 关于本书编程环境的约定

① 命令执行环境使用 Windows 操作系统的【命令提示符】对话框。

② 网页开发环境使用 Dreamweaver，读者应下载与安装最新版本的 Dreamweaver。

③ Vue 程序开发环境使用 Node.js，读者应下载与安装最新版本的 Node.js。

3. 关于本书标识的约定

本书命令或语句的基本语法格式中通常包含< >和[]两种符号。其中< >表示解释或提示性文字，实际应用中使用变量名或语句替代；[]表示可选项，即有时包含该选项或参数，有时可以省略。

4. 关于本书 HTML 文件基本结构的约定

本书 HTML 文件基本结构如下表所示。每个 HTML 文件都具有这些基本结构和基本元素，网页基本元素包括：<!doctype html>、<meta charset="utf-8">、<title>网页标题</title>、<html></html>、<head></head>、<body></body>。为了避免重复相同的基本结构代码，本书大部分 HTML 文件只展示了<body></body>之间的 HTML 代码、JavaScript 代码，省略了基本结构部分的代码。

序号	代码
01	<!doctype html>
02	<html>
03	<head>
04	<meta charset="utf-8">
05	<title>网页标题</title>
06	<!--引入 Vue 库-->
07	<script src="vue.js"></script>
08	</head>
09	<body>
10	<!-- 定义唯一根元素 div -->
11	<div id="app" >
12	...
13	</div>
14	<script>
15	<!--创建 Vue 的对象，并把数据绑定到上面创建好的 div-->
16	var vm=new Vue({ //创建 Vue 对象
17	el: '#app', // el 属性：通过 el 与 div 元素绑定，#app 是 id 选择器
18	...
19	})
20	</script>
21	</body>
22	</html>

与 Vue.js 相关的内容如下。

（1）引入 Vue 库

```
<script src="vue.js"></script>
```

若没有特殊声明，则表示默认引入 Vue 库。

（2）定义唯一根元素 div

```
<div id="app" >
    …
</div>
```

本书中各个程序的 id 选择器名称分别使用了 app、example、main。

（3）创建 Vue 的对象，并把数据绑定到上面创建好的 div

```
<script>
    var vm=new Vue({
        el: '#app',
    })
</script>
```

5. 关于一些指令简化表示形式的约定

（1）绑定 click 事件

```
<a v-on:click="doSomething"></a>
```

可以简写为：

```
<a @click="doSomething"></a>
```

（2）绑定动态属性

```
<a v-bind:href="url"></a>
```

可以简写为：

```
<a :href="url"></a>
```

6. 关于本书教学资源的下载与使用

本书提供了丰富的教学资源供学习者下载与使用。本书中所有列出文件名或项目名的实例和任务都提供了源代码，读者可以随时随地登录人邮教育社区（www.ryjiaoyu.com）下载所需源代码及其他教学资料。

本书限于篇幅，部分源代码与教学内容以电子活页形式提供，读者可以扫描各个教学单元对应的二维码进行在线测试或查看源代码及其他各种教学资料。

目录 CONTENTS

单元 1
Vue.js起步

Vue.js（以下简称 Vue）是前端常用框架之一，使用 Vue 进行项目开发不仅可以提高开发效率，还可以改善开发体验。使用 Vue 的 JavaScript 前端开发框架，可以独立完成前后端分离式 Web 项目开发。Vue 是单页面 Web 应用（Single Page Web Application，SPA）的典型代表，使用它配合 webpack 等前端构建工具，加载页面的时候可以将 JavaScript、CSS 统一加载，然后通过监听 URL 的哈希值实现内容切换。

Vue 有构建用户界面、渐进式框架、SPA 3 个关键词，本单元会针对这 3 个关键词的内容进行具体说明。

 学习领会

1.1 Vue 概述

1. 什么是 Vue

Vue 是一套用于构建用户界面的渐进式框架，采用模型—视图—视图模型（Model-View-ViewModel，MVVM）模式，支持数据驱动和组件化开发。Vue 的目标是通过尽可能简单的应用程序编程接口（Application Programming Interface，API）实现响应式的数据绑定和组合的视图组件。

Vue 采用自下而上增量开发的设计，其核心库只关注视图层，它不仅易于上手，还便于与第三方库和既有项目整合。另一方面，当与单文件组件和 Vue 生态系统支持的库结合使用时，Vue 也完全能够为复杂的 SPA 程序提供驱动。

2. 如何理解 Vue 是渐进式框架

简单地理解渐进式框架，就是用户想用或者能用的功能特性先使用，用户不想用的部分功能可以先不用。Vue 不强求用户一次性接受并使用它的全部功能特性。

渐进式 JavaScrip 框架可以控制一个页面的一个标签或一系列标签，也可以控制整个页面，甚至可以控制整个前台项目。用户需要用它的什么组件就用什么组件，没有强主张。

如果只使用 Vue 最基础的声明式渲染的功能，则完全可以把 Vue 当作一个模板引擎来使用；如果想以组件化开发方式进行开发，则可以进一步使用 Vue 里面的组件系统；如果要制作 SPA，则可以使用 Vue 里面的客户端路由功能；如果组件越来越多，需要共享一些数据，则可以使用 Vue 里面的状态管理功能；如果想在团队里执行统一的开发流程或规范，则可以使用构建工具。所以，用户可以根据项目的复杂度来自主选择使用 Vue 里面的何种功能。

Vue 的核心功能是一个视图模板引擎，但这不是说 Vue 就不能成为一个框架。在声明式渲染（视图模板引擎）的基础上，可以通过添加组件系统、客户端路由、大规模状态管理来构建一个完整的框架。更重要的是，这些功能相互独立，开发者可以在核心功能的基础上任意选用其他的部件，不一定要全部使用。可以看到，这里所说的"渐进式"其实就是 Vue 的使用方式，同时也体现了 Vue 的设计理念。

3. 什么是 SPA

SPA 是指单页面 Web 应用，一般整个应用只有一个 HTML 页面，客户端页面通过与服务器端的交互动态更新页面中的内容，通过前端路由实现无刷新跳转。Vue 属于 SPA 的一员。SPA 的优点和缺点如下。

（1）优点

- 符合前后端分离工作模式。SPA 可以结合 Restful（一种网络应用程序的设计风格和开发方式），通过 AJAX 异步请求数据接口获取数据，后端只需要负责获取数据，不用考虑渲染，前端使用 Vue 等 MVVM 框架渲染数据。
- 提供良好的用户体验。SPA 没有页面跳转，无须刷新切换内容，浏览页面更流畅。
- 可以减轻服务器端压力。展示逻辑和数据渲染在前端完成，服务器端的任务更明确，局部刷新对服务器压力更小。
- 支持多平台共享。无论是移动端还是计算机端都可以共享服务器端接口。
- 后端数据接口可复用。设计的 JSON 格式数据可以在计算机端和移动端通用。

（2）缺点

- 搜索引擎优化（Search Engine Optimization，SEO）难度大。应用数据通过请求接口动态渲染，不利于 SEO，SPA 在 SEO 时可能搜索到空的<div>。
- 首页加载慢。首页需要一次加载多个请求，渲染时间可能会比较长。SPA 模式下大部分的资源需要在首页加载，容易造成首页白屏等问题。

4. 区分 SPA 与 MPA

（1）SPA

SPA 一开始只需要加载一次 JavaScript、CSS 的相关资源。所有内容都包含在主页面，对每一个功能模块组件化。SPA 跳转就是切换相关组件，仅刷新局部资源。第一次进入页面的时候会请求一个 HTML 文件，刷新清除一下。切换到其他组件后，此时路径也会发生相应的变化，但是并没有新的 HTML 文件请求，页面内容也发生了变化。

SPA 的工作原理是：通过 JavaScript 感知到 URL 的变化，用 JavaScript 动态地将当前页面的内容清除掉，然后将下一个页面的内容挂载到当前页面上，这个时候的路由不是后端来做，而是前端来做，判断页面到底显示哪个组件，清除不需要的组件，显示需要的组件。这种过程就是 SPA，每次跳转的时候不需要再请求 HTML 文件。

SPA 的优点之一是页面切换速度快，页面每次切换跳转时并不需要请求 HTML 文件，这样就缩短了 HTTP 请求发送时延，在切换页面的时候速度就很快。

但是，SPA 的首屏时间（首屏时间指打开第一屏页面所用的时间）长，SEO 排名欠佳。SPA 的首屏时间长，打开首屏时需要请求一次 HTML 文件，同时还要发送一次 JavaScript 请求，两次请求回来了，首屏才会展示出来。SPA 的 SEO 排名欠佳，因为搜索引擎只认识 HTML 文件里的内容，不认识 JavaScript 请求的内容，而 SPA 的内容都是靠 JavaScript 渲染生成的，搜索引擎不能识别这部分内容，也就不会给一个好的排名，因此会导致 SPA 做出来的网页在百度和谷歌等搜索引擎上的排名欠佳。

既然有这些缺点，为什么还要使用 Vue 呢？

因为 Vue 提供了一些技术来解决这些问题，例如服务器端渲染（Server Side Rendering，SSR）技术，通过这些技术可以解决这些问题。如果能将这些问题解决好，那么 SPA 对于前端来说是非常好的页面开发解决方案。

（2）MPA

多页面 Web 应用（Multi-page Application，MPA），指有多个独立页面的应用（多个 HTML 页面），每个页面必须重复加载 JavaScript、CSS 等相关资源。MPA 跳转需要整页资源刷新，每一次页面跳转的时候，后台服务器都会返回一个新的 HTML 文件，这种类型的网站就是多页网站。

MPA 的优点之一是首屏时间短，当访问页面的时候，服务器返回一个 HTML 文件，页面就会展示出来，这个过程只经历了一个 HTTP 请求，所以页面展示的速度非常快。

MPA 还有一个优点是 SEO 排名较好。搜索引擎在做网页排名的时候，会根据网页内容给网页权重来进行网页的排名。搜索引擎是可以识别 HTML 文件的内容的，而每个页面所有的内容都放在 HTML 文件中，所以 MPA 的 SEO 排名较好。

但是 MPA 也有缺点，那就是切换慢，因为每次跳转都需要发出一个 HTTP 请求，如果网络比较慢，在页面之间来回跳转时，就会有明显的卡顿。

MPA 模式与 SPA 模式的比较如表 1-1 所示。

表 1-1 MPA 模式与 SPA 模式的比较

比较条目	MPA 模式	SPA 模式
应用构成	由多个完整页面构成	由一个公共外壳页面和多个组件构成
用户体验	页面切换、加载缓慢，流畅度不够，用户体验比较差，尤其是网速慢的时候更加明显	页面片段间切换快，用户体验良好。当初次加载文件过多时，需要做相关调优操作
刷新方式	整页刷新	相关组件切换，页面局部刷新或更改
跳转方式	页面之间的跳转是从一个页面跳转到另一个页面	页面片段间的跳转是把一个页面片段删除或隐藏，加载另一个页面片段并将其显示出来。这是页面片段之间的模拟跳转，并没有开壳页面
路由模式	普通链接跳转	可以使用 hash 模式，也可以使用 history 模式
跳转后公共资源是否重新加载	是（组件公用的资源只需要加载一次）	否（每个页面都需要自己加载公用的资源）
URL 模式	http://xxx/page1.html	http://xxx/shell.html#page1
能否实现转场动画	无法实现	容易实现，方法有很多（通过路由带参数传值，Vuex 传值等）
页面间传递数据	依赖 URL、Cookie 或者 LocalStorage，实现起来较麻烦	因为在一个页面内，所以页面间传递数据很容易实现
SEO	实现起来较容易	需要单独方案，实现起来较困难，不利于 SEO 检索，可利用服务器端渲染（SSR）优化
特别适用的范围	需要对搜索引擎友好的网站	对体验要求高的应用，特别是移动端的应用
开发难度	较低，框架选择容易	较高，需要专门的框架来降低这种模式的开发难度

5. 区分前端开发与后端开发

（1）什么是前端开发

构建用户界面属于前端开发范畴，前端开发主要涉及网站和应用的开发，简单地说，用户能够从应用的屏幕和浏览器上看到的东西都属于前端。

以正在浏览的网页为例，网页上的内容、图片、段落之间的空隙、左上角的图标、右下角的通知按钮，所有这些东西都属于前端。移动端应用的前端和网站是一样的。例如，用户看到的内容、按钮、图片，它们都属于前端。另外，因为移动设备的屏幕是可以触摸的，所以应用程序对各种触控手势（例如放大、缩小、双击、滑动等）做出的响应也属于前端，它们属于前端的活动部分。

前端开发用到的技术包括但不限于 HTML5、CSS3、JavaScript、jQuery、Bootstrap、VueJs、Node.js、webpack、AngularJs、ReactJs、Ionic、Swift、Kotlin 等。

（2）什么是后端开发

后端开发即"服务器端"开发，主要涉及软件系统后端的东西。例如，用于托管网站和应用数据的服务器、放置在后端服务器与浏览器及应用之间的中间件，它们都属于后端。简单地说，那些用户在屏幕上看不到但又被用来为前端提供支持的东西就是后端。

网站的后端涉及搭建服务器、保存和获取数据，以及用于连接前端的接口。如果说前端开发者关心的是网站外观，那么后端开发者关心的是如何通过代码、API 和数据库集成来提升网站的速度、性能和响应性。

与前端类似，移动端应用的后端与网站后端是一样的。为移动端应用搭建后端有以下选择：云平台（AWS、Firebase）、自己的服务器或移动后端即服务（Mobile Backend as a Service，MBaaS）。

后端开发用到的技术包括但不限于 Apache、PHP、Ruby、Nginx、MySQL、MongoDB 等。

6. 区分前后端不分离模式与前后端分离模式

（1）前后端不分离模式

在前后端不分离的应用模式中，前端页面看到的效果都是由后端控制的，由后端渲染页面或重定向。也就是说，后端需要控制前端的展示效果，前端与后端的耦合度很高。

（2）前后端分离模式

在前后端分离的应用模式中，后端仅返回前端所需要的数据，不渲染 HTML 页面，也不控制前端的展示效果。

至于前端用户看到什么效果，从后端请求的数据如何加载到前端，这些都是由前端自己决定的，网页有网页的处理方式，应用有应用的处理方式。但无论哪种前端，所需的数据基本相同，后端仅需开发一套逻辑对外提供数据即可。

7. 区分框架和库

Vue 是目前流行的 Web 前端应用开发框架之一，其特点之一就是具有较强的灵活性，其生态系统不断繁荣，可以在一个库和一套完整框架之间伸缩自如。

（1）什么是框架

框架是一套架构，能基于自身特点向用户提供一套相当完整的解决方案，控制权在框架本身，使用者需要按照框架所规定的某种特定规范进行开发。目前流行的前端框架主要有 Vue、React、Angular。

（2）什么是库

库是一种插件，是一种封装好的特定方法的集合，提供给开发者使用，控制权在使用者手里。目前流行的一些库有 jQuery、Zepto、Axios 等。

【实例 1-1】借助 JavaScript 访问 HTML 元素

【操作要求】

使用 document.getElementById(id)方法访问网页中的 HTML 元素；使用 id 属性标识 HTML 元素；使用 innerHTML 属性获取或插入元素内容。

【实现过程】

使用 HTML 编辑器 Dreamweaver 创建网页 0101.html，实现操作要求的功能，并在网页中输出文本内容"Hello Vue"，该网页的代码如表 1-2 所示。

表 1-2　网页 0101.html 的代码

序号	代码
01	`<!doctype html>`
02	`<html>`
03	`<head>`
04	`<meta charset="utf-8">`
05	`<title>借助 JavaScript 访问 HTML 元素</title>`
06	`</head>`
07	`<body>`
08	`<div id="app">`
09	`<p id="demo"></p>`
10	`</div>`
11	`<script>`
12	`var message='Hello Vue';`
13	`document.getElementById("demo").innerHTML=message;`
14	`</script>`
15	`</body>`
16	`</html>`

浏览网页 0101.html 的结果如图 1-1 所示。

在表 1-2 中，<script>标签中的 JavaScript 语句可以在 Web 浏览器中执行，document.getElementById("demo")是使用 id 属性来查找 HTML 元素的 JavaScript 代码，.innerHTML = message 是用于修改元素的 HTML 内容（innerHTML）的 JavaScript 代码。

Hello Vue

图 1-1　浏览网页 0101.html 的结果

1.2 下载、安装与引入 Vue

1.2.1 下载与安装 Vue

1. 下载 Vue

Vue 可以从官网直接下载，目前分开发版（vue.js）和生产版（vue.min.js）。开发版包含完整的警告信息和调试模式；生产版删除了警告信息，是压缩后的文件。建议在开发环境下不要使用生产版，否则就失去了所有常见错误相关的警告。

2. 使用 NPM 安装 Vue

在使用 Vue 构建大型应用时，推荐使用节点包管理器（Node Package Manager，NPM）安装最新稳定版 Vue。NPM 能很好地和诸如 Webpack 或 Browserify 一类的模块打包器配合使用。同时，Vue 也提供配套工具来开发单文件组件。

（1）打开 Windows 操作系统的【命令提示符】对话框

打开【命令提示符】对话框。

（2）输入安装 Vue 的命令

在提示符 > 后输入以下安装 Vue 的命令：

```
npm install vue
```

此时【命令提示符】对话框（以下简称命令行）如图 1-2 所示。

图 1-2　【命令提示符】对话框

按【Enter】键，开始安装 Vue。

3. 使用淘宝 NPM 镜像安装 Vue

如果直接使用 NPM 的官方镜像，则安装有点慢，这里推荐使用淘宝 NPM 镜像。淘宝 NPM 镜像是一个完整的 npmjs.org 镜像，可以用此镜像代替官方镜像。执行以下命令可以切换为淘宝 NPM 镜像服务器。

```
npm config set registry https://registry.npm.taobao.org
```

还可以使用淘宝定制的 cnpm（gzip 压缩支持）命令行工具代替默认的 NPM。执行以下命令，这样就可以使用 cnpm 命令行工具来安装模块了。

```
npm install -g cnpm --registry=https://registry.npm.taobao.org
```

使用 cnpm 安装 Vue 的命令如下：

```
cnpm install vue
```

npm 版本不低于 3.0，如果低于此版本则需要使用以下命令进行升级。

升级 npm 的命令如下：

```
cnpm install npm -g
```

升级或安装 cnpm 的命令如下：

```
npm install cnpm -g
```

如果使用 npm 安装 node_modules 时总是报错"npm resource busy or locked……"，可以先删除以前安装的 node_modules 文件夹及该文件夹中的文件，然后执行以下命令重新安装。

```
npm cache clean
npm install
```

1.2.2　引入 Vue

1. 直接使用 script 标签引入

下载 Vue 到本机后，直接用<script>标签引入，Vue 会被注册为一个全局变量。直接使用<script>标签引入 Vue 的代码如下：

```
<script src="vue.js"></script>
```

上述代码表示引入当前路径下的 vue.js 文件。

2. 使用在线 CDN 方法引入

常用的引入方法如下：

```
<script src="https://unpkg.com/vue"></script>
<script src=" https://unpkg.com/vue/dist/vue.js "></script>
<script src="https://cdn.jsdelivr.net/npm/vue/dist/vue.js"></script>
<script src="https://cdn.staticfile.org/vue/2.2.2/vue.min.js"></script>
<script src="https://cdnjs.cloudflare.com/ajax/libs/vue/2.1.8/vue.min.js"></script>
```

其中 https://unpkg.com/vue/dist/vue.js 会保持和 npm 发布的最新版本一致。

1.3　Vue 应用入门

下面先来分析一个实例。

【实例 1-2】在网页中输出 Vue 变量的值

【操作要求】

① 引入 Vue 库。

② 定义唯一根元素 div。

③ 使用两对大括号{{ }}绑定 Vue 对象中的变量，在网页中输出 Vue 变量 message 的值，其值为字符串 Hello Vue。

④ 创建 Vue 的对象，并把数据绑定到创建好的根元素 div。

⑤ 创建 Vue 对象，通过 el 与 div 元素绑定。

⑥ 定义 data 属性，在该属性中定义 message 变量，在该变量中存放 Vue 对象中绑定的数据。

微课 1-1

在网页中输出 Vue
变量的值

【实现过程】

使用 HTML 编辑器 Dreamweaver 创建网页 0102.html，实现操作要求的功能，并在网页中输出文本内容"Hello Vue"，该网页的代码如表 1-3 所示。

表 1-3　网页 0102.html 的代码

序号	代码
01	<!doctype html>
02	<html>
03	<head>
04	<meta charset="utf-8">
05	<title>在网页中输出 Vue 变量的值</title>
06	<!--引入 Vue 库-->
07	<script src="vue.js"></script>
08	</head>
09	<body>
10	<!--定义唯一根元素 div -->
11	<div id="app">
12	<!--Vue 模板绑定数据的方法，用两对大括号{{}}绑定 Vue 对象中的变量 -->
13	<p>{{ message }}</p>
14	</div>
15	<script>
16	//创建 Vue 的对象，并把数据绑定到前面创建好的根元素 div
17	var vm=new Vue({　　　　　　　 // 创建 Vue 对象
18	el: '#app',　　　　　　　 // el 属性：通过 el 与 div 元素绑定，#app 是 id 选择器
19	data: {　　　　　　　 // data 属性：Vue 对象中绑定的数据
20	message: 'Hello Vue'　　 // message 自定义的变量
21	}
22	})
23	</script>
24	</body>
25	</html>

　　浏览网页 0102.html 的结果如图 1-3 所示。

　　网页 0102.html 的输出内容与网页 0101.html 相同，但实现方式不同，网页 0101.html 是使用 JavaScript 实现的，网页 0102.html 是使用 Vue 实现的。

> Hello Vue

图 1-3　浏览网页 0102.html 的结果

　　从表 1-3 可以看出，应用 Vue 技术输出变量 message 的值涉及以下 3 个方面，并且这 3 个方面缺一不可。

（1）引入 Vue 库

代码如下：

```
<script src="vue.js"></script>
```

引入 vue.js 文件后，会得到一个 Vue 构造器，用来创建 Vue 实例。

（2）定义唯一根元素 div

代码如下：

```
<div id="app">
   <p>{{ message }}</p>
</div>
```

id 值为 app 的元素是 Vue 实例控制的元素。

（3）创建 Vue 实例，并把数据绑定到前面创建好的根元素 div

代码如下：

```
<script>
   var vm=new Vue({
       el: '#app',
```

```
        data: {
                message: 'Hello Vue'
            }
        })
</script>
```

其中的 vm 表示 Vue 实例对象，el 表示当前 vm 实例要控制的页面区域，即 id 值为 app 的元素；data 属性用于存放 el 中要用到的数据，message 变量存储的数据为 Hello Vue，该变量存储的数据通过两对大括号{{ }}的插值表达式渲染到页面，对应的代码如下：

```
<div id="app">
  <p>{{ message }}</p>
</div>
```

1.3.1　模板插值

Vue 最简单的应用就是将其当作一个模板引擎，也就是采用模板语法把数据渲染进页面。Vue 使用两对大括号{{}}来进行模板插值，下面的 message 相当于一个变量或占位符，最终会表示为真正的文本内容。代码如下：

```
<div id="app">
  <p>{{ message }}</p>
</div>
```

1.3.2　创建 Vue 实例

每个 Vue 应用都是通过构造函数 Vue()创建一个 Vue 的根实例启动的，经常使用 vm（ViewModel 的缩写）这个变量名表示 Vue 实例：

```
var vm = new Vue({
        // 选项对象
})
```

在实例化 Vue 时，需要传入一个选项对象，它可以包含数据、模板、挂载元素、方法、生命周期钩子等选项。

```
var vm=new Vue({
        el: '#app',
        data: {
                message: 'Hello Vue'
            }
        })
```

上面为 Vue()构造函数传入了一个对象，对象中包括 el 和 data 这两个参数。

（1）el

参数 el 是 element 的缩写，用于提供一个在页面上已存在的 DOM 元素作为 Vue 实例的挂载目标，参数值有两种类型，包括 string 和 HTMLElement。

"el:'#app'" 表示挂载目标为 id 为 app 的元素，也可以写为 "el :document.getElementById('app')"。

（2）data

参数 data 表示 Vue 实例的数据对象。

data: { message: 'Hello Vue' } 表示变量 message 所代表的真实值为 Hello Vue。

看起来，上面的示例跟渲染一个字符串模板非常类似，但是 Vue 在背后做了大量工作。现在数据和 DOM 已经被绑定在一起，所有的元素都是响应式的。

1.3.3 浏览网页 0102.html 与查看数据

下面在 Chrome 浏览器中浏览网页 0102.html。

按【F12】键，打开浏览器控制台界面，上方切换到【Elements】选项卡，下方切换到【Console】选项卡，在提示符 > 后输入"vm.message"，下方可以看到该属性值为 Hello Vue，如图 1-4 所示。

在浏览器控制台界面中修改 vm.message 的值为 Happy every day，如图 1-5 所示，可看到 DOM 元素相应的更新。

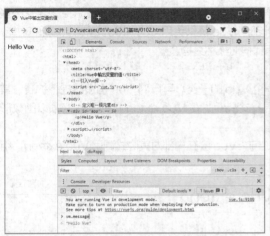

图 1-4 Chrome 浏览器的控制台界面　　　图 1-5　在浏览器控制台界面中修改 vm.message 的值为 Happy every day

1.4　v2.x 的 API

API 是一些预先定义的函数，目的是提供应用程序与开发人员基于某软件或者硬件得以访问一组例程的能力。应注意的是，通过 API 无法访问源代码。

1.4.1　Vue 的全局配置

在开发环境下，Vue 提供了全局配置对象，通过配置可以实现生产信息提示、忽略警告等个性化处理。

Vue.config 是 Vue 的一个对象，Vue 的全局配置项是通过 Vue.config 对象进行配置的。可以在启动应用之前修改各项全局配置的属性值。

读者可以扫描二维码查看【电子活页 1-1】中 Vue 全局配置的内容，或者从本单元配套的教学资源中打开对应的文档查看相应内容。

电子活页 1-1

Vue 的全局配置项

【实例 1-3】使用 Vue 的全局配置项

【操作要求】

通过设置 Vue 的全局配置项的方法给【Enter】键设置一个别名并命名为 en，然后在 v-on 指令中

9

使用该别名，触发键盘按键事件。另外，设置 productionTip 配置项的值为 false，阻止 Vue 在启动时生成提示。

【实现过程】

创建网页 0103.html 使用 Vue 的全局配置项。读者可以扫描二维码查看【电子活页 1-2】中网页 0103.html 的代码，或者从本单元配套的教学资源中打开对应的文档查看相应内容。

网页 0103.html 的代码

浏览网页 0103.html 时，将鼠标指针置于 input 控件中，按【Enter】键，在浏览器的控制台界面中输出文本内容"使用 Vue 的全局配置项"。

1.4.2　Vue 的全局 API 方法

Vue 的全局 API 方法并不用在 Vue 的构造器里，而是先声明全局变量或者直接在 Vue 上定义一些新功能。Vue 内置了一些全局 API 方法，在构造器外部用 Vue 提供给用户的 API 方法来定义新的功能。

Vue 构造器是指 Vue 的一个构造函数，在编写代码时被称为构造器。

1.　Vue.extend(options)

Vue.extend 用于基于基础 Vue 构造器创建一个 Vue 的子类，可以对 Vue 构造器进行扩展，其参数是一个包含组件选项的对象，其中 data 选项是一个特例，在 Vue.extend 中 data 必须以函数形式出现。

如果是直接用对象形式提供的组件，在实例化之前，Vue 会在内部对其隐式调用 Vue.extend。组件更多的细节参见单元 5。

【实例 1-4】应用 Vue 组件构造器 Vue.extend

【操作要求】

先创建一个可复用的组件构造对象 Profile，然后创建 Profile 实例，并将其挂载到元素 mount-point 上。

【实现过程】

创建网页 0104.html，实现操作要求的功能，该网页的代码如下：

```
<!doctype html>
<html>
<head>
<meta charset="utf-8">
<title>Vue.extend( options )</title>
<!--引入 Vue 库-->
<script src="vue.js"></script>
</head>
<body>
<div id="mount-point"></div>
<script>
// 创建可复用的 Profile 组件构造对象
var Profile = Vue.extend({
    template:'<p>I wish you {{text1}}, {{text2}} and {{text3}}</p>',
    data:function() {
```

```
        return {
            text1 : 'happiness',
            text2 : 'health',
            text3 : 'good luck'
        }
    }
})
// 创建 Profile 实例，并挂载到一个元素上
new Profile().$mount('#mount-point')
</script>
</body>
</html>
```

在 Vue 3.x 中已经没有组件构造器这个概念了，应该使用 createApp 这个全局 API 来挂载组件。例如：

```
const Profile = {
    template: '<p> I wish you {{text1}} {{text2}} and {{text3}}</p>',
    data() {
        return {
            text1 : 'happiness',
            text2 : 'health',
            text3 : 'good luck'
        }
    }
}
Vue.createApp(Profile).mount('#mount-point')
```

2. Vue.set(target, propertyName/index, value)

该方法用于向响应式对象添加一个属性，并确保这个新属性同样是响应式的，能够触发视图更新。它必须用于向响应式对象添加新属性，因为 Vue 无法探测普通的新增属性，例如 this.myObject.newProperty = 'hi'。目标对象不能是一个 Vue 实例或 Vue 实例的根数据对象。

3. Vue.delete(target, propertyName/index)

该方法用于删除对象的属性，如果对象是响应式的，则确保删除能触发视图更新。这个方法主要用于避开 Vue 不能检测到属性被删除的限制。目标对象不能是一个 Vue 实例或 Vue 实例的根数据对象。

4. Vue.directive(id, [definition])

该方法用于注册或获取全局指令。Vue 中内置了很多的指令，如 v-model、v-show、v-html 等，但是有时候这些指令并不能满足编程需求，或者有时我们想为元素附加一些特别的功能，这时候就需要用到 Vue 的自定义指令。

在 Vue 2.0 中，代码复用和抽象的主要形式是组件。然而，在有的情况下，用户仍然需要对普通 DOM 元素进行底层操作，这时候就会用到 Vue 的自定义指令。

例如：

```
// 注册
Vue.directive('my-directive', {
    bind: function () {},
```

11

```
    inserted: function () {},
    update: function () {},
    componentUpdated: function () {},
    unbind: function () {}
})
// 注册指令函数
Vue.directive('my-directive', function () {
    // 这里将会被 bind 和 update 调用
})
// getter，返回已注册的指令
var myDirective = Vue.directive('my-directive')
```

5. Vue.use(plugin, [args…])

加载一个 Vue 的插件时，如果该插件是一个对象，它必须有一个可调用的 install()方法。如果插件是一个函数，该方法会直接被作为安装函数来调用。Vue 会将其本身作为一个参数传递到安装函数里。

通过全局方法 Vue.use()使用插件时，该方法需要在调用 new Vue()方法启动应用之前被调用。

例如：

```
// 调用 MyPlugin.install(Vue)
Vue.use(MyPlugin)
new Vue({
    // 组件选项
})
```

也可以传入一个可选的选项对象：

```
Vue.use(MyPlugin, { someOption: true })
```

Vue.use()方法会自动阻止多次注册相同插件，届时即使多次调用也只会注册一次该插件。

Vue 提供的一些插件（如 vue-router），在检测到 Vue 是可访问的全局变量时会自动调用 Vue.use()方法。然而在像 CommonJS 这样的模块环境中，应该始终显式地调用 Vue.use()方法：

```
// 在 Browserify 或 Webpack 提供的 CommonJS 模块环境中时
var Vue = require('vue')
var VueRouter = require('vue-router')
// 不要忘了调用此方法
Vue.use(VueRouter)
```

6. Vue.filter(id, [definition])

该方法用于注册或获取一个全局自定义过滤器。

例如：

```
// 注册
Vue.filter('my-filter', function (value) {
// 返回处理后的值
})
// getter，返回已注册的过滤器
var myFilter = Vue.filter('my-filter')
```

7. Vue.component(id, [definition])

该方法用于注册或获取一个全局自定义组件，注册时还会自动使用给定的 id 设置组件的名称。

例如：

```
// 注册组件，传入一个扩展过的构造器
Vue.component('my-component', Vue.extend({ /* ... */ }))
// 注册组件，传入一个选项对象（自动调用 Vue.extend()方法）
Vue.component('my-component', { /* ... */ })
// 获取注册的组件（始终返回构造器）
var myComponent = Vue.component('my-component')
```

8. Vue.transition(id, [definition])

该方法用于注册或获取一个全局 JavaScript 过渡效果定义。

9. Vue.mixin

该方法用于注册一个全局混合对象。应谨慎使用全局混合对象，因为会影响注册之后所有单独创建的每个 Vue 实例（包括第三方模板），如果生命周期里的方法重名的话，会执行所有方法。

混合（mixin）是一种可以在多个 Vue 组件之间灵活复用的机制，可以像编写一个普通 Vue 组件的选项对象一样编写一个 mixin 组件。

例如：

```
// mixin.js
module.exports = {
  created: function () {
    this.hello()
  },
  methods: {
    hello: function () {
      console.log('hello from mixin!')
    }
  }
}
// test.js
var myMixin = require('./mixin')
var Component = Vue.extend({
  mixins: [myMixin]
})
var component = new Component()    // -> "hello from mixin!"
```

10. Vue.compile(template)

该方法用于将一个模板字符串编译成 render()函数，它只在 Vue 开发版可用。

例如：

```
var res = Vue.compile('<div><span>{{ msg }}</span></div>')
new Vue({
  data: {
    msg: 'hello'
  },
  render: res.render,
  staticRenderFns: res.staticRenderFns
})
```

11. Vue.nextTick([callback, context])

该方法用于在下次 DOM 更新循环结束之后执行延迟回调函数。经常在修改数据之后立即使用这个方法，以获取更新后的 DOM。

例如：

```
// 修改数据
vm.msg = 'Hello'
// DOM 还没有更新
Vue.nextTick(function () {
// DOM 更新了
})
// 作为一个 Promise 使用（2.1.0 起新增）
Vue.nextTick()
  .then(function () {
// DOM 更新了
  })
```

12. Vue.observable(object)

该方法让一个对象可响应。Vue 内部会用它来处理 data()函数返回的对象。返回的对象可以直接用于渲染函数和计算属性，并且会在发生变更时触发相应的更新。该方法也可以作为最小化的跨组件状态存储器，用于简单的场景。

例如：

```
const state = Vue.observable({ count: 0 })
const Demo = {
    render(h) {
      return h('button', {
        on: { click: () => { state.count++ }}
      }, 'count is: ${state.count}')
    }
}
```

13. Vue.version

该方法提供字符串形式的 Vue 安装版本号，这对社区的插件和组件都非常有用，可以根据不同的版本号采取不同的策略。

例如：

```
var version = Number(Vue.version.split('.')[0])
if (version === 2) {
    // Vue v2.x.x
} else if (version === 1) {
    // Vue v1.x.x
} else {
    // Unsupported versions of Vue
```

1.4.3 Vue 实例对象的数据选项

一般来说，当模板内容较简单时，使用 data 选项配合表达式即可。涉及复杂逻

微课 1-2

Vue 实例对象的数据选项

辑时，则需要用到 methods、computed、watch 等选项。

1. data

data 是 Vue 实例的数据对象，Vue 通过递归将 data 的属性转换为 getter/setter，从而让 data 属性能响应数据变化。对象必须是纯粹的对象（含有零个或多个的键值对）：浏览器 API 创建的原生对象，原型上的属性会被忽略。简单来说，data 应该只能是数据，不推荐观察拥有状态行为的对象。一旦观察过，就无法在根数据对象上添加响应式属性。因此，推荐在创建实例之前就声明所有的根级响应式属性。

【实例 1-5】通过 vm.$data 访问 Vue 实例的数据对象

【操作要求】

创建 Vue 实例，通过 vm.$data 访问 Vue 实例的数据对象，并使用不同的方法访问 Vue 实例的数据对象。

【实现过程】

创建网页 0105.html，编写以下代码实现操作要求的功能：

```
<div id="app">
    {{ message }}
</div>
<script>
    var vm=new Vue({
        el: '#app',
        data: {
            message: '请登录!'
        }
    })
    console.log(vm.$data);
    console.log(vm.message);
    console.log(vm.$data.message);
</script>
```

在 Chrome 浏览器中浏览网页 0105.html，打开浏览器控制台界面，切换到【Console】选项卡，可以看到图 1-6 所示的输出结果。

图 1-6　浏览网页 0105.html 时在浏览器控制台界面的【Console】选项卡中的输出结果

创建完 Vue 实例之后，就可以通过 vm.$data 访问初始数据对象。Vue 实例也代理了 data 对象上所有的属性，因此访问 vm.message 等价于访问 vm.$data.message。

【示例】demo0101.html

代码如下：

```
<div id="app">
    {{ message }}
  </div>
  <script>
      var value = { message: '请登录!' }
      var vm=new Vue({
          el: '#app',
          data: value
      })
      console.log(vm.$data === value);    //true
</script>
```

被代理的属性是响应式的，也就是说，值的任何改变都会触发视图的重新渲染。设置属性也会影响初始数据，反之亦然。

但是，以_或$开头的属性不会被Vue实例代理，因为它们可能和Vue内置的属性、API方法冲突。用户可以使用如vm.$data._property的方式访问这些属性。

【示例】demo0102.html

代码如下：

```
<div id="app">
    {{ message }}
</div>
<script>
    var vm=new Vue({
        el: '#app',
        data: {
            message: '请登录!',
            _userName: 'admin',
            $password:'123456'
        }
    })
    console.log(vm.message);            //请登录!
    console.log(vm._userName);          //undefined
    console.log(vm.$data._userName);    //'admin'
    console.log(vm.$password);          //undefined
    console.log(vm.$data.$password);    //'123456'
</script>
```

当定义一个组件时，data必须声明为返回一个初始数据对象的函数，因为组件可能被用来创建多个实例。如果data仍然是一个纯粹的对象，则所有的实例将共享引用同一个数据对象。而通过提供data()函数，使得每次创建一个新实例后，用户都能够调用data()函数，从而返回初始数据的一个全新副本数据对象。

例如：

```
// Vue.extend()方法中的data必须是函数
```

```
var Component = Vue.extend({
  data: function () {
    return { x: 1 }
  }
})
```

> **注意** 不应该对 data 属性使用箭头函数。如果为 data 属性使用了箭头函数，则 this 不会指向这个组件的实例，不过仍然可以将其实例作为函数的第一个参数来访问。

例如：

```
// 直接创建一个实例
var vm = new Vue({
  data: { x: 1 }
})
data: vm => ({ x: vm.myProp })
```

2. props

props 可以是数组或对象，用于接收来自父组件的数据。

例如：

```
Vue.component('props-demo-simple', {
  props: ['size', 'myMessage']
})
```

props 可以是对象，对象允许配置高级选项，例如类型检测、自定义验证和设置默认值。用户可以基于对象的语法使用以下选项。

① type 可以是 String、Number、Boolean、Array、Object、Date、Function、Symbol 等原生构造函数中的一种，以及任何自定义构造函数或者由上述内容组成的数组。它会检查一个 prop 是否为给定的类型，否则会抛出警告。

② default 为该 prop 指定一个默认值。如果该 prop 没有被传入值，则换用这个默认值。对象或数组的默认值必须从一个工厂函数返回。

③ required 定义该 prop 是否是必填项。在非生产环境中，如果这个值为 true 且该 prop 没有被传入值，则将会抛出一个控制台警告。

④ validator。自定义验证函数会将该 prop 的值作为唯一的参数代入。在非生产环境下，如果该函数返回一个 false 的值（也就是验证失败），则将会抛出一个控制台警告。

例如：

```
// 对象语法，提供验证
Vue.component('props-demo-advanced', {
  props: {
    // 检测类型
    height: Number,
    // 检测类型 + 其他验证
    age: {
      type: Number,
      default: 0,
```

```
            required: true,
            validator: function (value) {
                return value >= 0
            }
        }
    }
})
```

3. propsData

propsData 选项在创建实例时用于传递 props，其主要作用是方便测试。它只用于 new 创建的实例中。例如：

```
var Comp = Vue.extend({
    props: ['msg'],
    template: `<div>{{ msg }}</div>`
})
var vm = new Comp({
    propsData: {
        msg: 'hello'
    }
})
```

4. computed

计算属性 computed 将被混入 Vue 实例中，所有 getter 和 setter 的 this 自动地指向 Vue 实例。计算属性默认只有 getter，不过在需要时也可以提供一个 setter。

【实例 1-6】应用 Vue 的计算属性 computed

【操作要求】

在 Vue 的计算属性 computed 中定义读取和设置数据的方法，在浏览器控制台界面中输出属性值。

【实现过程】

创建网页 0106.html，编写以下代码实现操作要求的功能。

```
var vm = new Vue({
    data: { x: 1 },
    computed: {
        // 仅读取
        xDouble: function () {
            return this.x * 2
        },
        // 读取和设置
        xPlus: {
            get: function () {
                return this.x + 2
            },
            set: function (v) {
                this.x = v - 1
```

```
            }
        }
    }
})
console.log(vm.xPlus);          // => 3
console.log(vm.xPlus = 4);      // => 4
console.log(vm.x);              // => 3
console.log(vm.xDouble);        // => 6
```

 注意 不应该使用箭头函数来定义计算属性。如果为一个计算属性使用了箭头函数，则 this 不会指向这个实例，不过仍然可以将其实例作为函数的第一个参数来访问。

例如：

```
computed: {
    aDouble: vm => vm.a * 2
}
```

计算属性的结果会被缓存，除非依赖的响应式属性发生了变化才会重新计算。如果某个依赖（例如非响应式属性）在该实例范畴之外，则计算属性是不会被更新的。

5. methods

methods 选项用于定义方法，可以直接通过 vm 实例访问定义这些方法，或者在指令表达式中使用这些方法。方法中的 this 自动绑定为 Vue 实例。定义在 methods 选项中的方法可以作为页面中的事件处理方法使用，当事件触发后，执行相应的事件处理方法。

 注意 不应该使用箭头函数来定义 methods 选项中的方法（例如 plus:() => this.x++），原因是箭头函数绑定了父级作用域的上下文，所以 this 将不会按照期望指向 Vue 实例，this.x 将是 undefined。

【示例】demo0103.html
代码如下：

```
var vm = new Vue({
    data: { x: 2 },
    methods: {
        plus: function () {
            this.x++
        }
    }
})
vm.plus()
console.log(vm.x)    // 3
```

【实例 1-7】比较 computed 与 methods 的用法

【操作要求】

分别使用 computed 与 methods 输出当前时间。

【**实现过程**】

创建网页 0107.html，编写以下代码实现操作要求的功能：

```
<div id="app">
    <p>computed 计算属性: "{{ time1 }}"</p>
    <p>methods 方法: "{{ time2() }}"</p>
</div>
<script>
    var vm = new Vue({
    el: '#app',
    computed:{
        time1: function () {
            return (new Date()).toLocaleTimeString()
        }
    },
    methods: {
      time2: function () {
        return (new Date()).toLocaleTimeString()
      }
    }
    })
</script>
```

假设有一个性能开销比较大的计算属性 W，它需要遍历一个极大的数组并做大量的计算，可能还有其他的计算属性依赖 W。如果没有缓存，将不可避免地多次执行 W 的 getter。如果不希望有缓存，则可以用 methods 替代。

6. watch

Vue 提供了一种通用的方式——watch()方法来观察和响应 Vue 实例上的一个表达式或者一个函数计算结果的数据变化，回调函数得到的参数为新值和原值。表达式只接受简单的键路径，对于更复杂的表达式则用一个函数取代。

watch()方法是一个对象，其键是需要观察的表达式或函数，值是对应的回调函数（值也可以是方法名，或者是包含选项的对象）。Vue 实例将会在实例化时调用$watch()方法，遍历 watch 对象的每一个属性。

在变更（不是替换）对象或数组时，原值将与新值相同，因为它们的引用指向同一个对象或数组。Vue 不会保留变更之前值的副本。

 注意 不应该使用箭头函数来定义 watch()方法，例如 searchQuery: newValue => this. updateAutocomplete(newValue)。原因是箭头函数绑定了父级作用域的上下文，所以 this 将不会按照期望指向 Vue 实例，this.updateAutocomplete 将是 undefined。

【实例 1-8】应用 Vue 的 watch()方法

【**操作要求**】

应用 Vue 的 watch()方法输出与观察变量的新值与原值。

【实现过程】

创建网页 0108.html，编写以下代码，应用 Vue 的 watch()方法输出与观察变量的新值与原值：

```html
<div id="app">
    <button @click="x++">x 加 1</button>
    <p>{{ message }}</p>
</div>
<script>
var vm = new Vue({
  el: '#app',
  data: {
    x: 1,
    message:"
  },
  watch: {
    x: function (newVal, oldVal) {
      this.message = 'x 的原值为' + oldVal + ', x 的新值为' + newVal;
    }
  }
})
</script>
```

以上代码中，当变量 x 的值发生变化时，通过 watch()方法的监控，使用 message 输出变量 x 的原值和新值。

1.4.4　Vue 的 DOM 选项

文档对象模型（Document Object Model，DOM）是 W3C 组织推荐的处理可扩展标记语言的标准编程接口，它是一种与平台和语言无关的 API，可以动态地访问程序和脚本，更新其内容、结构和 WWW 文档的风格。DOM 是一种基于树结构的一整套操作页面元素的 API，它要求在处理过程中将整个文档都表示在存储器中。

微课 1-3

Vue 的 DOM 选项

DOM 可以把 HTML 看作文档树，通过 DOM 提供的 API 可以对树上的节点进行操作。DOM 又被称为文档树模型，一个网页可以被称为文档，网页中的所有内容都是节点，网页中的标签被称为元素，属性是指标签的属性。

1. el

el 提供一个在页面上已经存在的 DOM 元素作为 Vue 实例的挂载目标，可以是 CSS 选择器，也可以是一个 HTMLElement 实例。在实例挂载之后，元素可以用 vm.$el 的形式进行访问。el 只在使用 new 创建实例时生效。

如果在实例化时存在 el 这个选项，实例将立即进入编译过程，否则需要显式调用 vm.$mount()方法手动开始编译。

2. template

一个字符串模板常作为 Vue 实例的标识使用，模板将会替换挂载的元素，挂载元素的内容都将被忽略，除非模板的内容有分发插槽。

如果值以#开始，则它将被用作选择符，并使用匹配元素的 innerHTML 作为模板。常用的技巧是用 <script type="x-template">包含模板。

出于安全考虑，应该只使用信任的 Vue 模板，避免使用其他人生成的内容作为模板。如果 Vue 选项中包含渲染函数，则该模板将被忽略。

3. render

render 是字符串模板的代替方案，用它可以充分发挥 JavaScript 的编程能力。该渲染函数接收一个 createElement() 方法作为第一个参数，用来创建 VNode。

如果组件是一个函数组件，该渲染函数还会接收一个额外的 context 参数，为没有实例的函数组件提供上下文信息。

Vue 选项中的 render() 函数若存在，则 Vue 构造函数不会从 template 选项或通过 el 选项指定的挂载元素中提取出 HTML 模板编译渲染函数。

4. renderError

renderError 只在开发者环境下工作。当 render() 函数遭遇错误时，提供另外一种渲染输出，其错误信息将会作为第二个参数传递到 renderError。这个功能配合 hot-reload 非常实用。

例如：

```
new Vue({
  render (h) {
    throw new Error('oops')
  },
  renderError (h, err) {
    return h('pre', { style: { color: 'red' }}, err.stack)
  }
}).$mount('#app')
```

1.4.5　Vue 的实例属性

实例属性是指 Vue 实例对象的属性，例如，vm.$data 就是一个实例属性，用于获取实例中的数据对象。

Vue 程序中直接通过"Vue 对象.属性"的形式访问来自 data 或 computed 的属性。下面使用"vm"表示 Vue 对象。在 Vue 对象中，el、data 等键也被称为属性，这些属性就是 Vue 的实例属性。

微课 1-4

Vue 的实例属性

1. vm.$data

vm.$data 用于返回当前 Vue 实例正在监视的数据对象，Vue 实例会代理其 $data 对象上的所有属性。

2. vm.$el

vm.$el 用于返回当前 Vue 实例使用的根 DOM 元素。对于片段实例，vm.$el 指向的是一个代表片段起始位置的锚节点。

3. vm.$props

vm.$props 用于接收上级组件传递的数据，Vue 实例代理了对其 props 对象属性的访问。

4. vm.$options

vm.$options 用于返回当前 Vue 实例所使用的实例化选项。如果想要调用自定义选项，就会用到这个属性。

例如：

```
Var vm=new Vue({
  customOption: 'try',
```

```
created: function () {
    console.log(this.$options.customOption) // -> 'try'
  }
})
```

5. vm.$parent

如果当前实例存在的话，vm.$parent 返回当前 Vue 实例的父实例。

6. vm.$root

vm.$root 用于返回当前组件树的根 Vue 实例，如果当前实例已经没有父实例的话，将会返回它自己。

7. vm.$children

vm.$children 用于返回当前实例的直接子组件，通过 this.$children 可以得到当前实例的所有子组件实例集合。需要注意，$children 并不保证顺序，也不是响应式的。如果尝试使用$children 来进行数据绑定，可以考虑使用一个数组配合 v-for 来生成子组件，并且使用 Array 作为真正的来源。

8. vm.$attrs

vm.$attrs 用于获取组件的属性，但其获取的属性中不包括 class、style 和被声明为 props 的属性。

1.4.6 Vue 的实例方法

1. vm.$watch(data,callback[,options])

除了使用数据选项中的 watch()方法以外，Vue 还可以使用实例对象的 $watch()方法，该方法的返回值是一个取消观察函数，用来停止触发回调函数。

微课 1-5

Vue 的实例方法

【实例 1-9】应用 Vue 的$watch()方法

【操作要求】

应用 Vue 的$watch()方法输出与观察变量的新值与原值，并返回一个取消观察函数，停止触发回调函数。

【实现过程】

创建网页 0109.html，编写以下代码实现操作要求的功能：

```
<div id="app">
    <button @click="x++">x 加 1</button>
    <p>{{ message }}</p>
</div>
<script>
var vm = new Vue({
  el: '#app',
  data: {
    x: 1,
    message:"
  }
})
  var unwatch = vm.$watch('x',function(newVal, oldVal){
  if(newVal === 5){
    // 之后取消观察
    unwatch();
```

```
    }
    this.message = 'x 的原值为' + oldVal + '，x 的新值为' + newVal;
  })
</script>
```

上面的代码中，当 x 的值更新到 5 时，触发 unwatch()方法来取消观察。单击按钮时，x 的值仍然会变化，但是不再触发 watch()方法的回调函数。

2. vm.$set(target, propertyName/index, value)

该方法用于返回设置的值，这是全局 Vue.set()方法的别名，参考 Vue.set()方法。

3. vm.$get(expression)

该方法用于为 Vue 实例传递一个表达式来获得结果，如果表达式抛出错误，该错误会被截获并返回 undefined。

4. vm.$add(key, value)

该方法用于为 Vue 实例及其$data 对象添加一个顶层属性。由于 ES5 的限制，Vue 无法侦测到对象中属性的增加或者删除，所以当需要动态添加或删除属性的时候，可以使用此方法和 vm.$delete()方法。该方法要谨慎使用，因为该方法会使当前 vm 对所有 watcher 进行一次脏值检查（Dirty Checking）。

5. vm.$delete(target, propertyName/index)

这是全局 Vue.delete()方法的别名，参考 Vue.delete()方法。

6. vm.$eval(expression)

该方法用于对一个表达式求值，该表达式可以包含过滤器。

7. vm.$mount([elementOrSelector])

该方法用于返回 vm 实例自身，如果 Vue 实例在实例化时没有收到 el 选项，则它处于"未挂载"状态，没有关联的 DOM 元素。可以使用 vm.$mount()方法手动挂载一个未挂载的实例。

如果没有提供 elementOrSelector 参数，模板将被渲染为文档之外的元素，并且必须使用原生 DOM API 把它插入文档中。

这个方法返回实例自身，因而可以链式调用其他实例方法。

例如：

```
var myComponent = Vue.extend({
    template: '<div>Hello!</div>'
})
// 创建并挂载到 #app（会替换 #app）
new myComponent().$mount('#app')
// 同上
new myComponent({ el: '#app' })
// 或者在文档之外渲染并且随后挂载
var component = new MyComponent().$mount()
document.getElementById('app').appendChild(component.$el)
```

8. vm.$forceUpdate()

该方法用于迫使 Vue 实例重新渲染。注意，它只影响实例本身和插入插槽内容的子组件，而不是所有子组件。

9. vm.$nextTick([callback])

该方法用于将回调函数延迟到下次 DOM 更新循环之后执行。在修改数据之后立即使用它，然后等待

DOM 更新。它跟全局方法 Vue.nextTick()一样，不同的是，回调函数的 this 自动绑定到调用它的实例上。

例如：

```
new Vue({
  // ...
  methods: {
    // ...
    example: function () {
      // 修改数据
      this.message = 'changed'
      // DOM 还没有更新
      this.$nextTick(function () {
        // DOM 现在更新了
        // this 绑定到当前实例
        this.doSomethingElse()
      })
    }
  }
})
```

10. vm.$destroy()

该方法用于完全销毁一个实例，清理它与其他实例的连接，解绑它的全部指令及事件监听器，触发 beforeDestroy 和 destroyed 的钩子函数（钩子函数将在 1.5 节介绍）。

在大多数场景中都不应该调用这个方法，最好使用 v-if 和 v-for 指令以数据驱动的方式控制子组件的生命周期。

1.4.7 Vue 的实例事件

微课 1-6

Vue 的实例事件

1. vm.$on(event, callback)

$on 用于在构造器外部添加事件，以监听当前实例上的自定义事件。$on 可以接收两个参数：第一个参数是调用时的事件名称，第二个参数是一个匿名函数。该事件可以由 vm.$emit 触发，回调函数会接收所有传入事件触发函数的额外参数。

例如：

```
vm.$on('test', function (msg) {
  console.log(msg)
})
vm.$emit('test', 'hi')
// => "hi"
```

2. vm.$once(event, callback)

该事件用于监听一个自定义事件，但是只触发一次。一旦触发后，监听器就会被移除。

例如：

```
vm.$once('reduceOnce',function(){
    console.log('只执行一次的方法');
});
```

3. vm.$off([event, callback])

该事件用于移除自定义事件监听器，从而关闭事件。如果没有提供参数，则移除所有的事件监听器；如果只提供了事件，则移除该事件所有的监听器；如果同时提供了事件与回调函数，则只移除这个回调函数的监听器。

例如：

```
function off(){
    console.log('关闭事件');
    vm.$off('reduce');
}
```

4. vm.$emit(eventName, [...args])

该事件用于触发当前 Vue 实例上的事件，附加参数都会传递给监听器回调函数。

例如：

```
function reduce() {
    // 事件调用
    console.log('emit 事件调用');
    vm.$emit('reduce');
}
```

【实例 1-10】应用 Vue 的实例事件改变数量

【操作要求】

应用 Vue 的实例事件分别实现多次改变数量、一次改变数量和终止改变数量。

【实现过程】

创建网页 0110.html，编写代码实现操作要求的功能。

读者可以扫描二维码查看【电子活页 1-3】中网页 0110.html 的代码，或者从本单元配套的教学资源中打开对应的文档查看相应内容。

电子活页 1-3

网页 0110.html 的
代码

拓展提升

1.5 Vue 实例的生命周期

1.5.1 图解 Vue 实例的生命周期

电子活页 1-4

图解 Vue 实例的生命
周期

随着 Vue 被越来越多地学习和使用，Vue 实例生命周期的参考价值也会越来越高。

读者可以扫描二维码查看【电子活页 1-4】中 Vue 实例的生命周期示意图，或者从本单元配套的教学资源中打开对应的文档查看相应内容。

1.5.2 认知 Vue 实例生命周期与钩子函数

每个 Vue 实例在被创建时都要经过一系列的初始化过程，例如设置数据监听、编译模板、将实例挂载到 DOM 并在数据变化时更新 DOM 等。同时，在这个过程中也会运行一些叫作生命周期钩子的函数

（以下简称钩子函数），这给了用户在不同阶段添加自己的代码的机会。钩子函数用于描述 Vue 实例从创建到销毁的整个生命周期。

例如，created()钩子函数可以用来在一个实例被创建之后执行代码：

```
new Vue({
    data: {
        x: 2
    },
    created: function () {
        // this 指向 vm 实例
        console.log('x is: ' + this.x)
    }
})
// => "x is: 2"
```

有一些其他的钩子函数在实例生命周期的不同阶段被调用，例如 mounted、updated 和 destroyed。所有钩子函数的 this 上下文将自动绑定至 Vue 实例中，因此可以访问 data、computed 和 methods。

不要在选项属性或回调函数上使用箭头函数，例如 created: () => console.log(this.x)或 vm.$watch('x', newValue => this.myMethod())。因为箭头函数并没有 this，this 会作为变量一直向上级词法作用域查找，直至找到为止，这经常导致 Uncaught TypeError: Cannot read property of undefined 或 Uncaught TypeError: this.myMethod is not a function 之类的错误。

接下来根据提供的钩子函数，对 Vue 实例各个阶段的情况进行详细说明。

1. beforeCreate

该钩子函数在实例初始化之后，创建实例对象（主要进行数据侦听和事件/侦听器的配置）之前同步调用。此时数据观测、事件等都尚未初始化，页面还没挂载对象，数据还没有被监听，this 还不能使用，在 data 下的数据、methods 下的方法、watcher 中的事件都不能获取到。

2. created

该钩子函数在实例创建完成后立即被同步调用。此时，实例已完成对选项的处理，数据已经绑定到对象实例，已完成数据观测和事件方法，意味着数据侦听、计算属性、方法、事件或侦听器的回调函数已被配置完毕，尚未开始 DOM 编译（即未挂载到 document 中），且$el 属性目前尚不可用。此时可以操作 Vue 实例中的数据和各种方法，但是还不能对 DOM 节点进行操作。

3. beforeMount

该钩子函数在挂载开始之前被调用，相关的 render()函数首次被调用，此时数据并没有被关联到$el 对象上，页面无法展示数据。该钩子函数在服务器端渲染期间不会被调用。

4. mounted

该钩子函数在编译结束、实例被挂载、DOM 文档渲染完毕之后被调用，这时 el 被新创建的 vm.$el 替换。此时所有指令已生效，数据变化已能触发 DOM 更新，但不保证$el 已插入文档。如果根实例挂载到了一个文档内的元素上，当 mounted 被调用时，vm.$el 也在文档内。一些需要 DOM 的操作在此时才能正常进行。

> **注意** mounted 不会保证所有的子组件都被挂载完成。如果希望等到整个视图都渲染完毕再执行某些操作，则可以在 mounted 内部使用 vm.$nextTick()方法。

例如：

```
mounted: function () {
```

```
    this.$nextTick(function () {
        // 仅在整个视图都被渲染之后才会运行的代码
    })
}
```

该钩子函数在服务器端渲染期间不会被调用。

5. beforeUpdate

该钩子函数在实例被挂载、数据发生改变后、DOM 被更新之前被调用，此时尚未更新 DOM 结构。这时适合在现有 DOM 将要被更新之前访问它，例如移除手动添加的事件监听器。

该钩子函数在服务器端渲染期间不会被调用，因为只有初次渲染会在服务器端进行。

6. updated

该钩子函数在实例被挂载、数据更改导致的虚拟 DOM 重新渲染和更新完毕之后被调用，此时已更新完 DOM 结构。

当这个钩子函数被调用时，组件 DOM 已经更新，所以可以执行依赖于 DOM 的操作。然而，在大多数情况下，应该避免在此期间更改状态。如果要相应改变状态，通常最好使用计算属性或 watcher 取而代之。

 注意 updated 不会保证所有的子组件都被重新渲染完毕。如果希望等到整个视图都渲染完毕，可以在 updated 里使用 vm.$nextTick()方法。

例如：

```
updated: function () {
    this.$nextTick(function () {
        // 仅在整个视图都被重新渲染之后才会运行的代码
    })
}
```

该钩子函数在服务器端渲染期间不会被调用。

7. activated

该钩子函数需要配合动态组件 keep-live 属性使用，在动态组件初始化渲染的过程中（即被 keep-alive 缓存的组件激活时）被调用。该钩子函数在服务器端渲染期间不会被调用。

8. deactivated

该钩子函数需要配合动态组件 keep-live 属性使用，在动态组件初始化移出的过程中（即被 keep-alive 缓存的组件失活时）被调用。该钩子函数在服务器端渲染期间不会被调用。

9. beforeDestroy

该钩子函数在实例销毁之前被调用，此时，Vue 实例仍然完全可用。该钩子函数在服务器端渲染期间不会被调用。

10. destroyed

该钩子函数在实例被销毁之后被调用。该钩子函数被调用后，对应 Vue 实例的所有绑定和所有指令都被解绑，所有的事件监听器都被移除，所有的子实例也都被销毁。实例被销毁之后获取不到页面中的 div 元素，无法操作 DOM 元素。该钩子函数在服务器端渲染期间不会被调用。

验证 Vue 实例生命周期的示例

【示例】demo0104.html

读者可以扫描二维码查看【电子活页 1-5】中验证 Vue 实例生命周期的示例 demo0104.html 的代码，或者从本单元配套的教学资源中打开对应的文档查看相应内容。

浏览网页 demo0104.html 时，页面显示文本内容"欢迎登录"，浏览器的控制台界面中输出的信息如图 1-7 所示。

图1-7　浏览器的控制台界面中输出的信息

【实例 1-11】应用 Vue 实例的钩子函数

【操作要求】

应用 Vue 实例的钩子函数，观察 Vue 实例各个阶段的情况，了解 Vue 实例内部的运行机制。

【实现过程】

创建网页 0111.html，编写代码实现操作要求的功能。

读者可以扫描二维码查看【电子活页 1-6】中网页 0111.html 的代码，或者从本单元配套的教学资源中打开对应的文档查看相应内容。

在 Chrome 浏览器中浏览该网页，打开浏览器控制台界面，切换到【Console】选项卡，可以看到图 1-8 所示的输出结果。

电子活页 1-6

网页 0111.html 的
代码

图1-8　浏览网页时在浏览器控制台界面的【Console】选项卡中的输出结果

在浏览器控制台界面的提示符>后输入"vm.message='123'"，按【Enter】键后可以看到新的输出结果。

读者可以扫描二维码查看【电子活页 1-7】中浏览器控制台界面新的输出结果，或者从本单元配套的教学资源中打开对应的文档查看相应内容。

电子活页 1-7

浏览器控制台界面
新的输出结果

1.6 认知 MVVM 模式

1.6.1 什么是 MVVM

MVVM 是一种软件架构设计模式，是一种简化用户界面的事件驱动编程方式。MVVM 源自经典的 MVC（Model-View-Controller）模式。MVVM 模式已经相当成熟了，如今广泛运用于网络应用程序开发中，目前流行的 MVVM 模式的框架有 Vue、AngularJS 等。

Vue 是 MVVM 模式的框架，其中 M（Model）指模型，即数据，V（View）指视图，即 DOM 或用户界面，VM（ViewModel）指视图模型，即处理数据和用户界面的中间件，也就是 Vue。

1.6.2 为什么要使用 MVVM

MVVM 模式和 MVC 模式一样，其主要目的是分离 View（视图）和 Model（模型）。使用该模式有以下几大好处。

① 低耦合。View 可以独立于 Model 变化和修改，一个 ViewModel 可以绑定到不同的 View 上，当 View 变化的时候 Model 可以不变，当 Model 变化的时候 View 也可以不变。

② 可复用。可以把一些视图逻辑放在一个 ViewModel 里面，让更多 View 重用这段视图逻辑。

③ 独立开发。开发人员可以专注于业务逻辑和数据的开发（ViewModel），设计人员可以专注于页面设计。

④ 可测试。软件界面素来是较难测试的，而现在测试代码可以针对 ViewModel 来编写。

1.6.3 MVVM 的组成部分

MVVM 的组成如图 1-9 所示。

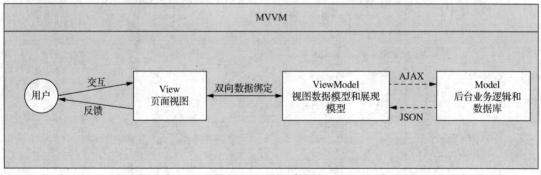

图1-9 MVVM 的组成

前面已经讲过，MVVM 由 Model、View、ViewModel 3 部分构成。其中 Model 代表数据模型，也可以在 Model 中定义数据修改和操作的业务逻辑；View 代表 UI 组件，它负责将数据模型转化成 UI 展现出来；ViewModel 是一个同步 View 和 Model 的对象。

在 MVVM 架构下，View 和 Model 之间并没有直接的联系，而是通过 ViewModel 进行交互，Model 和 ViewModel 之间的交互是双向的，因此 View 数据的变化会同步到 Model 中，而 Model 数据的变化也会立即反映到 View 上。

ViewModel 通过双向数据绑定把 View 和 Model 连接起来，View 和 Model 之间的同步工作完全是自动的，无须人为干涉，因此开发者只需要关注业务逻辑，不需要手动操作 DOM，也不需要关注数据状态的同步问题，复杂的数据状态维护完全由 MVVM 来统一管理。

MVVM 模式的实现方式与数据绑定如图 1-10 所示。

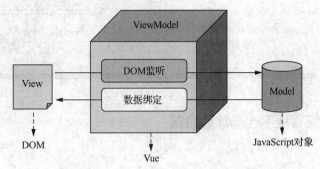

图 1-10　MVVM 模式的实现方式与数据绑定

（1）View

View 是视图，也就是用户界面。前端主要由 HTML 和 CSS 来构建，为了更方便地展现 ViewModel 层或者 Model 层的数据，目前已经诞生了各种各样的前后端模板语言，例如 FreeMarker、Thymeleaf 等，各大 MVVM 框架（如 Vue.js、AngularJS、EJS 等）也都有自己的用来构建用户界面的内置模板语言。

（2）Model

Model 是模型，泛指后端进行的各种业务逻辑处理和数据操控，主要围绕数据库系统展开。这里的难点主要在于需要和前端约定统一的接口规则。

（3）ViewModel

ViewModel 是视图模型，即由前端开发人员组织生成和维护的视图数据。在这一层，前端开发者对从后端获取的 Model 数据进行转换处理，做二次封装，以生成符合 View 使用的预期的视图数据模型。

MVVM 的核心是 ViewModel，它负责转换 Model 中的数据对象来让数据变得更容易管理和使用，其主要作用如下。

● 向上与 View 进行双向数据绑定。

● 向下与 Model 通过接口请求进行数据交互。

需要注意的是，ViewModel 所封装出来的数据模型包括视图状态和视图行为两部分，而 Model 的数据模型只包含状态。例如，页面的这一块展示什么，那一块展示什么，这些都属于视图状态（展示）。而页面加载进来时发生什么，单击这一块发生什么，这一块滚动时发生什么，这些都属于视图行为（交互）。

视图状态和视图行为都封装在 ViewModel 里，这样的封装使得 ViewModel 可以完整地去描述 View。由于实现了双向绑定，ViewModel 的内容会实时展现在 View 中，前端开发者再也不必低效又麻烦地通过操作 DOM 去更新视图。

MVVM 框架已经把最难的一块做好了，开发者只需要处理和维护 ViewModel，更新数据视图就会自动得到相应更新，真正实现事件驱动编程。

View 展现的不是 Model 的数据，而是 ViewModel 的数据，由 ViewModel 负责与 Model 交互，这就完全解耦了 View 和 Model，这个解耦是前后端分离方案实施的重要一环。

1.6.4　MVVM 模式的实现者

Vue 就是一个 MVVM 模式的实现者，其核心功能是实现了 DOM 监听与数据绑定。

① Model：模型，Vue 程序中表示 JavaScript 对象。

② View：视图，Vue 程序中表示 DOM（HTML 操作的元素）。

③ ViewModel：连接 View 和 Model 的中间件，Vue 就是 MVVM 中的 ViewModel 的实现者。

MVVM 架构，是不允许 Model 和 View 直接通信的，只能通过 ViewModel 来通信，而 ViewModel 就是定义了一个 Observer（观察者）。ViewModel 能够观察到数据的变化，并对视图对应的内容进行更新。ViewModel 能够监听到 View 的变化，并通知 Model 发生改变。

 **应用实战**

【任务 1-1】编写程序代码计算金额

【任务描述】

编写 HTML 代码实现以下功能。

① 屏幕上分别显示单价、数量、金额的提示文本及其初始值。

② 单击屏幕中的【+】按钮能增加数量，单击【-】按钮能减少数量，并且动态改变金额值。

编写 JavaScript 代码实现以下功能。

① 分别定义 price、number 数据，并分别赋初值为 30、0。

② 定义 amount 计算属性，该属性返回单价和数量的乘积。

微课 1-7

编写程序代码计算
金额

【任务实施】

在指定文件夹中创建网页文件 case01-calculatedAmount.html。

1. 编写 HTML 代码实现指定功能

HTML 代码如下：

```html
<div id="main">
    <p>单价：{{ price }}</p>
    <p>数量：{{ number }}</p>
    <p>金额：{{ amount }}</p>
    <div>
        <button @click="number == 0 ? 0 : number--"> - </button>
        <button @click="number++"> + </button>
    </div>
</div>
```

2. 编写 JavaScript 代码实现指定功能

JavaScript 代码如下：

```javascript
<script>
    var vm=new Vue({
        el:'#main',
        data: {
            price: 30,
            number: 0
            },
        computed: {
            // 计算金额
            amount(){
```

```
                    return this.price * this.number
                }
            }
        })
</script>
```

网页 case01-calculatedAmount.html 的初始浏览效果如图 1-11 所示。

连续两次单击【+】按钮,数量显示为 2,金额显示为 60,如图 1-12 所示。接着单击 1 次【-】按钮,数量显示为 1,金额显示为 30,如图 1-13 所示。

图 1-11　网页 case01-calculatedAmount.html 的初始浏览效果

图 1-12　连续两次单击【+】按钮的结果

图 1-13　接着单击 1 次【-】按钮的结果

【任务 1-2】反向输出字符串

【任务描述】

分别使用 computed 计算属性和 methods 选项中的方法实现字符串反向操作,并在页面中输出初始字符串和反向后的字符串。

【任务实施】

创建网页 case02-reverseString.html,编写代码实现要求的功能。

读者可以扫描二维码查看【电子活页 1-8】中网页 case02-reverseString.html 的代码,或者从本单元配套的教学资源中打开对应的文档查看相应内容。

网页 case02-reverseString.html 的代码

HTML 的渲染结果如下:

```
<div id="app">
    <p>初始字符串 1: "happy"</p>
    <p>应用 computed 反向字符串: "yppah"</p>
    <p>初始字符串 2: "lucky"</p>
    <p>应用 methods 反向字符串: "ykcul"</p>
</div>
```

这里的 computed 声明了一个计算属性 reversedMsg,提供的函数将用作属性 vm.reversedMsg 的 getter。

在 Chrome 浏览器中浏览网页 case02-reverseString.html,打开浏览器控制台界面,切换到【Console】选项卡,在该控制台界面中执行以下命令:

```
console.log(vm.reversedMsg)      // - > 'yppah'
vm.message = '123'
console.log(vm.reversedMsg)      // - > '321'
```

vm.reversedMsg 的值始终取决于 vm.message 的值,可以像绑定普通属性一样在模板中绑定计算属性。当 vm.message 发生改变时,所有依赖于 vm.reversedMsg 的绑定也会更新。计算属性的方法 vm.reversedMsg 依赖于 vm.message 的值，vm.reversedMsg 本身并不能被赋值。

计算属性 computed 是基于它们的依赖进行缓存的，计算属性只有在它的相关依赖发生改变时才会重新求值。这就意味着只要 message 还没有发生改变，多次访问 reversedMsg 计算属性会立即返回之前的计算结果，而不必再次执行函数。

相比而言，只要发生了重新渲染的情况，methods 调用就会不断执行该函数，而不会进行缓存。

【任务 1-3】编写程序代码实现图片轮播

【任务描述】

编写 HTML 代码实现以下功能：屏幕上分别显示【上一张】按钮、图片、【下一张】按钮。

编写 JavaScript 代码实现以下功能。

① 单击【下一张】按钮，切换至下一张图片。如果当前图片是最后一张图片，则切换至第一张图片。

② 单击【上一张】按钮，切换至上一张图片。如果当前图片是第一张图片，则切换至最后一张图片。

【任务实施】

在指定文件夹中创建网页文件 case03-imageCarousel.html。

1. 编写 HTML 代码实现指定功能

HTML 代码如下：

```
<div id="app">
    <button @click="prevImg()">上一张</button>
    <img :src="images[currentIndex].imgSrc" alt="" >
    <button @click="nextImg()">下一张</button>
</div>
```

电子活页 1-9

网页 case03-imageCarousel.html 的 JavaScript 代码

2. 编写 JavaScript 代码实现指定功能

读者可以扫描二维码查看【电子活页 1-9】中网页 case03-imageCarousel.html 的 JavaScript 代码，或者从本单元配套的教学资源中打开对应的文档查看相应内容。

网页 case03-imageCarousel.html 的初始浏览效果如图 1-14 所示。

图 1-14　网页 case03-imageCarousel.html 的初始浏览效果

单击【下一张】按钮，切换至下一张图片。如果当前图片是最后一张图片，则切换至第一张图片。

单击【上一张】按钮，切换至上一张图片。如果当前图片是第一张图片，则切换至最后一张图片。

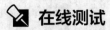

在线测试

电子活页 1–10

在线测试

单元 2
Vue网页模板制作

Vue 使用了基于 HTML 的模板语法，允许开发者声明式地将 DOM 绑定至底层 Vue 实例的数据。所有 Vue 的模板都是合法的 HTML，所以能被遵循规范的浏览器和 HTML 解析器解析。如果只使用 Vue 最基础的声明式渲染的功能，则完全可以把 Vue 当作一个模板引擎来使用。在底层的实现上，Vue 将模板编译成虚拟 DOM 渲染函数。

Vue 是一个允许开发者采用简洁的模板语法来声明式地将数据渲染进 DOM 的系统。结合响应系统，在应用状态改变时，Vue 能够智能地计算出重新渲染组件的最小代价并应用到 DOM 操作上。一般来说，模板内容包括文本内容和元素特性。

 学习领会

2.1 Vue 的指令

2.1.1 指令概述

1. 什么是指令

Vue 中的指令（Directive）是带有 v-前缀的特殊属性，指令属性的值预期是单个 JavaScript 表达式（v-for 例外）。指令的作用是当表达式的值改变时，将其产生的连带影响响应式地作用于 DOM。

例如：

```
<p v-if="seen">现在你看到我了</p>
```

这里，v-if 指令将根据表达式 seen 的值来插入或移除<p>元素。

2. 指令的参数

一些 Vue 指令能够接收一个"参数"，在指令名称之后以冒号表示。

例如，v-bind 指令可以用于响应式地更新 HTML 属性：

```
<a v-bind:href="url">...</a>
```

这里的 href 是参数，它告知 v-bind 指令将该元素的 href 属性与表达式"url"的值绑定。

另一个例子是 v-on 指令，它用于监听 DOM 事件：

```
<a v-on:click="doSomething">...</a>
```

这里的参数是监听的事件名。

3. 动态参数

从 Vue 2.6.0 开始，可以用中括号括起来的 JavaScript 表达式作为一个指令的动态参数。

例如：

```
<a v-bind:[attributeName]="url">...</a>
```

这里的 attributeName 会被作为一个 JavaScript 表达式进行动态求值，求得的值将会作为最终的参数来使用。例如，如果 Vue 实例有一个 data property attributeName，其值为 href，那么这个绑定将等价于 v-bind:href。

同样，也可以使用动态参数为一个动态的事件名绑定处理函数。

例如：

```
<a v-on:[eventName]="doSomething">...</a>
```

在这个示例中，当 eventName 的值为 focus 时，v-on:[eventName]等价于 v-on:focus。

4. 对动态参数值的约束

动态参数预期会求出一个字符串，异常情况下值为 null，这个特殊的值 null 可以被显式地用于移除绑定。任何其他非字符串类型的值都将会触发一个警告。

5. 对动态参数表达式的约束

动态参数表达式有一些语法约束，因为某些字符，例如空格和引号，放在 HTML 属性名里是无效的。

例如：

```
<!-- 这里会触发一个编译警告 -->
<a v-bind:['try' + bar]="value">...</a>
```

变通的办法是使用没有空格或引号的表达式，或用计算属性替代这种复杂表达式。

在 DOM 中使用模板时（直接在一个 HTML 文件里撰写模板），还需要避免使用大写字符来命名键名，因为浏览器会把属性名全部强制转换为小写：

```
<!--
```

在 DOM 中使用模板时，这段代码会被转换为 v-bind:[someattr]。

除非在实例中有一个名为 someattr 的 property，否则代码不会工作：

```
-->
<a v-bind:[someAttr]="value">...</a>
```

6. 修饰符

修饰符（Modifier）是以半角句号 . 指明的特殊后缀，用于指出一个指令应该以特殊方式绑定。例如，prevent 修饰符告诉 v-on 指令对于触发的事件调用 event.preventDefault()：<form v-on:submit.prevent="onSubmit">...</form>。

2.1.2 常用的 Vue 指令

微课 2-2

常用的 Vue 指令

分析以下示例代码，认识几个 Vue 的指令。

【示例】demo020101.html

代码如下：

```
<div id="app">
    <div v-text="message"></div>
    <div v-pre>{{ message }}</div>
    <div v-cloak>{{ message }}</div>
    <div v-once>第一次绑定的值：{{ message }}</div>
    <div v-text="info"></div>
    <div v-html="info"></div>
</div>
<script>
```

```
        var vm=new Vue({
            el: '#app',
            data: {
                message: '图书详情',
                info:'<h3>请登录</h3>'
                }
            })
</script>
```

对应的 HTML 代码被渲染为：

```
<div id="app">
    <div>图书详情</div>
    <div>{{ message }}</div>
    <div>图书详情</div>
    <div>第一次绑定的值：图书详情</div>
    <div><h3>请登录</h3></div>
    <div>
        <h3>请登录</h3>
    </div>
</div>
```

1. v-text

该指令用于更新元素的文本内容，如果要更新部分文本内容，需要使用两对大括号{{ }}来进行插值。
例如：

```
<span v-text="msg"></span>
<span>{{ msg }}</span>
```

2. v-html

该指令用于更新元素的 innerHTML。

> **注意** 文本内容按普通 HTML 插入，而不会作为 Vue 模板进行编译。如果试图使用 v-html 指令组合模板，可以重新考虑是否通过使用组件来替代。

在网站上动态渲染任意 HTML 是非常危险的，容易导致跨站脚本（Cross Site Scripting，XSS）攻击。所以 v-html 指令只能在可信内容上使用，不能用在用户提交的内容上。

【示例】demo020102.html

读者可以扫描二维码查看【电子活页 2-1】中网页 demo020102.html 的代码，
或者从本单元配套的教学资源中打开对应的文档查看相应内容。

电子活页 2-1

demo020102.html
的代码

3. v-show

该指令根据表达式值之真假，切换元素显示或隐藏 CSS 属性。当条件变化时，
该指令用于触发过渡效果。

4. v-on

该指令用于绑定事件监听器，事件类型由参数指定，表达式可以是一个方法的名称或一个内联语句，
如果没有修饰符也可以省略。

v-on 指令用在普通元素组件上时，只能监听原生 DOM 事件；用在自定义元素组件上时，也可以
监听子组件触发的自定义事件。在监听原生 DOM 事件时，方法以事件为唯一的参数。如果使用内联语

句，语句可以访问一个$event property：v-on:click="handle('ok', $event)"。

从 Vue 2.4.0 开始，v-on 指令同样支持不带参数绑定一个事件或监听器键值对的对象。

注意
当使用对象语法时，是不支持任何修饰器的。

读者可以扫描二维码查看【电子活页 2-2】中使用 v-on 指令的实例代码，或者从本单元配套的教学资源中打开对应的文档查看相应内容。

v-on 指令的缩写形式为"@"。

代码如下：

电子活页 2-2

使用 v-on 指令的
实例代码

```
<!-- 完整语法 -->
<a v-on:click="doSomething">...</a>
<!-- 缩写 -->
<a @click="doSomething">...</a>
<!-- 动态参数的缩写(2.6.0+) -->
<a @[event]="doSomething">...</a>
```

"@"看起来可能与普通的 HTML 略有不同，但"@"对于属性名来说都是合法字符，在所有支持 Vue 的浏览器中都能被正确地解析，而且它不会出现在最终渲染的标记中。

5. v-bind

该指令用于动态地绑定一个或多个属性，或一个组件 prop 到表达式。v-bind 是单向数据绑定，而不是双向数据绑定，即不能实现视图驱动数据变化。在绑定 class 或 style 属性时，v-bind 支持其他类型的值，例如数组或对象。在绑定 prop 时，prop 必须在子组件中声明，可以使用修饰符指定不同的绑定类型。

没有参数时，可以绑定到一个包含键值对的对象。

注意
此时 class 和 style 绑定不支持数组和对象。

读者可以扫描二维码查看【电子活页 2-3】中使用 v-bind 指令的实例代码，或者从本单元配套的教学资源中打开对应的文档查看相应内容。

v-bind 指令的缩写形式为:。

代码如下：

电子活页 2-3

使用 v-bind 指令的
实例代码

```
<!-- 完整语法 -->
<a v-bind:href="url">...</a>
<!-- 缩写 -->
<a :href="url">...</a>
<!-- 动态参数的缩写(2.6.0+)-->
<a :[key]="url">...</a>
```

":"看起来可能与普通的 HTML 略有不同，但":"对于属性名来说都是合法字符，在所有支持 Vue 的浏览器中都能被正确地解析，而且它不会出现在最终渲染的标记中。

【示例】demo020103.html

代码如下：

```
<div id="app">
```

```
        <img v-bind:src="imgSrc1"    width="200px" alt=""/>
        <img :src="imgSrc2"    width="200px" alt=""/>
</div>
<script>
var vm=new Vue({{
    el:'#app',
    data: {
        imgSrc1:'t01.jpg',
        imgSrc2:'t02.jpg'
    }
  })
</script>
```

6. v-model

该指令用于在表单的<input>、<textarea>、<select>元素上或者组件 components 上创建双向数据绑定，双向数据绑定是数据驱动视图的结果。它会根据控件类型自动选取正确的方法来更新元素。v-model 指令本质上是语法糖（Syntactic Sugar），它负责监听用户的输入事件以更新数据，并对一些极端场景进行一些特殊处理。

该指令可以使用以下修饰符。

① .lazy：取代 input 监听 change 事件。

② .number：将输入字符串转换为有效的数字。

③ .trim：输入首尾空格过滤。

7. v-slot

该指令用于提供具名插槽或需要接收 prop 的插槽，缩写为"#"。可选参数为插槽名，默认值是 default。

8. v-pre

如果要跳过一个元素和它的子元素的编译过程，只用来显示初始大括号及标识符，则可以使用 v-pre 指令。跳过大量没有指令的节点会加快编译，可以减少编译时间。该指令不需要表达式。

【示例】demo020104.html

代码如下：

```
<div id="app" v-pre>{{ message }}</div>
<script>
    new Vue({{
        el: '#app',
        data:{
            //如果使用 v-pre 指令，则不会被表示为"欢迎登录"
            message:"欢迎登录"
        }
    })
</script>
```

浏览时，输出结果为：{{ message }}。

9. v-cloak

这个指令保持在元素上直到关联实例结束编译，和 CSS 规则（如[v-cloak] { display: none } ）一起使用时，这个指令可以隐藏未编译的 Mustache 标签直到实例准备完毕。该指令不需要表达式。

例如：

```
<style>
[v-cloak]{display:none;}
</style>
<div id="example" v-cloak>{{ message }}</div>
<script>
var vm = new Vue({
    el: '#example',
    data:{
        message:'match'
    },
})
</script>
```

10. v-once

该指令表示只渲染元素或组件一次。随后的重新渲染，元素或组件及其所有的子节点将被视为静态内容并跳过。该指令可以用于优化更新性能，不需要表达式。

例如：

```
<!-- 单个元素 -->
<span v-once>This will never change: {{ msg }}</span>
<!-- 有子元素 -->
<div v-once>
    <h1>comment</h1>
    <p>{{msg}}</p>
</div>
<!-- 组件 -->
<my-component v-once :comment="msg"></my-component>
<!—'v-for' 指令-->
<ul>
    <li v-for="i in list" v-once>{{i}}</li>
</ul>
```

11. v-if

该指令用于根据表达式的值有条件地渲染元素。在切换时，元素及其数据绑定或组件被销毁并重建。如果元素是<template>，将它的内容作为条件块。当条件变化时，该指令会触发过渡效果。

当 v-for 和 v-if 一起使用时，v-for 的优先级比 v-if 更高。

12. v-else

该指令用于为 v-if 或者 v-else-if 添加 "else 块"，其前一兄弟元素必须有 v-if 或 v-else-if。该指令不需要表达式。

例如：

```
<div v-if="Math.random() > 0.5">
    Now you see me
</div>
<div v-else>
    Now you don't
```

```
</div>
```

13. v-else-if

该指令用于表示 v-if 的"else if 块"，其前一兄弟元素必须有 v-if 或 v-else-if。该指令可以链式调用。例如：

```
<div v-if="type === 'A'">A</div>
<div v-else-if="type === 'B'">B</div>
<div v-else-if="type === 'C'">C</div>
<div v-else> Not A/B/C</div>
```

14. v-for

该指令基于源数据多次渲染元素或模板块。该指令之值必须使用特定语法 alias in expression 为当前遍历的元素提供别名，形式如下：

```
<div v-for="item in items">
    {{ item.text }}
</div>
```

另外，也可以为数组索引指定别名，或者用于对象的键，形式如下：

```
<div v-for="(item, index) in items"></div>
<div v-for="(val, key) in object"></div>
<div v-for="(val, name, index) in object"></div>
```

v-for 的默认行为会尝试原地修改元素而不是移动它们。要强制其重新排序元素，需要用特殊属性 key 来提供一个排序提示，形式如下：

```
<div v-for="item in items" :key="item.id">
    {{ item.text }}
</div>
```

从 Vue 2.6 开始，v-for 也可以在实现了可迭代协议的值上使用，包括原生的 Map 和 Set。不过应该注意，Vue 2.x 目前并不支持可响应的 Map 和 Set 值，所以无法自动探测变更。

当和 v-for 和 v-if 一起使用时，v-for 的优先级比 v-if 更高。

15. 特殊 attribute

（1）key

key 主要用于 Vue 的虚拟 DOM 算法，在新旧 nodes 对比时辨识 VNodes。如果不使用 key，Vue 会使用一种最大限度减少动态元素并且尽可能尝试就地修改或复用相同类型元素的算法。而使用 key 时，它会基于 key 的变化重新排列元素顺序，并且会移除 key 不存在的元素。需要注意的是，有相同父元素的子元素必须有独特的 key，重复的 key 会造成渲染错误。

key 最常见的用法是结合 v-for，示例代码如下：

```
<ul>
    <li v-for="item in items" :key="item.id">…</li>
</ul>
```

key 也可以用于强制替换元素或组件，而不是重复使用它们，遇到如下场景时它可能会很有用。

① 完整地触发组件的钩子函数。

② 触发过渡。

例如：

```
<transition>
    <span :key="text">{{ text }}</span>
```

</transition>

当 text 发生改变时，<span>总是会被替换而不是被修改，因此会触发过渡。

（2）ref

ref 被用来给元素或子组件注册引用信息，引用信息将会注册在父组件的 $refs 对象上。如果 ref 在普通的 DOM 元素上使用，引用指向的就是 DOM 元素；如果 ref 用在子组件上，引用就指向组件实例，例如：

```
<!-- vm.$refs.p will be the DOM node -->
<p ref="p">hello</p>
<!-- vm.$refs.child will be the child component instance -->
<child-component ref="child"></child-component>
```

当 v-for 指令用于元素或组件的时候，引用信息将是包含 DOM 节点或组件实例的数组。

由于 ref 本身是作为渲染结果被创建的，在初始渲染的时候不能访问它们，此时它们还不存在。$refs 也不是响应式的，因此不应该试图用它在模板中做数据绑定操作。

（3）is

is 用于动态组件，它基于 DOM 内模板的限制来工作。

例如：

```
<!-- 当 currentView 改变时，组件也跟着改变 -->
<component v-bind:is="currentView"></component>
<!-- 这样做是有必要的，因为<my-row>放在一个 -->
<!-- <table>内可能无效且被放置到外面 -->
<table>
  <tr is="my-row"></tr>
</table>
```

2.1.3 自定义指令

微课 2-3

自定义指令

Vue 除了默认的核心指令（例如 v-model、v-show），也允许注册自定义指令。指令注册类似于组件注册，包括全局指令和局部指令两种。

（1）全局自定义指令注册

可以使用 Vue.diretive() 函数来注册全局指令。

例如：

```
// 注册一个全局自定义指令 v-focus
Vue.directive('focus', {
  // 当被绑定的元素插入 DOM 中时
  inserted: function (el) {
    // 聚焦元素
    el.focus()
  }
})
```

（2）局部自定义指令注册

组件或 Vue 构造函数中接受一个 directives 的选项，实现注册局部指令功能。

例如：

```
var vm = new Vue({
  el: '#example',
```

```
directives:{
    focus:{
        // 指令的定义
        inserted: function (el) {
            el.focus()
        }
    }
}
})
```

然后可以在模板中的任何元素上使用新的 v-focus 属性：

```
<div id="example">
    <input v-focus>
</div>
```

【实例 2-1】注册一个使元素自动获取焦点的自定义指令

【操作要求】

当页面加载时，input 元素（输入框）将自动获取焦点，即在打开这个页面后还没单击过任何内容时，这个输入框就处于聚焦状态，如图 2-1 所示。

图 2-1 页面加载时输入框将获得焦点

【实现过程】

创建网页 0201.html，在该网页中编写以下代码实现指定功能：

```
<div id="app">
    <input type="text" v-focus>
</div>
<script>
    // 注册一个全局自定义指令 v-focus
    Vue.directive('focus', {
        // 当被绑定的元素插入 DOM 中时
        inserted: function (el) {
            // 聚焦元素
            el.focus()
        }
    })
    var vm = new Vue({ el: '#app' })
</script>
```

2.1.4 自定义指令的钩子函数

1. 钩子函数

自定义指令有 5 个生命周期，即 5 个钩子函数，分别是 bind、inserted、update、componentUpdated、unbind，具体说明如下。

① bind：只调用一次，指令第一次绑定到元素时调用，用这个钩子函数可以定义一个绑定时执行一次的初始化动作。

② inserted：被绑定元素插入父节点时调用，父节点存在即可调用，不必存在于 document 中。

③ update：被绑定元素所在的模板更新时调用，无论绑定值是否变化，可以通过比较更新前后的绑定值忽略不必要的模板更新。

④ componentUpdated：被绑定元素所在的模板完成一次更新周期时调用。

⑤ unbind：只调用一次，指令与元素解绑时调用。

2. 钩子函数的参数

钩子函数的参数如下。

① el：指令所绑定的元素，可以用来直接操作 DOM。

② binding：一个对象，指令包含以下多个属性。

* name：指令名，不包括 v- 前缀。

* value：指令的绑定值。例如 v-my-directive="1 + 1"，value 的值是 2。

* oldValue：指令绑定的前一个值，仅在 update 和 componentUpdated 钩子函数中可用，无论值是否改变都可用。

* expression：绑定值的表达式或变量名。例如 v-my-directive="1 + 1"，expression 的值是 "1 + 1"。

* arg：传给指令的参数。例如 v-my-directive:try，arg 的值是"try"。

* modifiers：一个包含修饰符的对象。例如 v-my-directive.try.bar，修饰符对象 modifiers 的值是{ try: true, bar: true }。

③ vnode：Vue 编译生成的虚拟节点。

④ oldVnode：上一个虚拟节点，仅在 update 和 componentUpdated 钩子函数中可用。

> **注意** 除了 **el** 之外，其他参数都是只读的，尽量不要修改它们。如果需要在钩子函数之间共享数据，建议通过元素的 **dataset** 来进行。

在大多数情况下，我们可能只想在 bind 和 update 钩子函数上做重复动作，并不关心其他的钩子函数。这时可以这样写：

```
Vue.directive('color-swatch', function (el, binding) {
    el.style.backgroundColor = binding.value
})
```

如果指令需要多个值，可以传入一个 JavaScript 对象字面量。指令函数能够接受所有合法类型的 JavaScript 表达式。

例如：

```
<div v-demo="{ color: 'red', text: 'hello!' }"></div>
Vue.directive('demo', function (el, binding) {
    console.log(binding.value.color) // => "red"
    console.log(binding.value.text)   // => "hello!"
})
```

【示例】demo020105.html

读者可以扫描二维码查看【电子活页 2-4】中网页 demo020105.html 的代码，或者从本单元配套的教学资源中打开对应的文档查看相应内容。

在 Chrome 浏览器中浏览该网页，然后打开 Chrome 浏览器的控制台界面，在控制台界面的提示符>后输入 "vm.color='blue'"，按【Enter】键查看结果，然后单击【解绑】按钮。Chrome 浏览器的控制台界面展示各个钩子函数的调用情况及输出信息，如图 2-2 所示。

电子活页 2-4

网页 demo020105.
html 的代码

```
1-bind 被绑定                          demo020104.html:25
el:                                   demo020104.html:26
  <div style="color: red;"> 123 </div>
binding:                              demo020104.html:27
▶ {name: "test", rawName: "v-test", value: "red", expre
  ssion: "color", modifiers: {…}, …}
vnode:                                demo020104.html:28
▶ VNode {tag: "div", data: {…}, children: Array(1), tex
  t: undefined, elm: div, …}
2-inserted 被插入                      demo020104.html:33
You are running Vue in development mode.    vue.js:9108
Make sure to turn on production mode when deploying for
production.
See more tips at https://vuejs.org/guide/deployment.htm
l
> vm.color='blue'
3-update 更新                         demo020104.html:37
4-componentUpdated 更新完成            demo020104.html:41
⟨· "blue"
5-unbind 解绑                         demo020104.html:45
>
```

图2-2　Chrome 浏览器的控制台界面展示各个钩子函数的调用情况及输出信息

2.2 模板内容渲染

2.2.1 模板动态插值

文本渲染最常见的形式是使用两对大括号{{　}}来进行文本插值。下面的 msg 相当于一个变量或占位符，最终会表示为真正的文本内容。

微课 2-4

模板内容渲染

```
<span>message: {{ msg }}</span>
```

插值对应的标签将会被替代为对应数据对象上 msg 属性的值。无论何时，绑定的数据对象上 msg 属性发生了改变，插值处的内容就会更新。

【实例 2-2】使用两对大括号进行模板动态插值

【操作要求】

使用两对大括号{{　}}来进行模板动态插值，输出文本内容"欢迎登录"。

【实现过程】

使用 HTML 编辑器 Dreamweaver 创建网页 0202.html，实现要求的功能，并在网页中输出文本内容"欢迎登录"，该网页的代码如表 2-1 所示。

表 2-1　网页 0202.html 的代码

序号	代码
01	<!-- 定义唯一根元素 div -->
02	<div id="app">
03	<!--Vue 模板绑定数据的方法，用两对大括号绑定 Vue 中数据对象的属性 -->
04	{{ message }}
05	</div>
06	<!--创建 Vue 的对象，并把数据绑定到上面创建好的 div-->
07	<script>
08	var vm=new Vue({　　　　　// 创建 Vue 对象。Vue 的核心对象
09	el: '#app',　　　　　　// el 属性：通过 el 与 div 元素绑定，#main 是 id 选择器
10	data: {　　　　　　　　// data 属性: Vue 对象中绑定的数据
11	message: '<span>欢迎登录! <span>'　　// message 自定义的数据
12	}
13	})
14	</script>

2.2.2 使用 v-html 指令输出 HTML 代码

使用两对大括号会将数据解释为普通文本，而非 HTML 代码。如果要输出真正的 HTML 代码，需要使用 v-html 指令，该指令用于更新元素的内部 HTML。但不能使用 v-html 来复合局部模板，因为 Vue 不是基于字符串的模板引擎。反之，对于用户界面（User Interface，UI），组件更适合作为可重用和可组合的基本单位。

> **注意** 在网站上动态渲染任意 HTML 是非常危险的，容易导致 XSS 攻击。只可对可信内容使用 v-html 指令，不能对用户提供的内容使用 v-html 指令。

【示例】demo020201.html
代码如下：

```
<div id="app" v-html="message"></div>
<script>
    var vm=new Vue({
        el: '#app',
        data:{
                message:"欢迎<i>李好</i>登录"
        }
    })
</script>
```

【实例 2-3】使用 v-html 指令输出指定内容

【操作要求】

使用 v-html 指令输出指定内容，页面输出格式如下：

图书详情
图书名称：HTML5+CSS3 移动 Web 开发实战
出　版　社：人民邮电出版社
价　　格：¥58
数　　量：2
金　　额：116 元

【实现过程】

使用 HTML 编辑器 Dreamweaver 创建网页 0203.html，在该网页中编写代码实现要求的功能。

读者可以扫描二维码查看【电子活页 2-5】中网页 0203.html 的代码，或者从本单元配套的教学资源中打开对应的文档查看相应内容。

电子活页 2-5

网页 0203.html 的代码

2.2.3 表达式插值

前面各个示例中的模板一直都只绑定简单的属性键值。但实际上，对于所有的数据绑定，Vue 都提供了完全的 JavaScript 表达式支持。

例如：

```
{{ number + 1 }}
{{ ok ? 'YES' : 'NO' }}
{{ message.split('').reverse().join('') }}
```

这些表达式会在所属 Vue 实例的数据作用域下作为 JavaScript 被解析，但有一个限制条件，每个绑定都只能包含单个表达式，所以下面的例子都不会生效：

```
<!-- 这是语句，不是表达式 -->
{{ var a = 1 }}
<!-- 流程控制也不会生效，要使用三元表达式 -->
{{ if (ok) { return message } }}
```

【实例 2-4】使用两对大括号进行表达式插值

【操作要求】
使用两对大括号进行表达式插值，输出数值和逆序字符串。

【实现过程】
使用 HTML 编辑器 Dreamweaver 创建网页 0204.html，在该网页中编写以下代码实现要求的功能：

```
<div id="app">
    <p>{{ number + 1 }}</p>
    <p>{{ message.split('').reverse().join('') }}</p>
</div>
<script>
  new Vue({
    el: '#app',
    data:{
        number: 1,
        message: 'abc'
    }
  })
</script>
```

模板内容的渲染结果如下：

```
<div id="app">
    <p>2</p>
    <p>cba</p>
</div>
```

2.2.4　使用 v-text 指令实现模板插值的类似效果

实现模板插值类似效果的另一种方法是使用 v-text 指令，该指令用于更新元素的内部文本。如果要更新部分内部文本，则需要使用模板插值。

注意
v-text 指令的优先级高于模板插值的优先级。

【实例 2-5】使用 v-text 指令实现模板插值的类似效果

【操作要求】

使用 v-text 指令实现模板插值的类似效果，输出"欢迎\<i>安好\</i>登录"。

【实现过程】

使用 HTML 编辑器 Dreamweaver 创建网页 0205.html，在该网页中编写以下代码实现要求的功能：

```
<div id="app" v-text="message"></div>
<script>
var vm=new Vue({
    el: '#app',
    data:{
        message:"欢迎<i>安好</i>登录"
    }
})
</script>
```

模板内容的渲染结果如下：

```
<div id="app">欢迎<i>安好</i>登录</div>
```

2.2.5　静态插值

一般来说，模板插值都是动态插值，即无论何时，绑定的数据对象上的占位符内容发生了改变，插值处的内容都会更新。

例如：

```
<div id="app">{{ message }}</div>
<script>
var vm = new Vue({
    el: '#app',
    data:{
        'message': '测试内容'
    }
})
</script>
```

该程序运行后，vm.message 的内容发生了改变，DOM 结构中的元素内容也会相应地更新。

如果要实现静态插值，即执行一次性插值，数据改变时，插值处的内容不会更新，这时需要用到 v-once 指令。使用 v-once 指令可以限制只执行一次性插值，当数据改变时，插值处的内容不会更新。

例如：

```
<span v-once>这个将不会改变: {{ msg }}</span>
```

【实例 2-6】使用 v-once 指令实现静态插值

【操作要求】

使用 v-once 指令实现静态插值，静态输出文本内容"欢迎登录"。

【实现过程】

使用 HTML 编辑器 Dreamweaver 创建网页 0206.html，在该网页中编写以下代码实现要求的功能：

```
<div id="app" v-once>{{ message }}</div>
<script>
  new Vue({
    el: '#app',
    data:{
        message:"欢迎登录"
    }
  })
</script>
```

该程序运行时，如果将 vm.message 的值改变为 123，DOM 结构中的元素内容仍然是"欢迎登录"。

2.2.6　使用 v-bind 指令动态绑定一个或多个特性

HTML 有多个全局属性（又称为特性），Vue 支持对特性的内容进行动态渲染。

特性渲染时不能使用两对大括号的语法，以下代码运行时，浏览器控制台界面中会显示错误提示信息：

```
<div id="app" title={{my-title}}></div>
<script>
var vm = new Vue({
  el: '#app',
  data:{
      'my-title': '测试内容'
  }
})
</script>
```

特性渲染应该使用 v-bind 指令，使用 v-bind 指令可以动态绑定一个或多个特性。

【实例 2-7】使用 v-bind 指令动态绑定多个特性

【操作要求】

使用 v-bind 指令动态地绑定多个特性，显示"注册"文本内容及相应的提示信息。

【实现过程】

使用 HTML 编辑器 Dreamweaver 创建网页 0207.html，在该网页中编写以下代码实现要求的功能：

```
<body>
<div id="app" v-bind:style="style1" v-bind:title="message">注册</div>
<script>
  new Vue({
    el: '#app',
    data:{
```

```
            style1:'color:red; fontSize:24px',
            message:"单击【注册】按钮，打开注册页面进行注册"
        }
    })
</script>
```

这里的 title 是参数，告知 v-bind 指令将该元素的 title 属性与表达式 message 的值绑定。

浏览网页 0207.html 时，显示"注册"文本内容，鼠标指针指向"注册"文本内容时，显示对应的提示信息"单击【注册】按钮，打开注册页面进行注册"，如图 2-3 所示。

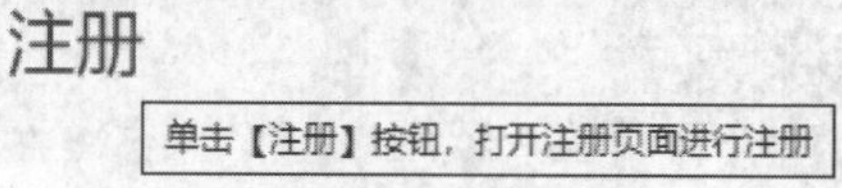

注册

> 单击【注册】按钮，打开注册页面进行注册

图 2-3　浏览网页 0207.html 时显示"注册"
文本内容及相应的提示信息

v-bind 指令非常常用，可缩写为如下形式：

```
<div id="app" :style="style1" :title="message"></div>
```

v-bind 指令对布尔值的属性也有效，如果条件被求值为 false，该属性会被移除。

【示例】demo020202.html

代码如下：

```
<button    id="app" :disabled="isDisabled">注册</button>
<script>
    new Vue({
        el: '#app',
        data:{
            'isDisabled': true
        }
    })
</script>
```

2.3　模板逻辑控制

对于一般的模板引擎来说，除了模板内容渲染，还包括模板逻辑控制。常用的模板逻辑包括条件和循环。

2.3.1　模板条件渲染

微课 2-5

模板条件渲染

在 Vue 中，依靠条件指令实现条件逻辑渲染，条件指令包括 v-if、v-else-if、v-else 3 个。

1. v-if

该指令用于根据表达式值的真假对元素进行条件渲染。赋值为 true 时，将元素插入 DOM 中，否则对应元素从 DOM 中移除。因此，Vue 里的 v-if 指令类似于模板引擎的 if 条件语句。

【实例 2-8】使用 v-if 指令控制元素的显示或隐藏

【操作要求】

使用 v-if 指令控制对应'#app'元素的显示或隐藏。

51

【实现过程】

使用 HTML 编辑器 Dreamweaver 创建网页 0208.html，在该网页中编写以下代码实现要求的功能：

```
<div id="app" v-if="show">
    {{ message }}
</div>
<script>
    var vm=new Vue({
        el: '#app',
        data: {
            message:'你好！plus 会员',
            show:true
        }
    })
</script>
```

在上面的代码中，如果 show 的值为 true，则对应'#app'元素显示，否则将从 DOM 中移除。

如果想切换多个元素，可以把一个<template>元素当作包裹元素，并在上面使用 v-if。最终的渲染结果不会包含<template>元素，见【实例 2-9】。

【实例 2-9】使用 v-if 指令结合<template>元素控制多个元素的显示或隐藏

【操作要求】

使用一个<template>元素当作包裹元素，在上面使用 v-if。根据变量 show 的逻辑值控制标题与多个段落的显示或隐藏。

【实现过程】

使用 HTML 编辑器 Dreamweaver 创建网页 0209.html，在该网页中编写以下代码实现要求的功能：

```
<div id="app">
  <template v-if="show">
      <h3>{{ title }}</h3>
      <p>Paragraph 1</p>
      <p>Paragraph 2</p>
  </template>
</div>
<script>
    var vm=new Vue({
        el: '#app',
        data: {
            show:true,
            title:'注册协议'
        }
    })
</script>
```

2. v-else-if

该指令表示 v-if 的 "else if 块"，可以链式调用，其前一兄弟元素必须有 v-if 或 v-else-if。

3. v-else

该指令用于为 v-if 或者 v-else-if 添加 "else 块"，其前一兄弟元素必须有 v-if 或 v-else-if。

【实例 2-10】使用 v-if 和 v-else 指令实现条件渲染

【操作要求】

使用 v-if 和 v-else 指令实现条件渲染，根据变量 display 设置的逻辑值输出不同的内容，变量 display 的值为 true 时对应输出文本内容 "你好！plus 会员"，为 false 时对应输出文本内容 "你好，请登录"。

【实现过程】

使用 HTML 编辑器 Dreamweaver 创建网页 0210.html，在该网页中编写以下代码实现要求的功能：

```
<div id="main">
  <p v-if="display">{{ info1 }}</p>
  <p v-else>{{ info2 }}</p>
</div>
<script>
  var vm=new Vue({
      el: '#main',
      data: {
          info1:'你好！plus 会员',
          info2:'你好，请登录',
          display:false
      }
  })
</script>
```

【实例 2-11】使用 v-if、v-else-if 和 v-else 指令实现条件渲染

【操作要求】

使用 v-if、v-else-if 和 v-else 指令实现条件渲染，根据变量 rank 的取值输出不同的内容：当变量 rank 的值为 vip 时输出文本内容 "你好！vip 会员"，当变量 rank 的值为 plus 时输出文本内容 "你好！plus 会员"，否则输出文本内容 "你好！请登录"。

【实现过程】

使用 HTML 编辑器 Dreamweaver 创建网页 0211.html，在该网页中编写以下代码实现要求的功能：

```
<div id="main">
  <p v-if="rank==='vip'">你好！vip 会员</p>
  <p v-else-if="rank==='plus'">你好！plus 会员</p>
  <p v-else>你好！请登录</p>
</div>
```

```
<script>
  var vm=new Vue({
      el: '#main',
      data: {
          rank:'plus'
       }
      })
</script>
```

4. 元素不复用

Vue 会尽可能高效地渲染元素，通常会复用已有元素而不是从头开始渲染。

【实例 2-12】在不同的登录方式间切换时复用已有的输入框

【操作要求】

使用 v-if 和 v-else 指令实现在"用户名登录方式"和"E-mail 登录方式"两种不同的登录方式间切换时，复用已有的输入框。

【实现过程】

使用 HTML 编辑器 Dreamweaver 创建网页 0212.html，在该网页中编写代码实现要求的功能。

读者可以扫描二维码查看【电子活页 2-6】中网页 0212.html 的代码，或者从本单元配套的教学资源中打开对应的文档查看相应内容。

网页 0212.html 中的代码运行时，每次单击【切换登录方式】按钮进行切换操作，输入框都会被复用，不会重新渲染。

电子活页 2-6

网页 0212.html 的代码

5. key 属性的应用

Vue 提供了一种方式来声明"两个完全独立且不要复用的元素"，只需添加一个具有唯一值的 key 属性即可。

【实例 2-13】使用 key 属性声明"两个完全独立且不要复用的元素"

【操作要求】

使用 key 属性声明"两个完全独立且不要复用的元素"，在"用户名登录方式"和"E-mail 登录方式"两种不同的登录方式间切换时，不再复用已有的输入框。

【实现过程】

使用 HTML 编辑器 Dreamweaver 创建网页 0213.html，在该网页中编写代码实现要求的功能。

读者可以扫描二维码查看【电子活页 2-7】中网页 0213.html 的代码，或者从本单元配套的教学资源中打开对应的文档查看相应内容。

网页 0213.html 中的代码运行时，每次单击【切换登录方式】按钮进行切换操作，输入框都将被重新渲染，不会被复用。

电子活页 2-7

网页 0213.html 的代码

注意

<label>元素仍然会被高效地复用，因为它没有添加 key 属性。

6. 使用 v-show 指令实现元素的显示或隐藏

v-show 指令根据表达式的值切换元素的 display 属性。当 v-show 被赋值为 true 时，元素显示，否则元素被隐藏。

v-show 和 v-if 指令都有将元素显示或隐藏的功能，但其原理并不相同。v-if 的元素显示或隐藏会将元素直接从 DOM 中移除或插入；v-show 则只是改变该元素的 display 是否为 none，其结构依然保留。

v-if 是"真正的"条件渲染，因为它确保在切换过程中条件块内的事件监听器和子组件适当地被销毁和重建。v-if 是惰性的，如果在初始渲染时条件为假，则什么也不做，直到条件第一次变为真时才开始渲染条件块。

而 v-show 就简单得多，不管初始条件是什么，元素总是会被渲染，并且只是简单地基于 CSS 进行切换。

一般来说，v-if 有更高的切换开销，而 v-show 有更高的初始渲染开销。当组件中某块内容只会显示或隐藏，不会被再次改变显示状态时，用 v-if 更加合适。例如请求后台接口通过后台数据控制某块内容是否显示或隐藏，并且这个数据在当前页不会被修改。当组件中某块内容的显示或隐藏是可变化的时，用 v-show 更加合理。例如页面中有一个切换按钮，单击按钮来控制某块区域的显示或隐藏。

如果频繁操作 DOM，则对性能影响很大，v-if 如果用在有切换按钮控制的情况下，相当于在频繁增加 DOM 和删除 DOM，此时用 v-show 更加合适。

注意

v-show 不支持<template>语法，也不支持 v-else 指令。

【实例 2-14】使用 v-if 和 v-show 指令分别实现元素的显示或隐藏

【操作要求】

使用 v-if 和 v-show 指令分别实现元素的显示或隐藏。使用 v-if 指令判断变量 rank 的值大于 1，则输出文本内容"你好! plus 会员"；使用 v-show 指令判断变量 rank 的值小于 1，则输出文本内容"欢迎登录"。

【实现过程】

使用 HTML 编辑器 Dreamweaver 创建网页 0214.html，在该网页中编写以下代码实现要求的功能：

```html
<div id="app">
    <p v-if="rank>1">你好! plus 会员</p>
    <p v-show="rank<1">欢迎登录</p>
</div>
<script>
  var vm=new Vue({
      el: '#app',
      data: {
         rank:2
         }
      })
</script>
```

在上面的代码中，如果 rank>1，则使用了指令 v-if 的 p 元素显示；如果 rank<1，则使用了指令 v-show 的 p 元素显示。当 rank=1 时，使用了指令 v-if 的 p 元素直接从 DOM 中移除，而使用了指令 v-show 的 p 元素的 display 属性值为 none。

2.3.2 循环渲染

1. v-for 的应用

微课 2-6

循环渲染

v-for 指令基于源数据对元素或模板块进行多次渲染，包含数组迭代、对象迭代和整数迭代等多种用法。

（1）数组迭代

使用 v-for 指令可以根据一组数组的选项列表进行渲染。v-for 指令的使用形式为 "item in items"，其中 items 是源数据数组，item 是数组元素迭代的别名。

【实例 2-15】使用 v-for 指令根据数组的选项列表进行渲染

【操作要求】

创建网页 0215.html，使用 v-for 指令根据数组的选项列表进行渲染。网页 0215.html 的输出结果如图 2-4 所示。

【实现过程】

图书详情
• HTML5+CSS3移动Web开发实战 • 零基础学Python • 数学之美

图 2-4　网页 0215.html 的输出结果

使用 HTML 编辑器 Dreamweaver 创建网页 0215.html，在该网页中编写以下代码实现要求的功能：

```
<div id="app">
    <h3>{{ info }}</h3>
    <ul>
        <li v-for="book in books">
            {{ book.bookName }}
        </li>
    </ul>
</div>
<script>
    var vm=new Vue({
        el: '#app',
        data: {
            info: '图书详情',
            books: [
                { bookName: 'HTML5+CSS3 移动 Web 开发实战' },
                { bookName: '零基础学 Python' },
                { bookName: '数学之美' }
            ]
        }
    })
</script>
```

和 v-if 模板一样，也可以使用带有 v-for 的<template>标签渲染多个元素块。

【实例 2-16】使用带有 v-for 指令的<template>标签渲染多个元素块 ━━

【操作要求】

创建网页 0216.html，使用带有 v-for 的<template>标签渲染多个元素块。网页 0216.html 的输出结果如图 2-5 所示。

> • HTML5+CSS3移动Web开发实战
> • 零基础学Python
> • 数学之美

图 2-5　网页 0216.html 的输出结果

【实现过程】

使用 HTML 编辑器 Dreamweaver 创建网页 0216.html，在该网页中编写代码实现要求的功能。

读者可以扫描二维码查看【电子活页 2-8】中网页 0216.html 的代码，或者从本单元配套的教学资源中打开对应的文档查看相应内容。

在 v-for 块中，拥有对父作用域属性的完全访问权限，v-for 还支持将一个可选的参数作为当前项的索引。

【示例】demo020301.html

读者可以扫描二维码查看【电子活页 2-9】中网页 demo020301.html 的代码，或者从本单元配套的教学资源中打开对应的文档查看相应内容。

（2）对象迭代

可以使用 v-for 通过一个对象的属性来迭代，第 1 个参数为属性值，第 2 个参数为键名，第 3 个参数为索引，例如 v-for="(value , key , index) in books"。

电子活页 2-8

网页 0216.html 的代码

电子活页 2-9

网页 demo020301.html 的代码

【实例 2-17】使用 v-for 指令通过对象属性实现迭代 ━━

【操作要求】

创建网页 0217.html，使用 v-for 通过对象属性实现迭代。网页 0217.html 的输出结果如图 2-6 所示。

> **图书详情**
> • 1-图书名称：HTML5+CSS3移动Web开发实战
> • 2-出版社：人民邮电出版社
> • 3-价格：58

图 2-6　网页 0217.html 的输出结果

【实现过程】

使用 HTML 编辑器 Dreamweaver 创建网页 0217.html，在该网页中编写代码实现要求的功能。

读者可以扫描二维码查看【电子活页 2-10】中网页 0217.html 的代码，或者从本单元配套的教学资源中打开对应的文档查看相应内容。

也可以用 of 替代 in 作为分隔符，使用 of 是最接近 JavaScript 迭代器的语法。

【示例】demo020302.html

读者可以扫描二维码查看【电子活页 2-11】中网页 demo020302.html 的代码，或者从本单元配套的教学资源中打开对应的文档查看相应内容。

（3）整数迭代

使用 v-for 也可以实现整数迭代，在这种情况下，它将重复多次模板。

电子活页 2-10

网页 0217.html 的代码

电子活页 2-11

网页 demo020302.html 的代码

> **注意**
> 整数迭代是从 1 开始的，而不是从 0 开始的。

【实例 2-18】使用 v-for 指令实现整数迭代

【操作要求】

创建网页 0218.html，使用 v-for 实现整数迭代。网页 0218.html 的输出结果如图 2-7 所示。

1 2 3 4 5 6 7 8 9 10

图 2-7　网页 0218.html 的输出结果

【实现过程】

使用 HTML 编辑器 Dreamweaver 创建网页 0218.html，在该网页中编写以下代码实现要求的功能：

```html
<div id="app">
  <span v-for="num in 10">
      {{ num }}
  </span>
</div>
<script>
  var vm=new Vue({
      el: '#app'
    })
</script>
```

2. v-for 结合 v-if 的应用

当 v-for 和 v-if 处于同一节点时，v-for 的优先级比 v-if 更高，这意味着 v-if 将分别重复运行于每个 v-for 循环中。当想为一些项渲染节点时，这种优先级的机制会十分有用。

【实例 2-19】使用 v-for 指令结合 v-if 指令输出部分列表项

【操作要求】

创建网页 0219.html，使用 v-for 结合 v-if 输出部分列表项。网页 0219.html 的输出结果如图 2-8 所示。

- one
- three

图 2-8　网页 0219.html 的输出结果

【实现过程】

使用 HTML 编辑器 Dreamweaver 创建网页 0219.html，在该网页中编写以下代码实现要求的功能：

```html
<ul id="app">
  <li v-for="item in items" v-if="item.isShow">
      {{ item.message }}
  </li>
</ul>
<script>
var example = new Vue({
    el: '#app',
    data: {
      items: [
```

```
        {isShow: true,message: 'one' },
        {isShow: false,message: 'two' },
        {isShow: true,message: 'three' }
      ]
    }
  })
</script>
```

如果要有条件地跳过循环的执行，那么将 v-if 置于包裹元素或<template>之上即可。

【实例 2-20】使用 v-if 指令实现有条件地跳过循环的执行

【操作要求】

创建网页 0220.html，将 v-if 置于<template>标签之上。网页
0220.html 的输出结果如图 2-9 所示。

【实现过程】

使用 HTML 编辑器 Dreamweaver 创建网页 0220.html，在该
网页中编写代码实现要求的功能。

读者可以扫描二维码查看【电子活页 2-12】中网页 0220.html 的代码，或者
从本单元配套的教学资源中打开对应的文档查看相应内容。

- HTML5+CSS3移动Web开发实战
- 零基础学Python
- 数学之美

图 2-9 网页 0220.html 的输出结果

电子活页 2-12

网页 0220.html 的
代码

3. key 属性的应用

当 Vue 用 v-for 更新已渲染过的元素列表时，它默认使用"就地复用"的策略。
如果数据项的顺序被改变，Vue 将不是移动 DOM 元素来匹配数据项的顺序，而是
简单复用此处的每个元素，并且确保它在特定索引下显示已被渲染过的每个元素。

这个默认的模式是高效的，但只适用于不依赖子组件状态或临时 DOM 状态
（如表单输入值）的列表渲染输出。

为了给 Vue 一个提示，以便它能跟踪每个节点的身份，从而重用和重新排序现有元素，需要为每项
提供一个唯一 key 属性。理想的 key 值是每项都有唯一 id。它的工作方式类似于一个属性，所以需要用
v-bind 来绑定动态值。

例如：

```
<div v-for="item in items" :key="item.id">
  <!-- 内容 -->
</div>
```

建议尽可能使用 v-for 来提供 key，除非迭代 DOM 内容足够简单，或者要依赖于默认行为来获得
性能提升。要注意的是，key 属性是 Vue 识别节点的一个通用机制，它并不会特别与 v-for 关联。

2.4 Vue 数组更新及过滤排序

Vue 为了增加列表渲染的功能，增加了一组更新数组的方法，而且可以显示一个数组的过滤或排序
的副本。

2.4.1 Vue 的变异方法

Vue 包含一组更新数组的变异方法，它们将会触发视图更新，并且会改变被这些方法调用的初始数

组。Vue 的变异方法如下。

① push()方法：接收任意数量的参数，把它们逐个添加到数组末尾，并返回修改后数组的长度。

② pop()方法：从数组末尾移除最后一项，减小数组的 length 值，然后返回移除的项。

③ shift()方法：移除数组中的第一项并返回该项，同时数组的长度减 1。

④ unshift()方法：在数组前端添加任意项并返回新数组长度。

⑤ splice()方法：删除原数组的一部分成员，并可以在被删除的位置添加新的数组成员。

⑥ sort()方法：调用每个数组项的 toString()方法，然后比较得到的字符串排序，返回经过排序之后的数组。

⑦ reverse()方法：反转数组的顺序，返回经过排序之后的数组。

【实例 2-21】使用 Vue 的变异方法更新数组

【操作要求】

创建网页 0221.html，使用 Vue 的变异方法更新数组。浏览网页 0221.html 的初始效果，如图 2-10 所示，单击各个按钮，在该按钮下方的数据项会依次发生变化。

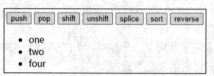

图 2-10　浏览网页 0221.html 的初始效果

【实现过程】

使用 HTML 编辑器 Dreamweaver 创建网页 0221.html，在该网页中编写代码实现要求的功能。

读者可以扫描二维码查看【电子活页 2-13】中网页 0221.html 的代码，或者从本单元配套的教学资源中打开对应的文档查看相应内容。

电子活页 2-13

网页 0221.html 的代码

2.4.2　Vue 的非变异方法

使用 Vue 的非变异方法更新数组时，不会改变初始数组，但总是会返回一个新数组。例如，当使用 filter()、concat()、slice()这些非变异方法时，可以用新数组替换旧数组。

Vue 的非变异方法如下。

① concat()方法：先创建当前数组的一个副本，然后将接收到的参数添加到这个副本的末尾，最后返回新构建的数组。

② slice()方法：基于当前数组中的一个或多个项创建一个新数组，接受一个或两个参数，即要返回项的起始和结束位置，最后返回新数组。

③ map()方法：对数组中的每一项运行给定函数，返回每次函数调用的结果组成的数组。

④ filter()方法：对数组中的每一项运行给定函数，该函数会返回值为 true 的项组成的数组。

【实例 2-22】使用 Vue 的非变异方法更新数组

【操作要求】

创建网页 0222.html，使用 Vue 的非变异方法更新数组。浏览网页 0222.html 的初始效果，如图 2-11 所示，依次单击各个按钮，在该按钮下方的数据项会依次发生变化。

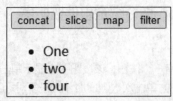

图 2-11　浏览网页 0222.html 的初始效果

【实现过程】

使用 HTML 编辑器 Dreamweaver 创建网页 0222.html，在该网页中编写代码实现要求的功能。

读者可以扫描二维码查看【电子活页 2-14】中网页 0222.html 的代码或者从本单元配套的教学资源中打开对应的文档查看相应内容。

以上操作并不会导致 Vue 丢弃现有 DOM 并重新渲染整个列表，Vue 实现了一些智能启发式方法来最大化 DOM 元素重用，所以用一个含有相同元素的数组去替换原来的数组是非常高效的操作。

电子活页 2-14

网页 0222.html 的代码

由于 JavaScript 的限制，Vue 不能检测数组的以下变动。

① 利用索引直接设置一个项，例如 vm.items[indexOfItem] = newValue。

② 修改数组的长度，例如 vm.items.length = newLength。

使用以下两种方式都可以实现和 vm.items[indexOfItem]=newValue 相同的效果，同时也将触发状态更新：

```
// Vue.set
Vue.set(vm.items, indexOfItem, newValue)
// Array.prototype.splice
vm.items.splice(indexOfItem, 1, newValue)
```

为了解决第二类问题，可以使用 splice()方法：

```
vm.items.splice(newLength)
```

2.4.3　数组的过滤排序

有时，要显示一个数组的过滤或排序副本，而不实际改变或重置初始数据。在这种情况下，可以创建返回过滤或排序数组的计算属性。

在计算属性不适用的情况下（例如在嵌套 v-for 循环中），可以使用一个 methods 下的方法。

2.5　Vue 事件处理

所有的 Vue 事件处理方法和表达式都严格绑定在当前视图的 ViewModel 上，它们不会导致维护上的困难。

微课 2-7

Vue 事件处理

2.5.1　事件监听

在 Vue 中可以通过 v-on 指令来绑定事件监听器，从而监听 DOM 事件，并在触发时执行一些 JavaScript 代码，或者绑定事件处理方法。

61

【实例 2-23】通过 v-on 指令绑定事件监听器

【操作要求】

创建网页 0223.html，页面中有一个按钮，该按钮下方显示单击次数提示信息，通过 v-on 指令绑定事件监听器，每单击一次按钮，下方单击次数则增加 1。浏览网页 0223.html 的初始效果，如图 2-12 所示，单击 3 次按钮后的网页效果如图 2-13 所示。

图 2-12 浏览网页 0223.html 的初始效果　　图 2-13 单击 3 次按钮后的网页效果

【实现过程】

使用 HTML 编辑器 Dreamweaver 创建网页 0223.html，在该网页中编写以下代码实现要求的功能：

```
<div id="app">
    <button v-on:click="counter += 1">单击一次增加 1</button>
    <p>这个按钮被单击了 {{ counter }} 次。</p>
</div>
<script>
var vm = new Vue({
    el: '#app',
    data: {
        counter: 0
    }
})
</script>
```

许多事件处理的逻辑有些复杂，直接把 JavaScript 代码写在 v-on 指令中有时并不可行，使用 v-on 指令可以调用一个自定义的方法。

【示例】demo020501.html

读者可以扫描二维码查看【电子活页 2-15】中网页 demo020501.html 的代码，或者从本单元配套的教学资源中打开对应的文档查看相应内容。

电子活页 2-15

网页 demo020501.
html 的代码

【实例 2-24】使用 v-on 指令调用自定义方法弹出提示信息对话框

【操作要求】

创建网页 0224.html，浏览该网页时，页面显示【提交】按钮，单击该按钮使用 v-on 指令调用自定义方法 showInfo()，弹出图 2-14 所示的"提示信息：用户名不能为空"的提示信息对话框。在该提示信息对话框中单击【确定】按钮，弹出图 2-15 所示的显示按钮标识名称"BUTTON"的提示信息对话框。

图 2-14 "提示信息：用户名不能为空"的提示信息对话框　图 2-15 显示按钮标识名称"BUTTON"的提示信息对话框

【实现过程】

使用 HTML 编辑器 Dreamweaver 创建网页 0224.html,在该网页中编写代码实现要求的功能。

读者可以扫描二维码查看【电子活页 2-16】中网页 0224.html 的代码,或者从本单元配套的教学资源中打开对应的文档查看相应内容。

电子活页 2-16

网页 0224.html 的
代码

> **注意** 不应该使用箭头函数来定义 methods 下的方法,因为箭头函数绑定了父级作用域的上下文,所以 this 将不会按照期望指向 Vue 实例。

【实例 2-25】使用 v-on 指令调用自定义方法动态输出单击次数

【操作要求】

创建网页 0225.html,浏览该网页时,页面中显示一个【单击】按钮。第 1 次单击该按钮时,使用 v-on 指令调用自定义方法 changeNum(),按钮下方显示"这个按钮被单击了 1 次"的提示信息,如图 2-16 所示。后面单击时,单击按钮的次数不同,页面中输出的内容的次数也会同步变化。

单击

这个按钮被单击了1次

图 2-16　按钮下方显示"这个按钮被单击了 1 次"的提示信息

【实现过程】

使用 HTML 编辑器 Dreamweaver 创建网页 0225.html,在该网页中编写代码实现要求的功能。

读者可以扫描二维码查看【电子活页 2-17】中网页 0225.html 的代码,或者从本单元配套的教学资源中打开对应的文档查看相应内容。

v-on 指令的缩写形式为"@",例如@click="add"。

电子活页 2-17

网页 0225.html 的代码

【实例 2-26】分别使用 v-on 指令及其缩写形式"@"调用自定义方法

【操作要求】

创建网页 0226.html,使用 v-on 指令调用事件处理方法 showInfo(),在页面中输出文本内容"欢迎登录"。使用 v-on 指令的缩写形式"@"调用事件处理方法 add(),在页面中输出购买数量。

【实现过程】

使用 HTML 编辑器 Dreamweaver 创建网页 0226.html,在该网页中编写代码实现要求的功能。

读者可以扫描二维码查看【电子活页 2-18】中网页 0226.html 的代码,或者从本单元配套的教学资源中打开对应的文档查看相应内容。

v-on 除了可以直接绑定到一个方法,也可以在触发事件时执行内联 JavaScript 语句。

电子活页 2-18

网页 0226.html 的
代码

【实例 2-27】使用 v-on 指令调用内联 JavaScript 语句

【操作要求】

创建网页 0227.html,使用 v-on 指令调用内联 JavaScript 语句,在页面中显示用户名称。

浏览网页时显示两个按钮，单击【显示用户 1 的名称】按钮，则在按钮下方输出"当前用户名为：admin"，如图 2-17 所示。单击【显示用户 2 的名称】按钮，则在按钮下方输出"当前用户名为：江西"。

显示用户1的名称　显示用户2的名称

当前用户名为：admin

图 2-17　单击【显示用户 1 的名称】按钮输出对应的用户名称

【实现过程】

使用 HTML 编辑器 Dreamweaver 创建网页 0227.html，在该网页中编写以下代码实现要求的功能：

```html
<div id="app">
    <button v-on:click="show('admin')">显示用户 1 的名称</button>
    <button v-on:click="show('江西')">显示用户 2 的名称</button>
    <p>{{ userName }}</p>
</div>
<script>
var vm = new Vue({
    el: '#app',
    data:{
        userName:''
    },
    methods: {
        show: function (name) {this.userName = '当前用户名为：'+name;}
    }
})
</script>
```

有时也需要在内联语句处理器中访问原生 DOM 事件，这时可以使用特殊变量 event 把原生 DOM 事件传入方法。

【实例 2-28】使用特殊变量 event 把原生 DOM 事件传入方法

【操作要求】

创建网页 0228.html，使用特殊变量 event 把原生 DOM 事件传入方法，在页面中显示用户名称。浏览网页时显示两个按钮，单击【显示用户 1 的名称】按钮，则在按钮下方输出"当前用户名为：admin"和"当前单击的按钮名称为：显示用户 1 的名称"，如图 2-18 所示。单击【显示用户 2 的名称】按钮，则在按钮下方输出"当前用户名为：江西"和"当前单击的按钮名称为：显示用户 2 的名称"。

显示用户1的名称　显示用户2的名称

当前用户名为：admin

当前单击的按钮名称为：显示用户1的名称

图 2-18　单击【显示用户 1 的名称】按钮输出对应的用户名称和单击按钮名称

【实现过程】

使用 HTML 编辑器 Dreamweaver 创建网页 0228.html，在该网页中编写代码实现要求的功能。

读者可以扫描二维码查看【电子活页 2-19】中网页 0228.html 的代码，或者从本单元配套的教学资源中打开对应的文档查看相应内容。

电子活页 2-19

网页 0228.html 的代码

2.5.2 事件修饰符

在事件处理程序中调用 event.preventDefault()或 event.stopPropagation()也是常见的需求。尽管可以在 methods 中轻松实现这点，但是 methods 只有纯粹的数据逻辑，而不是去处理 DOM 事件细节。为了解决这个问题，Vue 为 v-on 提供了事件修饰符，使用点"."表示的指令后缀来调用修饰符。事件修饰符是自定义事件行为，配合 v-on 指令来使用，写在事件名称之后，使用"."符号连接，例如，v-on:click.stop 表示阻止事件冒泡。

常用的事件修饰符如下。

① .stop：阻止冒泡。

② .prevent：阻止默认事件。

③ .capture：使用事件捕获模式。

④ .self：只在当前元素本身触发。

⑤ .once：只触发一次。

常用事件修饰符的使用实例如下。

```html
<!-- 阻止单击事件冒泡 -->
<a v-on:click.stop="doThis"></a>
<!-- 提交事件不再重载页面 -->
<form v-on:submit.prevent="onSubmit"></form>
<!-- 修饰符可以串联  -->
<a v-on:click.stop.prevent="doThat"></a>
<!-- 只有修饰符 -->
<form v-on:submit.prevent></form>
<!-- 添加事件侦听器时使用事件捕获模式 -->
<div v-on:click.capture="doThis">...</div>
<!-- 只当事件在该元素本身（例如不是子元素）触发时触发回调函数-->
<div v-on:click.self="doThat">...</div>
<!-- 单击事件将只会触发一次 -->
<a v-on:click.once="doThis"></a>
```

> **注意** 使用修饰符时，顺序很重要。例如，用@click.prevent.self 会阻止所有的单击，而用 @click.self.prevent 只会阻止元素上的单击。

1. .stop 阻止事件冒泡

Vue 中默认的事件传递方式是冒泡，所以同一事件类型会在元素内部和外部触发，有可能会造成事件的错误触发，因此需要使用.stop 修饰符阻止事件冒泡行为。

【实例 2-29】使用.stop 事件修饰符实现阻止冒泡

【操作要求】

创建网页 0229.html，使用.stop 事件修饰符实现阻止冒泡。浏览网页时，初始状态会显示 3 个按钮：【普通按钮】、【阻止冒泡】和【还原】。

① 先单击【阻止冒泡】按钮时，由于@click 后使用了.stop 事件修饰符实现阻止冒泡，按钮下方只输出"子级"内容。接着单击【普通按钮】按钮时，由于@click 指令没有阻止冒泡，按钮下方输出"子

级 子级 父级"内容。单击【还原】按钮，返回初始状态，按钮下方显示的内容被清空。

② 先单击【普通按钮】按钮时，由于@click 指令没有阻止冒泡，按钮下方输出"子级 父级"内容。接着单击【阻止冒泡】按钮时，由于@click 后使用了.stop 事件修饰符实现阻止冒泡，按钮下方输出"子级 父级 子级"内容。单击【还原】按钮，返回初始状态，按钮下方显示的内容被清空。

【实现过程】

使用 HTML 编辑器 Dreamweaver 创建网页 0229.html，在该网页中编写代码实现要求的功能。

读者可以扫描二维码查看【电子活页 2-20】中网页 0229.html 的代码，或者从本单元配套的教学资源中打开对应的文档查看相应内容。

电子活页 2-20

网页 0229.html 的代码

2. .prevent 阻止默认事件行为

HTML 标签具有自身特性，例如<a>标签被单击时会自动跳转。在实际程序开发中，如果<a>标签的默认行为与事件发生冲突，此时可以使用.prevent 事件修饰符来阻止<a>标签的默认行为。

【实例 2-30】使用.prevent 事件修饰符实现取消默认事件

【操作要求】

创建网页 0230.html，浏览该网页时，单击【普通链接】超链接，能成功打开百度页面。由于【取消默认行为】超链接的@click 使用了.prevent 事件修饰符实现取消默认事件，单击【取消默认行为】超链接则不起作用，无法打开百度页面。

【实现过程】

使用 HTML 编辑器 Dreamweaver 创建网页 0230.html，在该网页中编写以下代码实现要求的功能：

```html
<div id="app">
  <a href="http://www.baidu.com" target="_blank">普通链接</a>
  <a @click.prevent href="http://www.baidu.com" target="_blank">取消默认行为</a>
</div>
<script>
var example = new Vue({
    el: '#app'
  })
</script>
```

3. .once 只触发一次

.once 事件修饰符用于阻止事件多次触发，它只触发一次。

【实例 2-31】使用.once 事件修饰符实现只触发一次事件

【操作要求】

创建网页 0231.html，使用.once 事件修饰符实现只触发一次。浏览网页 0231.html 时，单击【普通按钮】，下方输出的单击次数同步发生变化；单击【触发一次】按钮，下方输出的单击次数只改变一次；再次单击【触发一次】按钮，下方输出的单击次数不再发生改变。

【实现过程】

使用 HTML 编辑器 Dreamweaver 创建网页 0231.html，在该网页中编写代码实现要求的功能。

读者可以扫描二维码查看【电子活页 2-21】中网页 0231.html 的代码，或者从本单元配套的教学资源中打开对应的文档查看相应内容。

2.6 template 模板制作

1. 直接在构造器的 template 模板中编写代码制作网页模板

这种写法比较直观，适合简单的提示，不适合大量代码的编写。如果模板 HTML 代码太多，不建议这么写。

【实例 2-32】在构造器的 template 模板中编写代码制作网页模板

【操作要求】

创建网页 0232.html，在构造器的 template 模板中编写代码制作网页模板，在页面中输出指定内容。

【实现过程】

使用 HTML 编辑器 Dreamweaver 创建网页 0232.html，在该网页中编写以下代码实现要求的功能：

```html
<div id="app">
</div>
<script type="text/javascript">
    var vm=new Vue({
        el: '#app',
        data: {
            info: '图书详情'
        },
        template:`<p style="color:red">{{ this.info }}</p>`
    });
</script>
```

这里需要注意的是，模板的标识不是单引号和双引号，而是【Tab】键上面的反单引号 "`"。

2. 使用 template 标签编写代码制作网页模板

在 HTML 代码中使用模板 template 标签给定一个 id，在构造器中使用 template:'#id'形式。这种方式适用于大量代码的编号，直接挂载后就可以使用。

【实例 2-33】使用 template 标签编写代码制作网页模板

【操作要求】

创建网页 0233.html，使用 template 标签编写代码制作网页模板。在 HTML 代码中使用模板 template 标签给定一个 id，在构造器中使用 template:'#id'形式。

【实现过程】

使用 HTML 编辑器 Dreamweaver 创建网页 0233.html，在该网页中编写以下代码实现要求的功能：

```html
<div id="app">
  <template id="demo">
      <p style="color:red">{{ info }}</p>
  </template>
```

```
    </div>
    <script type="text/javascript">
        var vm=new Vue({
            el: '#app',
            data: {
                info: '图书详情'
            },
            template:'#demo'
        });
    </script>
```

3. 使用 script 标签编写代码制作网页模板

在 script 标签中给定一个 id，在构造器中使用 template:'#id'形式。script 标签的类型是 x-template，这种写模板的方法可以让模板文件从外部引入。

【实例 2-34】使用 script 标签编写代码制作网页模板

【操作要求】

创建网页 0234.html，使用 script 标签编写代码制作页面模板。在 script 标签中给定一个 id，在构造器中使用 template:'#id'形式。

【实现过程】

使用 HTML 编辑器 Dreamweaver 创建网页 0234.html，在该网页中编写以下代码实现要求的功能：

```
<div id="main">
</div>
<script type="x-template" id="demo">
    <p style="color:red">{{ info }}</p>
</script>
<script type="text/javascript">
    var vm=new Vue({
        el: '#main',
        data: {
            info: '图书详情'
        },
        template:'#demo'
    });
</script>
```

拓展提升

2.7 鼠标修饰符与键值修饰符

2.7.1 鼠标修饰符

以下这些鼠标修饰符会限制处理程序监听特定的鼠标事件。

① .left：鼠标左键。

② .right：鼠标右键。

③ .middle：鼠标中键。

【实例 2-35】使用鼠标修饰符实现按钮名称随单击的键发生变化

【操作要求】

创建网页 0235.html，在该网页中实现用鼠标左、中、右键进行单击，按钮名
称会同步发生变化。

【实现过程】

使用 HTML 编辑器 Dreamweaver 创建网页 0235.html，在该网页中编写代
码实现要求的功能。

读者可以扫描二维码查看【电子活页 2-22】中网页 0235.html 的代码，或者
从本单元配套的教学资源中打开对应的文档查看相应内容。

电子活页 2-22

网页 0235.html 的
代码

2.7.2　键值修饰符

在监听键盘事件时，经常需要监测常见的键值。Vue 允许为 v-on 在监听键盘事件时添加键值修饰符。
例如：

```
<!-- 只有在 keyCode 是 13 时调用 vm.submit() -->
<input v-on:keyup.13="submit">
```

要记住所有的 keyCode 比较困难，所以 Vue 为最常用的按键提供了以下别名。

① .enter：回车。

② .tab：制表键。

③ .delete：捕获【Delete】键和【Backspace】键。

④ .esc：返回。

⑤ .space：空格。

⑥ .up：向上。

⑦ .down：向下。

⑧ .left：向左。

⑨ .right：向右。

还可以通过全局 config.keyCodes 对象自定义键值修饰符的别名。
例如：

```
// 可以使用 v-on:keyup.a
Vue.config.keyCodes.a = 65
```

2.7.3　其他修饰符

可以用如下的修饰符开启鼠标或键盘事件监听，在按键按下时进行响应。

① .ctrl。

② .alt。

③ .shift。

④ .meta。

例如：

```
<!-- Alt + C -->
<input @keyup.alt.67="clear">
<!-- Ctrl + Click -->
<div @click.ctrl="doSomething">Do something</div>
```

 应用实战

【任务 2-1】使用带有 v-for 指令的 template 标签渲染多个元素块

【任务描述】

（1）编写 JavaScript 代码实现以下功能

在 Vue 的 data 区域定义一个图书数组 books，同时给数组赋初值，该数组中包含多本图书的数据，即图书 id、图书名称、出版社名称和图书价格。

（2）编写 HTML 代码实现以下功能

在 HTML 视图区域，使用 v-for="value in books"指令来渲染多个元素块（这里为表格中的行），循环显示图书数据。value 代表数组的一个元素，这里是一个对象，代表图书的 id、名称、出版社名称和价格。对象内容的值使用小数点 . 加上属性名称进行访问，例如 value.bookID、value.bookName、value.publisher、value.price。

【任务实施】

在指定文件夹下创建 case01-index.html 文件，在该文件中编写代码，实现要求的功能。

读者可以扫描二维码查看【电子活页 2-23】中网页 case01-index.html 的代码，或者从本单元配套的教学资源中打开对应的文档查看相应内容。

代码解读见代码中的注释内容。

本任务中的网页 index.html 的浏览效果如图 2-19 所示。

电子活页 2-23

网页 case01-index.
html 的代码

图书详情

序号	图书名称	出版社	价格
1	HTML5+CSS3移动Web开发实战	人民邮电出版社	58
2	零基础学Python（全彩版）	吉林大学出版社	79.8
3	数学之美	人民邮电出版社	49

图 2-19　任务 2-1 中的网页 index.html 的浏览效果

【任务 2-2】使用 v-for 和 v-if 指令循环显示嵌套的对象

【任务描述】

（1）编写 JavaScript 代码实现以下功能

在 Vue 的 data 区域定义一个图书数组 books，同时给数组赋初值。该数组中包含多个出版社出版的图书数据，即出版社名称和出版的图书，每个出版社出版了多本图书，也就是说，该图书数组的元素中包含嵌套对象。

（2）编写 HTML 代码实现以下功能

在 HTML 视图区域，使用 v-for 指令和 v-if 指令来循环显示嵌套的对象。在循环显示对象中的每个元素时，判断元素是否为对象，如果元素是对象，再针对该对象循环显示其元素内容。如果元素不是对象，为普通的值，则直接显示其内容。

【任务实施】

在指定文件夹下创建 case02-index.html 文件，在该文件中编写代码，实现要求的功能。

读者可以扫描二维码查看【电子活页 2-24】中网页 case02-index.html 的代码，或者从本单元配套的教学资源中打开对应的文档查看相应内容。

代码解读见代码中的注释内容。

本任务中的网页 index.html 的浏览效果如图 2-20 所示。

电子活页 2-24

网页 case02-index.
html 的代码

图书详情

- 吉林大学出版社
  零基础学Python（全彩版）
- -
- 人民邮电出版社
  出版图书
  - HTML5+CSS3移动Web开发实战
  - 数学之美
- -

图 2-20 任务 2-2 中的网页 index.html 的浏览效果

在线测试

电子活页 2-25

在线测试

单元 3
Vue数据绑定与样式绑定

Vue 是一个 MVVM 框架，可以实现双向数据绑定，即当数据发生变化的时候视图也跟着发生变化，当视图发生变化的时候数据也会跟着同步变化，这也算是 Vue 的精髓之处。值得注意的是，这里所说的双向数据绑定一定是对于 UI 控件来说的，非 UI 控件不涉及双向数据绑定。

class 与 style 是 HTML 元素的属性，用于设置元素的样式，可以用 v-bind 指令来设置样式属性。

 学习领会

微课 3-1

Vue 表单控件的数据绑定

3.1 Vue 表单控件的数据绑定

可以用 v-model 指令在表单控件元素上创建双向数据绑定，v-model 会根据控件类型自动选取正确的方法来更新元素。

> **注意** v-model 会忽略所有表单元素的 value、checked、selected 特性的初始值，因为它会选择 Vue 实例数据作为具体的值。应该通过 JavaScript 组件的 data 选项声明初始值。

3.1.1 输入框的数据绑定

输入框主要包括单行输入控件 input 和多行输入控件 textarea。

【实例 3-1】使用 v-model 指令实现 input 和 textarea 控件的双向数据绑定

【操作要求】

创建网页 0301.html，使用 v-model 指令实现 input 和 textarea 控件的双向数据绑定，在页面中输出 input 和 textarea 控件中输入的数据，并与输入框中的数据同步变化。在 Chrome 浏览器中浏览网页 0301.html 的初始结果，如图 3-1 所示。

【实现过程】

使用 HTML 编辑器 Dreamweaver 创建网页 0301.html，在该网页中编写以下代码实现要求的功能：

```
<div id="app">
  <p>input 控件的数据绑定: </p>
  <input type="text" v-model="inputName" placeholder="请输入用户名……">
```

图 3-1　在 Chrome 浏览器中浏览网页 0301.html 的初始结果

```
        <p>用户名: {{ inputName }}</p>
        <p>textarea 控件的数据绑定: </p>
        <textarea cols="25" rows="5" placeholder="请留言……"
                v-model="infoText"></textarea>
        <p style="white-space: pre-line">留言内容: {{ infoText }}</p>
    </div>
    <script>
        var vm=new Vue({
            el: "#app",
            data: {
                inputName: '吉琳',
                infoText:'今天的志愿活动在哪里集合? \r\n 几点集合? '
            }
        })
    </script>
```

浏览网页 0301.html 时，在页面的输入框中删除默认的数据或输入新的数据，页面中的输出内容也会同步变化。打开 Chrome 浏览器的控制台界面，在控制台界面的提示符>后分别输入以下代码:

```
vm.inputName='李斯' //然后按【Enter】键
vm.infoText='志愿活动成功开展 //然后按【Enter】键
```

可以发现，输入框中的数据和页面中的输出内容同步发生了变化，如图 3-2 所示。

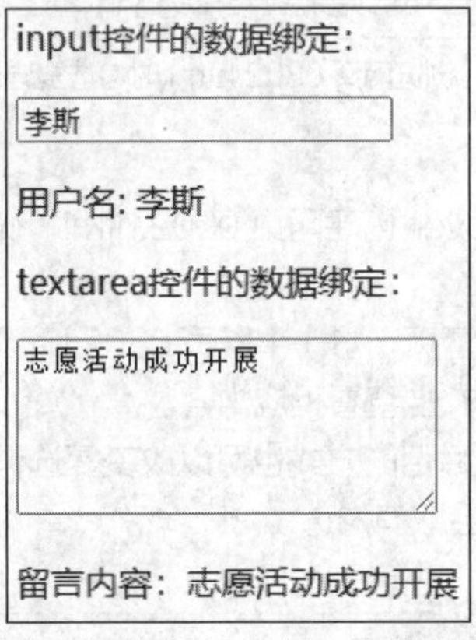

图 3-2 通过浏览器控制台界面更新数据后，输入框中的数据和页面中的输出内容同步变化

实际上，v-model 是:value 和@input 事件的语法糖。

【示例】demo030101.html

```
<div id="app">
    <input type="text" :value="inputName" placeholder="请输入用户名……"
                @input="inputName=$event.target.value">
    <p>用户名: {{ inputName }}</p>
</div>
<script>
    var vm=new Vue({
```

```
            el: "#app",
            data: {
                inputName: "
            }
        })
    </script>
```

注意

在文本区域，插值（<textarea></textarea>）并不会生效，应使用 v-model 来代替。

3.1.2　复选框的数据绑定

对于单个复选框，可以绑定一个逻辑值；对于多个复选框，可以绑定到同一个数组。

【实例 3-2】使用 v-model 指令实现复选框的双向数据绑定

【操作要求】

创建网页 0302.html，使用 v-model 指令实现 checkbox 控件的双向数据绑定。浏览网页 0302.html
时，勾选复选框的效果如图 3-3 所示。

> 货到付款 ☑ true
> 请确认你需要购买的图书:
> ☑ HTML5+CSS3移动Web开发实战 ☑ 零基础学Python（全彩版）□ 数学之美
> 需要购买图书为: ["HTML5+CSS3移动Web开发实战", "零基础学Python（全彩版）"]

图 3-3　浏览网页 0302.html 时勾选复选框的效果

【实现过程】

使用 HTML 编辑器 Dreamweaver 创建网页 0302.html，在该网页中编写代
码实现要求的功能。

读者可以扫描二维码查看【电子活页 3-1】中网页 0302.html 的代码，或者从
本单元配套的教学资源中打开对应的文档查看相应内容。

在浏览器的控制台界面中，通过赋值的方式也可以改变复选框勾选状态。例如
vm.checked=false，对应的复选框会取消勾选。

电子活页 3-1

网页 0302.html 的
代码

3.1.3　单选按钮的数据绑定

使用 v-model 指令也能实现单选按钮的双向数据绑定。

【实例 3-3】使用 v-model 指令实现单选按钮的双向数据绑定

【操作要求】

创建网页 0303.html，使用 v-model 指令实现单选按钮的双向数据绑
定。浏览网页 0303.html 时，选中单选按钮的效果如图 3-4 所示。

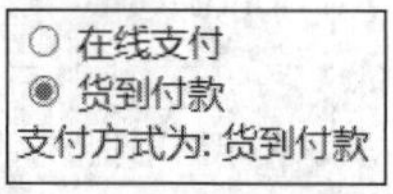

> ○ 在线支付
> ◉ 货到付款
> 支付方式为: 货到付款

图 3-4　选中单选按钮的效果

【实现过程】

使用 HTML 编辑器 Dreamweaver 创建网页 0303.html，在该网页中编写以下代码实现要求的

功能:

```
<div id="app">
    <input type="radio" id="onlinePayment" value="在线支付" v-model="picked">
    <label for="onlinePayment">在线支付</label>
    <br>
    <input type="radio" id="cashOnDelivery" value="货到付款" v-model="picked">
    <label for="cashOnDelivery">货到付款</label>
    <br>
    <span>支付方式为: {{ picked }}</span>
</div>
<script>
  var vm=new Vue({
      el: "#app",
      data: {
          picked:'在线支付'
          }
      })
</script>
```

3.1.4 选择列表的数据绑定

使用 v-model 指令也能实现选择（select）列表的双向数据绑定，select 列表分为单选列表和多选列表两种类型。

1. 使用 v-model 指令实现单选列表的数据绑定

【实例 3-4】使用 v-model 指令实现单选列表的双向数据绑定

【操作要求】

创建网页 0304.html，使用 v-model 指令实现单选列表的双向数据绑定。浏览网页 0304.html 时，在下拉列表中有多个选项可供选择，在列表项中选择"湖南"选项的效果如图 3-5 所示。

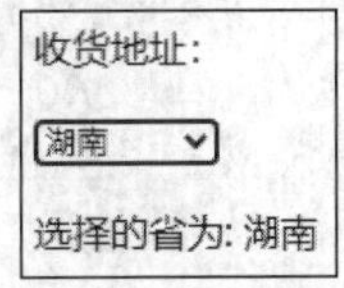

【实现过程】

使用 HTML 编辑器 Dreamweaver 创建网页 0304.html，在该网页中编写以下代码实现要求的功能：

图 3-5 在列表项中选择
"湖南"选项的效果

```
<div id="app">
    <p>收货地址: </p>
    <select v-model="selected" name="province">
        <option value="">请选择省</option>
        <option value="湖南">湖南</option>
        <option value="湖北">湖北</option>
        <option value="江西">江西</option>
        <option value="四川">四川</option>
    </select>
```

```
    <p>选择的省为: {{ selected }}</p>
</div>
<script>
  var vm=new Vue({
      el: "#app",
      data: {
          selected: "
        }
    })
</script>
```

2．使用 v-model 指令实现多选列表的数据绑定

【实例 3-5】使用 v-model 指令实现多选列表的双向数据绑定

【操作要求】

创建网页 0305.html，使用 v-model 指令实现多选列表的双向
数据绑定。浏览网页 0305.html 时，在下拉列表中有多个选项供选
择，在列表项中选择"湖南"与"江西"两个选项的效果如图 3-6
所示。

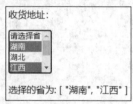

图 3-6　在列表项中选择"湖南"
和"江西"两个选项的效果

【实现过程】

使用 HTML 编辑器 Dreamweaver 创建网页 0305.html，在该网页
中编写以下代码实现要求的功能：

```
<div id="app">
  <p>收货地址: </p>
  <select v-model="selected" name="province" multiple>
      <option value="">请选择省</option>
      <option value="湖南">湖南</option>
      <option value="湖北">湖北</option>
      <option value="江西">江西</option>
      <option value="四川">四川</option>
      <option value="贵州">贵州</option>
  </select>
  <p>选择的省为: {{ selected }}</p>
</div>
<script>
  var vm=new Vue({
      el: "#app",
      data: {
          selected: []
        }
    })
</script>
```

3. 使用 v-model 结合 v-for 指令渲染动态选项

【实例 3-6】使用 v-model 结合 v-for 指令选择用户等级

【操作要求】

创建网页 0306.html，使用 v-model 结合 v-for 指令选择用户等级。在浏览器中浏览该网页时，用户等级的初始选择状态如图 3-7 所示。

在列表中选择"二级用户"选项时，对应的用户等级显示为"B"；在列表中选择"三级用户"选项时，对应的用户等级显示为"C"。

图 3-7　用户等级的初始选择状态

【实现过程】

使用 HTML 编辑器 Dreamweaver 创建网页 0306.html，在该网页中编写代码实现要求的功能。

读者可以扫描二维码查看【电子活页 3-2】中网页 0306.html 的代码，或者从本单元配套的教学资源中打开对应的文档查看相应内容。

电子活页 3-2

网页 0306.html 的代码

3.2　绑定 value

对于单选按钮、选择列表选项，v-model 绑定的 value 通常是静态字符串；对于复选框，如果只有一个复选框，v-model 绑定的是一个逻辑值。如果有多个复选框，v-model 绑定的是一个数组。

例如：

微课 3-2

绑定 value

```
<!-- 当选中时，picked 为字符串"货到付款" -->
<input type="radio" v-model="picked" value="货到付款">
<!-- toggle 为 true 或 false -->
<input type="checkbox" v-model="toggle">
<!-- 当选中时，selected 为字符串"湖南" -->
<select v-model="selected">
  <option value="湖南">湖南</option>
</select>
```

如果要绑定 value 到 Vue 实例的一个动态属性上，就可以用 v-bind 实现，并且这个属性的值可以不是字符串。

3.2.1　复选框绑定 value

【实例 3-7】使用 v-model 实现复选框绑定 value

【操作要求】

创建网页 0307.html，使用 v-model 实现复选框绑定 value。浏览网页 0307.html 的初始状态如图 3-8 所示，复选框的勾选与取消勾选状态如图 3-9 所示。

货到付款 □　　　　货到付款 ☑ true　　　货到付款 □ false

图 3-8　浏览网页 0307.html 时的初始状态　　　图 3-9　复选框的勾选与取消勾选状态

【实现过程】

使用 HTML 编辑器 Dreamweaver 创建网页 0307.html，在该网页中编写以下代码实现要求的功能：

```
<div id="app">
  <label for="checkbox1">货到付款</label>
  <input type="checkbox" id="checkbox1" v-model="toggle"
        :true-value="t" :false-value="f">
  <span>{{ toggle }}</span>
</div>
<script>
  var vm=new Vue({
      el: "#app",
      data: {
          toggle:",
          t:true,
          f:false
          }
      })
</script>
```

3.2.2　单选按钮绑定 value

【实例 3-8】使用 v-model 实现单选按钮绑定 value

【操作要求】

创建网页 0308.html，使用 v-model 实现单选按钮绑定 value。浏览网页 0308.html 的初始状态如图 3-10 所示，单选按钮的选中状态如图 3-11 所示。

货到付款 ○　　　　　　　　　　货到付款 ◉ true

图 3-10　浏览网页 0308.html 时的初始状态 　　　图 3-11　单选按钮的选中状态

【实现过程】

使用 HTML 编辑器 Dreamweaver 创建网页 0308.html，在该网页中编写以下代码实现要求的功能：

```
<div id="app">
  <label for="radio1">货到付款</label>
  <input type="radio" id="radio1" v-model="pick" :value="t">
  <span>{{ pick }}</span>
</div>
<script>
  var vm=new Vue({
      el: "#app",
      data: {
          pick:",
          t:true
```

```
        }
    })
</script>
```

3.2.3　选择列表绑定 value

【实例 3-9】使用 v-model 实现选择列表绑定 value

【操作要求】

创建网页 0309.html，使用 v-model 实现选择列表绑定 value。浏览网页 0309.html 时，在下拉列表中有多个选项可供选择，在列表项中选择"湖南"选项的效果如图 3-12 所示。

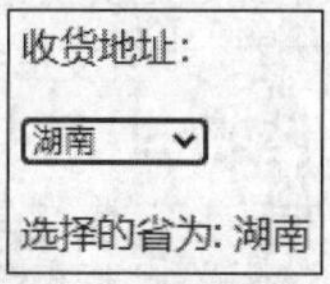

【实现过程】

使用 HTML 编辑器 Dreamweaver 创建网页 0309.html，在该网页中编写以下代码实现要求的功能：

收货地址：

湖南

选择的省为: 湖南

图 3-12　在列表项中选择
"湖南"选项的效果

```html
<div id="app">
    <p>收货地址: </p>
    <select v-model="selected" name="province">
        <option :value="{ site:'' }">请选择省</option>
        <option :value="{ site:'湖南' }">湖南</option>
        <option :value="{ site:'湖北' }">湖北</option>
        <option :value="{ site:'江西' }">江西</option>
    </select>
    <p>选择的省为: {{ selected.site }}</p>
</div>
<script>
    var vm=new Vue({
        el: "#app",
        data: {
            selected: ''
        }
    })
</script>
```

3.3　修饰符

3.3.1　.lazy 修饰符

微课 3-3

修饰符

默认情况下，v-model 会在 input 事件中同步输入框的数据。如果需要转变为在 change 事件中同步输入框的数据，可以添加一个修饰符.lazy。

例如：

```html
<!-- 在 change 而不是 input 事件中更新 -->
```

79

```
<input v-model.lazy="msg" >
<p>文本内容: {{ msg }}</p>
```

光标移出输入框后，<p></p>之间的"文本内容"才会发生变化，与输入框同步数据。

【实例 3-10】在 v-model 指令中使用修饰符.lazy

【操作要求】

创建网页 0310.html，在 v-model 指令中使用修饰符.lazy，实现 v-model 在 change 事件中同步输入框的数据。浏览网页 0310.html 时，先在输入框中输入数据，等到光标移出输入框后，输入框外的"用户名"才会发生变化，与输入框同步数据。

【实现过程】

使用 HTML 编辑器 Dreamweaver 创建网页 0310.html，在该网页中编写以下代码实现要求的功能：

```
<div id="app">
    <p>input 控件操作: </p>
    <input type="text" v-model.lazy="inputName" placeholder="请输入用户名……">
    <p>用户名: {{ inputName }}</p>
</div>
<script>
    var vm=new Vue({
        el: "#app",
        data: {
            inputName: "
        }
    })
</script>
```

3.3.2 .number 修饰符

如果想自动将用户的输入值转为 Number 类型（如果原值的转换结果为 NaN，则返回原值），可以添加一个修饰符.number 给 v-model 来处理输入值，例如：

```
<input v-model.number="age" type="number">
```

这通常很实用，因为在 type="number"时，HTML 中输入的值也总是会返回字符串类型。

【示例】demo030301.html

读者可以扫描二维码查看【电子活页 3-3】中网页 demo030301.html 的代码，或者从本单元配套的教学资源中打开对应的文档查看相应内容。

电子活页 3-3

网页 demo030301.
html 的代码

3.3.3 .trim 修饰符

如果需要自动过滤用户输入的首尾空格，可以添加.trim 修饰符到 v-model 上过滤输入，例如：

```
<input v-model.trim="inputName">
```

【示例】demo030302.html

代码如下：

```
<div id="app">
```

```
<input type="text" v-model.trim="inputName" placeholder="请输入用户名……">
<p>用户名: {{ inputName }}</p>


</div>
<script>
  var vm=new Vue({
      el: "#app",
      data: {
          inputName: "
        }
      })
</script>
```

3.4　class 绑定

微课 3-4

class 绑定

数据绑定的一个常见需求是操作元素的 class 列表和它的内联样式，因为它们都是 HTML 元素的属性，可以用 v-bind 来设置样式属性：只需要计算出表达式最终的字符串。不过，字符串拼接操作麻烦又易错。因此在 v-bind 用于 class 和 style 时，Vue 专门增强了 v-bind，表达式的结果类型除了字符串之外，还可以是对象或数组。class 绑定包括对象绑定 class、数组绑定 class 和组件绑定 class。

3.4.1　对象绑定 class

1. 为 v-bind:class 绑定一个对象

可以为 v-bind:class 绑定一个对象，从而动态地切换 class，例如：

```
<div v-bind:class="{ active: isActive }"></div>
```

这里的 class active 的更新将取决于数据属性 isActive 的值是否为 true。

【实例 3-11】使用 v-bind 指令实现简单 class 绑定

【操作要求】

创建网页 0311.html，使用 v-bind 指令实现简单 class 绑定，从而动态地切换 class，输出的文本内容是否应用指定的样式 style1，取决于数据属性 isActive 的值是否为 true。

【实现过程】

使用 HTML 编辑器 Dreamweaver 创建网页 0311.html，在该网页中编写以下代码实现要求的功能：

```
<div id="app">
  <div v-bind:class="{'style1': isActive}">
      {{ info }}
  </div>
</div>
<script>
  var vm=new Vue({
```

81

```
        el: '#app',
        data: {
            info:'请登录',
            isActive: true
        }
    })
</script>
```

其中类 style1 的属性设置如下：

```
<style>
  .style1 {
    font-size: 24px;
    font-weight: bold;
    color:purple;
  }
</style>
```

2. 在对象中传入多个属性

可以在对象中传入多个属性来动态切换多个 class，v-bind:class 指令可以与普通的 class 属性共存。

【实例 3-12】使用 v-bind:class 指令与普通 class 属性共同设置样式

【操作要求】

创建网页 0312.html，使用 v-bind:class 指令与普通 class 属性共同灵活设置样式，实现在对象中传入多个属性来动态切换多个 class。

【实现过程】

使用 HTML 编辑器 Dreamweaver 创建网页 0312.html，在该网页中编写代码实现要求的功能。

读者可以扫描二维码查看【电子活页 3-4】中网页 0312.html 的代码，或者从本单元配套的教学资源中打开对应的文档查看相应内容。

网页在浏览器中浏览时，HTML 代码渲染为：

```
<div id="app" class="style1 color1"></div>
```

当 isActive 或者 hasError 变化时，class 列表将相应地更新。例如，如果 hasError 的值变为 true，class 列表将变为 style1 color1 text-danger。

3. 为 v-bind:class 直接绑定 data 数据里的一个对象

也可以为 v-bind:class 直接绑定 data 数据里的一个对象。

【示例】demo030401.html

读者可以扫描二维码查看【电子活页 3-5】中网页 demo030401.html 的代码，或者从本单元配套的教学资源中打开对应的文档查看相应内容。

也可以在这里为 v-bind:class 绑定返回对象的计算属性。

【实例 3-13】为 v-bind:class 绑定返回对象的计算属性

【操作要求】

创建网页 0313.html，为 v-bind:class 绑定返回对象 classObject 的计算属性，对象 classObject

电子活页 3-4

网页 0312.html 的
代码

电子活页 3-5

网页 demo030401.
html 的代码

包括 3 个数据的返回值，分别为 base:true、active: this.isActive && !this.error.value、'text-danger': this.error.value && this.error.type === 'fatal'。

【实现过程】

使用 HTML 编辑器 Dreamweaver 创建网页 0313.html，在该网页中编写以下代码实现要求的功能：

```
<div id="main">
    <div v-bind:class="classObject">
        {{ info }}
    </div>
</div>
<script>
    var vm=new Vue({
        el: '#main',
        data: {
            info:'请登录',
            isActive:true,
            error:{
                value:false,
                type:'fatal'
            }
        },
        computed:{
            classObject: function(){
                return{
                    base:true,
                    active: this.isActive && !this.error.value,
                    'text-danger': this.error.value && this.error.type === 'fatal'
                }
            }
        }
    })
</script>
```

上述代码中，this.isActive 的值为 true，!this.error.value 的值为 true，所以 active 的值为 true；this.error.value 的值为 false，this.error.type 的值为 fatal，即 this.error.type === 'fatal'的值为 true，所以'text-danger'的值为 false。最终网页中的文本内容的样式由 base 和 active 共同起作用。

3.4.2 数组绑定 class

可以把一个数组传给 v-bind:class，以应用一个 class 列表。

【示例】demo030402.html

读者可以扫描二维码查看【电子活页 3-6】中网页 demo030402.html 的代码或者从本单元配套的教学资源中打开对应的文档查看相应内容。

如果要根据条件切换列表中的 class，可以用三元表达式，例如：

```
<div id="app" :class="[isActive ? activeClass : '', errorClass]"></div>
```

电子活页 3-6

网页 demo030402.
html 的代码

此例始终添加 errorClass，但是只有在 isActive 的值是 true 时才添加 activeClass。

不过，当有多个条件 class 时这样写有些烦琐，可以在数组中使用对象绑定，例如：

```
<div id="app" :class="[{ active: isActive }, errorClass]"></div>
```

3.4.3　组件绑定 class

在一个定制组件上用到 class 属性时，这些类将被添加到根元素上面，这个元素上已经存在的类不会被覆盖。

【示例】demo030403.html

代码如下：

```
<div id="app" class="test">
    <my-component class="style1 style2"></my-component>
</div>
<script>
Vue.component('my-component', {
  template: '<p class="style3 style4">欢迎登录</p>'
})
var app = new Vue({
  el: '#app'
})
</script>
```

HTML 最终将被渲染为：

```
<div id="app" class="test">
    <p class="style3 style4 style1 style2">欢迎登录</p >
</div>
```

该方法同样也适用于绑定 HTML class。

例如：

```
<div id="app" class="test">
    <my-component :class="{ active: isActive }"></my-component>
</div>
<script>
Vue.component('my-component', {
  template: '<p class=" style3 style4">欢迎登录</p>'
})
var app = new Vue({
  el: '#app',
  data:{
     isActive:true
  }
})
</script>
```

HTML 最终将被渲染为：

```
<div id="app" class="test">
```

```
    <p class="style3 style4 active ">欢迎登录</p >
</div>
```

3.5 style 绑定

3.5.1 使用 v-bind:style 直接设置样式

微课 3-5

style 绑定

v-bind:style 十分直观，看起来很像 CSS，其实它是一个 JavaScript 对象。CSS 属性名可以用驼峰（camelCase）命名法或者短横线连接（kebab-case）命名法。

【实例 3-14】使用 v-bind:style 直接设置文本内容的样式

【操作要求】

创建网页 0314.html，使用 v-bind:style 直接设置文本内容的颜色为 blue，文字大小为 24px。

【实现过程】

使用 HTML 编辑器 Dreamweaver 创建网页 0314.html，在该网页中编写以下代码实现要求的功能：

```
<div id="app" :style="{ color: activeColor, fontSize: size + 'px' }">欢迎登录
</div>
<script>
  var vm=new Vue({
      el: '#app',
      data: {
          activeColor: 'blue',
          size: 24
        }
      })
</script>
```

HTML 将被渲染为：

```
<div id="app" :style="{ color:blue ; fontSize:24px; }">欢迎登录</div>
```

3.5.2 使用 v-bind:style 绑定样式对象

使用 v-bind:style 直接绑定到一个样式对象会更好，能够让模板更清晰。

【示例】demo030501.html

代码如下：

```
<div id="app" :style="objStyle">欢迎登录</div>
<script>
  var vm=new Vue({
      el: '#app',
      data: {
          objStyle: {
            color: 'blue',
```

```
            fontSize: '24px'
        }
      }
   })
</script>
```

3.5.3 使用 v-bind:style 绑定样式数组

使用 v-bind:style 绑定样式数组，可以方便实现将多个样式对象应用到同一个元素上。

【示例】demo030502.html

读者可以扫描二维码查看【电子活页 3-7】中网页 demo030502.html 的代码，或者从本单元配套的教学资源中打开对应的文档查看相应内容。

电子活页 3-7

网页 demo030502.
html 的代码

当 v-bind:style 使用需要特定前缀的 CSS 属性时，例如 transform，Vue 会自动侦测并添加相应的前缀。可以为 style 绑定中的属性提供一个包含多个值的数组，该数组常用于提供多个带前缀的值。

例如：

```
<div :style="{ display: ['-webkit-box', '-ms-flexbox', 'flex'] }">
```

这会渲染数组中最后一个被浏览器支持的值。在这个例子中，如果浏览器支持不带浏览器前缀的 flexbox，那么渲染结果会是 display: flex。

拓展提升

3.6 定义与使用过滤器

Vue 允许自定义过滤器，它可被用于一些常见的文本格式化。过滤器可以用在两个地方：模板插值和 v-bind 表达式。过滤器应该被添加在 JavaScript 表达式的尾部，由管道符 "|" 指示。

例如：

```
{{ message | capitalize }}
<div v-bind:id="rawId | formatId"></div>
```

过滤器设计的目的是用于文本转换。如果要在其他指令中实现更复杂的数据变换，应该使用计算属性。

3.6.1 过滤器的两种注册形式

应用 filters 选项定义的过滤器包括过滤器名称和过滤器函数两部分。过滤器有以下两种注册形式。

（1）使用 Vue.filter() 方法注册

例如：

```
// 注册
Vue.filter('my-filter', function (value) {
   // 返回处理后的值
})
// getter，返回已注册的过滤器
```

```
var myFilter = Vue.filter('my-filter')
```

（2）在 Vue 构造函数或组件中使用 filters 参数注册

```
var app = new Vue({
  el: '#app',
  filters: {
    'my-filter': function (value) {
    }
  }
})
```

过滤器函数接受表达式的值（之前的操作链的结果）作为第一个参数。在下面这个示例中，capitalize 过滤器函数将会收到 message 的值作为第一个参数。

【实例 3-15】使用 capitalize 过滤器函数将英文句子的首字母转换为大写

【操作要求】

使用 capitalize 过滤器函数将英文句子"welcome to login"的首字母转换为大写，即在页面中输出"Welcome to login"。

【实现过程】

使用 HTML 编辑器 Dreamweaver 创建网页 0315.html，在该网页中编写代码实现要求的功能。

读者可以扫描二维码查看【电子活页 3-8】中网页 0315.html 的代码，或者从本单元配套的教学资源中打开对应的文档查看相应内容。

电子活页 3-8

网页 0315.html 的
代码

HTML 将被渲染为：

```
<div id="app">
  <p>welcome to login</p>
  <p>Welcome to login</p>
</div>
```

3.6.2 串联使用的过滤器

过滤器串联的形式如下：

```
{{ message | filterA | filterB }}
```

【示例】demo030601.html

读者可以扫描二维码查看【电子活页 3-9】中网页 demo030601.html 的代码，或者从本单元配套的教学资源中打开对应的文档查看相应内容。

电子活页 3-9

网页 demo030601.
html 的代码

HTML 将被渲染为：

```
<div id="app">
  <p>welcome to login</p>
  <p>16</p>
</div>
```

在这个示例中，filterA 拥有单个参数，它会接收 message 的值，然后调用 filterB，并且 filterA 的处理结果将会作为 filterB 的单个参数传递进来。

3.6.3 使用带参数的 JavaScript 函数作为过滤器

由于过滤器是 JavaScript 函数，因此可以接受参数，例如：

```
{{ message | filterA('arg1', arg2) }}
```

这里，filterA 是个拥有 3 个参数的函数。message 的值将作为第一个参数传入，字符串'arg1'将作为第二个参数传递给 filterA，表达式 arg2 的值将作为第三个参数传递给 filterA。

电子活页 3-10

【示例】demo030602.html

读者可以扫描二维码查看【电子活页 3-10】中网页 demo030602.html 的代码，或者从本单元配套的教学资源中打开对应的文档查看相应内容。

HTML 将被渲染为：

网页 demo030602. html 的代码

```
<div id="app">welcome to login</div>
```

3.6.4 在 v-bind:class 表达式中使用过滤器

在 v-bind 表达式中也可以使用过滤器，格式为 data | filter。

电子活页 3-11

【示例】demo030603.html

读者可以扫描二维码查看【电子活页 3-11】中网页 demo030603.html 的代码，或者从本单元配套的教学资源中打开对应的文档查看相应内容。

HTML 将被渲染为：

网页 demo030603. html 的代码

```
<div id="app" :class="Big"> welcome </div>
```

应用实战

【任务 3-1】编写程序代码实现英寸与毫米之间的单位换算

【任务描述】

编写程序代码实现英寸与毫米之间的单位换算，具体要求如下。

① 通过监听来实现英寸与毫米之间的换算，即输入英寸值后自动换算为对应的毫米值，输入毫米值后自动换算为对应的英寸值。

② 在 HTML 中，将变量 inch 双向绑定到英寸对应的 input，将变量 millimeter 双向绑定到毫米对应的 input，这样，当输入框中的数字发生改变时，就会触发监听了。

【任务实施】

在本模块的文件夹中创建网页文件 case01-unitConverter.html，在该文件中实现英寸与毫米之间的单位换算功能。

1. 编写 HTML 代码实现要求的功能

```
<div id="main">
  <!-- 将变量 inch 双向绑定到英寸对应的 input-->
  英寸：<input type = "text" v-model = "inch">
  <!--将变量 millimeter 双向绑定到毫米对应的 input -->
  毫米：<input type = "text" v-model = "millimeter">
</div>
```

```
<p id="info"></p>
```

2. 编写 JavaScript 代码实现要求的功能

读者可以扫描二维码查看【电子活页 3-12】中网页 case01-unitConverter.html 的 JavaScript 代码，或者从本单元配套的教学资源中打开对应的文档查看相应内容。

电子活页 3-12

网页 case01-
unitConverter.html
的 JavaScript 代码

网页 unitConverter-case.html 的初始浏览效果如图 3-13 所示。

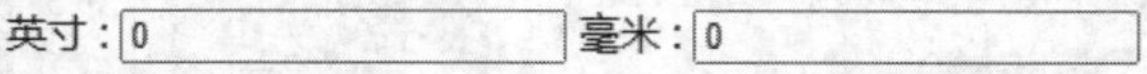

英寸：`0`　　毫米：`0`

图 3-13　网页 unitConverter-case.html 的初始浏览效果

在"英寸"输入框中输入数字"2"，"毫米"输入框中会自动显示数值"50.8"，如图 3-14 所示。

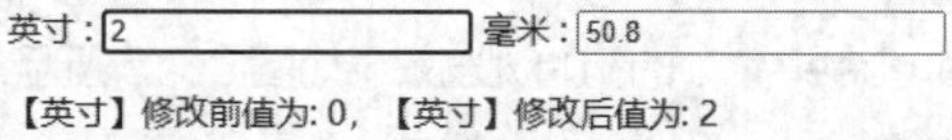

英寸：`2`　　毫米：`50.8`

【英寸】修改前值为: 0，【英寸】修改后值为: 2

图 3-14　输入 2 英寸自动换算为 50.8 毫米

经测试实现了要求的功能。

【任务 3-2】编写程序代码实现图片自动播放与单击播放功能

【任务描述】

编写程序代码实现图片自动播放与单击播放功能，具体要求如下。

① 图片能实现自动播放。

② 图片右下角会显示【<】按钮、数字序号、【>】按钮，单击【<】按钮播放上一张图片，单击【>】按钮播放下一张图片，单击数字序号显示对应序号的图片。

③ 使用 class 绑定，将当前播放图片的数字序号的颜色自动设置为#ff6700，与其他数字序号的颜色不同，凸显当前图片的数字序号。

【任务实施】

在本模块的文件夹中创建一个子文件夹 img，将图片文件复制到子文件夹 img 中。在文件夹"图片轮播"中创建网页文件 case02-imageCarousel.html，在该文件中实现图片自动播放与单击播放功能。

1. 编写 HTML 代码实现要求的功能

网页文件 case02-imageCarousel.html 中的 HTML 代码如下:

```
<div id="app" >
  <div class="banner">
    <div class="item">
        <img :src="dataList[currentIndex]">
    </div>
    <div class="page" v-if="this.dataList.length > 1">
      <ul>
        <li @click="gotoPage(prevIndex)">&lt;</li>
        <li v-for="(item,index) in dataList"
            @click="gotoPage(index)"
            :class="{'current':currentIndex == index}">{{ index+1 }}</li>
        <li @click="gotoPage(nextIndex)">&gt;</li>
      </ul>
```

```
        </div>
      </div>
    </div>
```

2. 编写 JavaScript 代码实现要求的功能

读者可以扫描二维码查看【电子活页 3-13】中网页 case02-imageCarousel.html 的 JavaScript 代码，或者从本单元配套的教学资源中打开对应的文档查看相应内容。

3. 编写 CSS 样式代码实现要求的功能

读者可以扫描二维码查看【电子活页 3-14】中网页 case02-imageCarousel.html 的 CSS 样式代码，或者从本单元配套的教学资源中打开对应的文档查看相应内容。

电子活页 3-13

网页 case02-imageCarousel.html 的 JavaScript 代码

电子活页 3-14

网页 case02-imageCarousel.html 的 CSS 样式代码

网页 case02-imageCarousel.html 的初始浏览效果如图 3-15 所示。

图 3-15　网页 case02-imageCarousel.html 的初始浏览效果

经测试实现了要求的功能。

【任务 3-3】编写程序代码实现图片自动缩放与图片播放功能

【任务描述】

编写程序代码实现图片自动缩放与图片播放功能，具体要求如下。

① 播放的图片能缩放至相同尺寸大小，使用 style 绑定实现图片缩放功能。

② 图片能实现自动播放。

③ 图片下边中部会显示 3D 形状的数字序号，单击数字序号显示对应序号的图片。

④ 图片左、右两侧的中部分别显示【＜】和【＞】按钮，单击【＜】按钮播放上一张图片，单击【＞】按钮播放下一张图片。

⑤ 使用 class 绑定，将当前播放图片的数字序号的颜色自动设置为#ffffff，背景设置为 rgba(51, 122, 183, 0.8)，并呈现 3D 效果，使其与其他数字序号截然不同，从而凸显当前图片的数字序号。

【任务实施】

在本模块的文件夹中创建一个子文件夹 img，将图片文件复制到子文件夹 img 中。在文件夹"图片轮播"中创建网页文件 case03-imageCarousel.html，在该文件中实现图片自动缩放与图片播放功能。

1. 编写 HTML 代码实现要求的功能

读者可以扫描二维码查看【电子活页 3-15】中网页 case03-imageCarousel.html 的 HTML 代码，或者从本单元配套的教学资源中打开对应的文档查看相应内容。

2. 编写 JavaScript 代码实现要求的功能

读者可以扫描二维码查看【电子活页 3-16】中网页 case03-imageCarousel.html 的 JavaScript 代码，或者从本单元配套

电子活页 3-15

网页 case03-imageCarousel.html 的 HTML 代码

电子活页 3-16

网页 case03-imageCarousel.html 的 JavaScript 代码

的教学资源中打开对应的文档查看相应内容。

3. 编写 CSS 样式代码实现要求的功能

读者可以扫描二维码查看【电子活页 3-17】中网页 case03-imageCarousel.html 的 CSS 样式代码，或者从本单元配套的教学资源中打开对应的文档查看相应内容。

网页 case03-imageCarousel.html 的初始浏览效果如图 3-16 所示。

电子活页 3-17

网页 case03-
imageCarousel.html
的 CSS 样式代码

图 3-16 网页 case03-imageCarousel.html 的初始浏览效果

经测试实现了要求的功能。

在线测试

电子活页 3-18

在线测试

单元 4
Vue项目创建与运行

任何一个项目的构建都离不开项目构建工具和统一的管理标准，在项目开发和维护过程中，需要了解安装包的相应工具和配置文件，以此来有效地进行项目的迭代和版本的更新，为项目提供基本的运行环境。本单元将详细介绍创建 Vue 项目相关的依赖包安装工具和相应的配置文件。

 学习领会

4.1　熟悉创建 Vue 项目的多种方法

webpack 作为目前最流行的项目打包工具之一，被广泛应用于项目的构建和开发过程中。在 Vue 的项目中，webpack 同样发挥着举足轻重的作用，例如打包压缩、异步加载、模块化管理等。

4.1.1　创建基于 webpack 模板的 Vue 项目

在创建一个 Vue 项目之前，先要确保本地计算机安装了长期支持版的 Node 环境及包管理工具 npm，在命令行中执行以下命令：

```
# 查看 node 版本
node -v
# 查看 npm 版本
npm -v
```

如果成功显示版本号，说明本地计算机具备 node 的运行环境，用户可以使用 npm 来安装和管理新建项目的依赖项。如果没有或报错，则需要去 node 官网进行 node 的下载及安装操作。安装完 node 后，便可以开始进行后续的构建工作。

在创建项目之前应先完成 vue-cli 的全局安装。执行以下命令全局安装@vue/cli-init：

```
npm i -g @vue/cli 或 npm install -g @vue/cli
npm i -g @vue/cli-init
```

【实例 4-1】创建基于 webpack 模板的 Vue 项目 01-vue-project

【操作要求】

创建基于 webpack 模板的 Vue 项目 01-vue-project。

读者可以扫描二维码查看【电子活页 4-1】中项目 01-vue-project 的组成结构，或者从本单元配套的教学资源中打开对应的文档查看相应内容。

电子活页 4-1

项目 01-vue-project 的组成结构

【实现过程】

1. 打开命令行与更改当前文件

打开 Windows 操作系统的命令行，在命令行中使用 cd 命令改变当前文件夹为创建 Vue 项目的文件夹。

2. 输入创建基于 webpack 模板的 Vue 项目的命令

在命令行中执行以下命令，创建基于 webpack 模板的 Vue 项目：

```
vue init webpack 01-vue-project
```

上述命令中，01-vue-project 表示 Vue 的项目名称。可以根据实际情况自定义项目名称，项目名称不要使用大写字母。创建 Vue 项目后，在当前文件夹下会新建 01-vue-project 文件夹。

> **说明**
>
> 命令中的 webpack 表示项目的模板，目前可用的模板如下。
> ① webpack：全功能的 webpack + vueify，包括热加载、静态检测、单元测试等功能。
> ② webpack-simple：一个简易的 webpack + vueify，便于快速开始。
> ③ browserify：全功能的 browserify + vueify，包括热加载、静态检测、单元测试等功能。
> ④ browserify-simple：一个简易的 browserify + vueify，便于快速开始。

3. 输入或选择配置选项

开始执行创建项目的命令，首先显示 "downloading template" 提示信息，模板下载完成后，有以下多个配置选项需要进行选择。

（1）输入项目名称

在提示信息 "? Project name (01-vue-project)" 后面输入自定义的项目名称，如果使用默认名称（例如 01-vue-project），则直接按【Enter】键。

（2）输入项目描述

在提示信息 "? Project description (A Vue.js project)" 后面输入项目描述内容，如果使用默认内容（A Vue.js project），则直接按【Enter】键。

（3）输入项目创建者姓名

在提示信息 "? Author" 后面输入项目创建者姓名，如果不需要（即创建者姓名为空），则直接按【Enter】键。

（4）选择构建方式

提示信息 "? Vue build" 下面有两个选择：

```
> Runtime + Compiler: recommended for most users
  Runtime-only: about 6KB lighter min+gzip, but templates (or any Vue-specific HTML) are ONLY allowed in .vue files - render functions are required elsewhere
```

按【↑】键或【↓】键进行选择，按【Enter】键即选定该选项。这里推荐选择第一个选项，该选项适合大多数用户使用。

（5）选择是否安装 Vue 的路由插件

如果需要安装 Vue 的路由插件，就在提示信息 "? Install vue-router? (Y/n)" 后输入字母 "Y"，否则就输入字母 "N"。建议输入字母 "Y"，然后按【Enter】键。

（6）选择是否使用 ESLint 检测代码

ESLint 是一个语法规则和代码风格的检查工具，可以用来保证写出语法正确、风格统一的代码。这里建议输入字母 "N"，然后按【Enter】键。因为如果输入字母 "Y"，在对项目进行调试时，控制台界面会有很多警告信息，提示格式不规范，但格式其实并不影响项目。

在提示信息"? Use ESLint to lint your code? (Y/n)"后面输入字母"N"。

（7）选择是否安装单元测试

建议在提示信息"? Set up unit tests (Y/n)"后面输入字母"N"，然后按【Enter】键。

（8）选择是否安装 E2E 测试框架 NightWatch

"E2E"就是 End To End，也就是所谓的"用户真实场景"。这里建议在提示信息"? Setup e2e tests with Nightwatch? (Y/n)"后面输入字母"N"，然后按【Enter】键。

（9）确定项目创建后是否要运行"npm install"

这里有以下 3 个选项：

```
? Should we run 'npm install' for you after the project has been created? (recommended) (Use arrow
keys)
> Yes, use NPM
  Yes, use Yarn
  No, I will handle that myself
```

按【↑】键或【↓】键进行选择，按【Enter】键即选定该选项。这里建议选择"use NPM"选项，然后按【Enter】键。

（10）浏览执行创建项目过程中完整的选项结果

执行创建项目过程中完整的选项结果如下：

```
? Project name 01-vue-project
? Project description A Vue.js project
? Author
? Vue build standalone
? Install vue-router? Yes
? Use ESLint to lint your code? No
? Set up unit tests No
? Setup e2e tests with Nightwatch? No
? Should we run 'npm install' for you after the project has been created? (recommended) npm
```

4. 下载与安装项目依赖项

各个选项的选择或确认完成后，开始下载与安装项目依赖的包，所需的依赖包下载与安装完成后，命令行中会出现以下提示信息：

```
# Project initialization finished!
# ========================
To get started:
  cd 01-vue-project
  npm run dev
```

5. 运行新创建的项目 01-vue-project

在命令行中执行 cd 01-vue-project 命令，更改当前文件夹为 01-vue-project，然后执行以下命令，开始运行新创建的项目 01-vue-project：

```
npm run dev
```

以上代码的意思是运行 package.json 文件的 scripts 脚本中 dev 指代的代码：

```
webpack-dev-server --inline --progress --config build/webpack.dev.conf.js
```

执行上述命令后，如果启动成功，会看到以下提示信息：

```
DONE   Compiled successfully in 1813ms
```

```
| Your application is running here: http://localhost:8080
```

上述信息表示当前应用已经启动，可以在浏览器中通过 http://localhost:8080 进行访问。

6. 在浏览器中浏览项目 01-vue-project 的运行结果

打开浏览器，在地址栏中输入网址"http://localhost: 8080"，然后按【Enter】键，可以看到图 4-1 所示的运行结果，表示项目成功启动。

此时，在命令行中按【Ctrl+C】组合键可以终止项目的运行。

7. 使用 npm run build 命令打包项目 01-vue-project

修改项目文件夹下 config 文件夹里的 index.js 文件中的 build 节点，修改后的代码如下：

```
assetsPublicPath: './',
```

接下来，使用以下命令部署项目：

```
npm run build
```

命令执行完成后，命令行中输出以下提示信息：

```
Build complete.
  Tip: built files are meant to be served over an HTTP server.
  Opening index.html over file:// won't work.
```

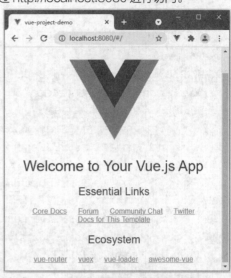

图 4-1 01-vue-project 项目的运行效果

项目打包完成后会生成一个 dist 文件夹，该文件夹就是打包构建后的项目文件夹。

dist 文件夹入口文件 index.html 的浏览结果如图 4-1 所示。

4.1.2 使用 vue create 命令创建 vue 2.x 项目

使用 vue create 命令创建 Vue 2.x 项目之前应下载并安装好 vue-cli，然后执行以下命令创建 vue 2.x 项目：

```
vue create <Project Name>    //项目名称不支持含大写字母的驼峰命名规则
```

【实例 4-2】使用 vue create 命令创建 vue 2.x 项目 02-vue-project

【操作要求】

使用 vue create 命令创建 vue 2.x 项目 02-vue-project。

读者可以扫描二维码查看【电子活页 4-2】中项目 02-vue-project 的组成结构，或者从本单元配套的教学资源中打开对应的文档查看相应内容。

电子活页 4-2

项目 02-vue-project 的组成结构

【实现过程】

1. 输入创建 vue 2.x 项目的命令

在命令行中输入以下命令创建 vue 2.x 项目：

```
vue create 02-vue-project
```

2. 输入或选择配置选项

创建 vue 2.x 项目的命令输入完毕，按【Enter】键，开始执行上述命令。此时出现一系列的选择项，用户可以根据自己的需要进行选择。如果只想构建一个基础的 Vue 项目，那么使用 Babel、Router、Vuex、CSS Pre-processors 就足够了，最后选择包管理工具 npm or yarn。

读者可以扫描二维码查看【电子活页 4-3】中创建项目 create 02-vue-project 过程中输入或选择配置选项的具体操作过程，或者从本单元配套的教学资源中打开对应的文档查看相应内容。

创建项目过程中完整的配置选项如下：

电子活页 4-3

创建项目 create 02-vue-project 过程中输入或选择配置选项的具体操作过程

```
Vue cli v4.5.14

? Please pick a preset: Manually select features

? Check the features needed for your project: Choose Vue version, Babel, Router, CSS Pre-processors, Linter

? Choose a version of Vue.js that you want to start the project with 2.x

? Use history mode for router? (Requires proper server setup for index fallback in production) No

? Pick a CSS pre-processor (PostCSS, Autoprefixer and CSS Modules are supported by default): Sass/SCSS (with dart-sass)

? Pick a linter / formatter config: Standard

? Pick additional lint features: Lint on save

? Where do you prefer placing config for Babel, ESLint, etc.? In dedicated config files

? Save this as a preset for future projects? No
```

3. 下载与安装依赖项

创建项目的各个选项选择完成后，开始下载与安装项目依赖项。

读者可以扫描二维码查看【电子活页 4-4】中项目 create 02-vue-project 创建完成时命令行输出的信息，或者从本单元配套的教学资源中打开对应的文档查看相应内容。

此时可以断定，Vue 2 项目的依赖项已成功安装。

电子活页 4-4

项目 create 02-vue-project 创建完成时命令行输出的信息

4. 运行 02-vue-project 项目

在命令行中执行以下命令更改当前文件夹：

```
cd 02-vue-project
```

接着在命令行中执行以下命令开始启动项目：

```
npm run serve
```

启动项目时会出现以下提示信息：

```
> 02-vue-project@0.1.0 serve

> vue-cli-service serve

 INFO   Starting development server...
98% after emitting CopyPlugin
 DONE   Compiled successfully in 2869ms

  App running at:

  - Local:    http://localhost:8080/

  - Network: http://192.164.1.7:8080/

  Note that the development build is not optimized.

  To create a production build, run npm run build.
```

5. 在浏览器中浏览项目 02-vue-project 的运行结果

打开浏览器，在地址栏中输入"http://localhost:8080/"，按【Enter】键即可看到图 4-2 所示的运行结果，表示项目成功启动。

图 4-2 02-vue-project 项目的运行结果

微课 4-1

使用 vue create 命令
创建 vue 3.x 项目

4.1.3 使用 vue create 命令创建 vue 3.x 项目

本小节主要介绍 vue 3.x 项目搭建及其项目结构和配置的知识。在项目正式创建之前，应先完成 vue-cli 脚手架工具的安装。使用脚手架工具可以直接生成一个项目的整体架构，帮助开发者编写 Vue 的基础代码。

【实例 4-3】使用 vue create 命令创建 vue 3.x 项目 03-vue-project

【操作要求】

使用 vue create 命令创建 vue 3.x 项目 03-vue-project，项目 03-vue-project 的组成结构如图 4-3 所示。

【实现过程】

1. 输入创建 vue 3.x 项目的命令

在命令行中输入以下命令创建 vue 3.x 项目：

```
vue create 03-vue-project
```

2. 输入或选择配置选项

创建 vue 3.x 项目的命令输入完毕，按【Enter】键，开始执行上述命令，首先出现的提示信息如下：

```
Vue cli v4.5.14
? Please pick a preset: (Use arrow keys)
  Default ([Vue 2] babel, eslint)
> Default (Vue 3) ([Vue 3] babel, eslint)
  Manually select features
```

图 4-3 项目 03-vue-project 的组成结构

按【↑】键或【↓】键进行选择，这里选择 "Default (Vue 3) ([Vue 3] babel, eslint)" 选项，即提供 babel 和 eslint 支持，然后按【Enter】键，提示信息如下：

```
? Please pick a preset: Default (Vue 3) ([Vue 3] babel, eslint)
```

3. 下载与安装依赖项

由于选择了 Vue 3 的默认配置，所以直接开始下载与安装依赖项，命令行输出以下信息：

　📄　Generating README.md...

　🖋　Successfully created project 03-vue-project.

　☞　Get started with the following commands:

　$ cd 03-vue-project

　$ npm run serve

此时可以断定，Vue 3 项目的依赖项已成功安装完成。

4. 运行 03-vue-project 项目

在命令行中执行以下命令更改当前文件夹：

cd 03-vue-project

在命令行中执行以下命令开始启动项目：

npm run serve

启动项目时会出现以下提示信息：

> 03-vue-project@0.1.0 serve

> vue-cli-service serve

　INFO　Starting development server...

98% after emitting CopyPlugin

　DONE　Compiled successfully in 2098ms

　App running at:

　– Local:　　http://localhost:8080/

　– Network: http://192.164.1.7:8080/

　Note that the development build is not optimized.

　To create a production build, run npm run build.

5. 在浏览器中浏览项目 03-vue-project 的运行结果

打开浏览器，在地址栏中输入"http://localhost:8080/"，按【Enter】键即可看到页面内容。

> **注意** Vue-cli 3.x 版和旧版使用了相同的 vue 命令，如果仍然需要使用旧版本的 vue init 命令，
> 可以全局安装一个桥接工具，安装命令如下：
>
> npm install –g @vue/cli-init
>
> **vue init 命令的效果跟 vue-cli@2.x 相同**，例如：
>
> vue init webpack 01-vue-project

4.1.4　利用可视化界面创建 Vue 项目

除了使用上述命令进行行构建外，vue-cli 3.x 还提供了可视化的操作界面创建
Vue 项目。

【实例 4-4】使用可视化操作界面创建 vue 项目 04-vue-project

微课 4-2

利用可视化界面创建
Vue 项目

【操作要求】

使用可视化的操作界面创建 vue 项目 04-vue-project。

【实现过程】

1. 开启图形化界面

在指定文件夹下输入以下命令开启图形化界面：

vue ui

执行该命令，此时会出现以下提示信息：

> 🚀 Starting GUI...
> ★ Ready on http://localhost:8000

2. 进入【Vue 项目管理器】页面

稍等片刻后，浏览器会自动打开【项目仪表盘】页面（网址为 http://localhost:8000/dashboard），在该页面左上方的下拉菜单中或状态栏上单击【返回项目管理器】按钮 🏠，进入图 4-4 所示的【Vue 项目管理器】页面。

3. 确定项目名称

在【Vue 项目管理器】页面中单击【创建】按钮，进入【创建新项目】页面的【详情】选项卡。选择项目文件夹，这里输入 "D:\vuetest"，在项目名称输入框中输入项目名称，这里输入 "04-vue-project"。

4. 选择一套预设

在【创建新项目】页面中单击【下一步】按钮，进入【创建新项目】页面的【预设】选项卡，在该选项卡中选择一套预设（即一套定义好的插件和配置），这里选中 "默认[Vue 2] babel,eslint" 预设，如图 4-5 所示。

图 4-4 【Vue 项目管理器】页面　　　　图 4-5　选择 "默认[Vue 2] babel,eslint" 预设

5. 创建 Vue 项目

在【创建新项目】页面的【预设】选项卡中单击【创建项目】按钮，开始创建 Vue 项目，页面中显示 "正在创建项目" 的提示信息。项目成功创建后会弹出图 4-6 所示的【项目仪表盘】页面，该页面上方显示 "欢迎来到新项目！" 的提示信息，状态栏显示项目创建成功的提示信息，同时显示项目所在文件夹与项目名称。

在【Vue 项目管理器】页面也可以直接导入现有的项目。

使用可视化操作的方法创建项目在一定程度上降低了构建和使用的难度，项目创建或导入成功后便可以进入项目进行可视化管理。在整个管理界面中，可以为新创建的项目添加一些项目依赖项，安装 CLI 提供的插件，例如安装 @vue/cli-plugin-babel 插件，添加插件的页面如图 4-7 所示。同时，还可以配置相应插件的配置项，进行代码的编译、热更新、检查等。

图 4-6 【项目仪表盘】页面

图 4-7 添加插件的页面

4.1.5　使用 Vite 搭建 Vue 3.x 项目

微课 4-3

使用 Vite 搭建 Vue 3.x 项目

Vite 是一种新型的前端构建工具，最初是配合 Vue 3.0 一起使用的，后来适配了各种前端项目，目前提供了 Vue、React、Preact 框架模板。Vite 也提供了使用 npm 或 yarn 生成项目结构的方式。

【实例 4-5】使用 Vite 搭建 Vue 3.x 项目 05-vue-project

【操作要求】

使用 Vite 搭建 Vue 3.x 项目 05-vue-project，项目 05-vue-project 的组成结构如图 4-8 所示。

【实现过程】

1. 准备项目环境

先要确保本机所用的 Node.js 版本为 12.x.0 或更高，在命令行中使用 node –v 命令就可以查看 node 的版本。

执行以下命令全局安装 create-vite-app：

```
npm i -g create-vite-app
```

2. 开始创建 Vite 项目

进入创建 Vite 项目的文件夹，然后在命令行中执行以下命令创建 Vite 项目：

```
npm init vite
```

或者

```
npm init @vitejs/app
```

或者

```
yarn create @vitejs/app
```

图 4-8　项目 05-vue-project 的组成结构

按照提示信息进行操作，首先输入 Vite 项目名称"05-vue-project"，然后选择 framework，创建过程的选择结果与项目创建成功的提示信息如下：

```
Need to install the following packages:
    @vitejs/create-app
√ Project name: ... 05-vue-project
```

```
√ Select a framework: » vue
√ Select a variant: » vue
Scaffolding project in D:\vuecases\Unit04\05-vue-project...
Done. Now run:
    cd 05-vue-project
    npm install
    npm run dev
```

Vite 默认不会让用户选择路由、检测语法及测试单元等，这些需要后期手动安装引入。

3. 安装项目依赖项

在命令行中执行以下命令安装项目依赖项：

```
cd 05-vue-project
npm install
```

4. 初次启动 Vite 项目

在命令行中执行以下命令初次启动 Vite 项目：

```
npm run dev
```

该命令执行完毕，Vite 项目启动成功后会出现以下提示信息：

```
> 05-vue-project@0.0.0 dev
> vite
Pre-bundling dependencies:
    vue
(this will be run only when your dependencies or config have changed)
    vite v2.6.14 dev server running at:
    > Local: http://localhost:3000/
    > Network: use '--host' to expose
    ready in 471ms.
```

运行 npm run dev 命令时，会发现它比 webpack 启动的速度快多了。跟以前用 vue-cli 脚手架搭建项目的时候也有区别，Vite 的默认端口是 3000。

5. 在浏览器中浏览项目 05-vue-project 的运行结果

打开浏览器，在地址栏中输入"http://localhost:3000/"，按【Enter】键，Vite 项目 05-vue-project 初次浏览效果如图 4-9 所示。

6. 查看 05-vue-project 项目中主要文件的初始代码

（1）查看 package.json 文件的初始代码

package.json 文件的初始代码如下：

图 4-9　Vite 项目 05-vue-project
初次浏览效果

```
{
  "name": "05-vue-project",
  "version": "0.0.0",
  "scripts": {
    "dev": "vite",
    "build": "vite build",
    "serve": "vite preview"
```

```
  },
  "dependencies": {
    "vue": "^3.2.16"
  },
  "devDependencies": {
    "@vitejs/plugin-vue": "^1.9.3",
    "vite": "^2.6.4"
  }
}
```

（2）查看 vite.config.js 文件的初始代码

vite.config.js 文件的初始代码如下：

```
import { defineConfig } from 'vite'
import vue from '@vitejs/plugin-vue'
// https://vitejs.dev/config/
export default defineConfig({
  plugins: [vue()]
})
```

（3）查看 index.html 文件的初始代码

index.html 文件的初始代码如下：

```
<!DOCTYPE html>
<html lang="en">
  <head>
    <meta charset="UTF-8" />
    <link rel="icon" href="/favicon.ico" />
    <meta name="viewport" content="width=device-width, initial-scale=1.0" />
    <title>Vite App</title>
  </head>
  <body>
    <div id="app"></div>
    <script type="module" src="/src/main.js"></script>
  </body>
</html>
```

（4）查看 src 文件夹中 main.js 文件的初始代码

src 文件夹中 main.js 文件的初始代码如下：

```
import { createApp } from 'vue'
import App from './App.vue'
createApp(App).mount('#app')
```

（5）查看 src 文件夹中 App.vue 文件的初始代码

src 文件夹中 App.vue 文件的初始代码如下：

```
<script setup>
// This starter template is using Vue 3 <script setup> SFCs
// Check out https://v3.vuejs.org/api/sfc-script-setup.html#sfc-script-setup
```

```
import HelloWorld from './components/HelloWorld.vue'
</script>
<template>
  <img alt="Vue logo" src="./assets/logo.png" />
  <HelloWorld msg="Hello Vue 3 + Vite" />
</template>
```

4.2 认知 Vue 项目的组成结构与自定义配置

cli 服务（@vue/cli-service）是一个开发环境依赖的服务，是针对绝大部分应用优化过的内部 webpack 配置。在一个 vue-cli 项目中，@vue/cli-service 模块安装了一个名为 vue-cli-service 的命令。

微课 4-4

认知 Vue 项目的组成
结构与自定义配置

4.2.1 认知基于 vue-cli 2.x 的项目组成结构

vue init 命令是 vue-cli 2.x 的初始化方式，可以使用 GitHub 上面的一些模板来初始化项目，webpack 是官方推荐的标准模板名。基于 vue-cli 2.x 创建的项目向 3.x 迁移只需要把 static 目录复制到 public 目录下，老项目的 src 目录覆盖 3.x 的 src 目录（如果修改了配置，可以查看文档，用 cli3 的方法进行配置）。

webpack 是官方推荐的标准模板名，创建项目的格式如下：

vue init webpack <项目名称>

4.1.1 小节使用 vue init webpack 命令创建了基于 vue-cli 2.x 的项目 01-vue-project，该项目的组成结构及功能说明如下。

```
项目文件夹
├--node_modules        # 存放下载依赖的文件夹，用于引入第三方模块/包
├-- src                # 源代码文件夹
│   ├---assets         # 存放组件中的静态资源
│   ├---components     # 存放一些公共组件
│   ├---router         #  存放所有的路由组件
│   ├---App.vue        # 应用根主组件
│   └---main.js        # 应用入口文件
├-- static             # 存放图片等静态资源
├--- .babelrc
├--- .editorconfig
├--- .gitignore
├--- .postcssrc.js
├--- index.html
├-- package.json       # 记录项目基本信息、包依赖配置信息等
├-- package-lock.json  #记录当前状态下实际安装包的具体来源和版本号等
└-- README.md          # 项目描述说明的 readme 文件
```

package-lock.json 文件可以保证其他用户在使用 npm install 命令安装项目依赖项时能保证一致。

4.2.2 认知基于 vue-cli 2.x 的 package.json 文件

读者可以扫描二维码查看【电子活页 4-5】中项目 02-vue-project 下 package.json 文件的代码，或者从本单元配套的教学资源中打开对应的文档查看相应内容。

电子活页 4-5

项目 02-vue-project 下 package.json 文件的代码

可以看到，package.json 文件是由一系列键值对构成的 JSON 对象，每一个键值对都有其相应的作用，例如 scripts 脚本命令的配置。在终端启动项目运行的 npm run serve 命令便是执行了 scripts 配置下的 serve 项命令 vue-cli-service serve，可以在 scripts 下自己修改或添加相应的项目命令。而 dependencies 和 devDependencies 分别为项目生产环境和开发环境的依赖包配置。也就是说，像 @vue/cli-service 这样只用于项目开发时的包可以放在 devDependencies 下，但像 vue-router 这样结合在项目上线代码中的包应该放在 dependencies 下。

在 package.json 文件中的 scripts 字段指定了 vue-cli-service 相关命令，有以下 3 个选项。

（1）serve

在命令行中执行 npm run serve 命令会启动一个开发环境服务器（基于 webpack-dev-server），修改组件代码后，会自动替换热模块。

（2）build

在命令行中执行 npm run build 命令，该命令成功执行后，会在项目根文件夹下自动创建一个 dist 子文件夹，项目打包后的文件都位于该文件夹中，JavaScript 文件打包后会自动生成后缀为.js 和.map 的文件。JavaScript 文件是经过压缩加密的，如果运行时报错，输出的错误信息无法准确定位到哪里的代码报错。MAP 文件比较大，其代码未加密，可以准确输出是哪一行哪一列有错。

（3）lint

该选项是使用 Eslint 进行检查并修复代码的规范，例如，如果 main.js 文件中包含多个多余的空格，执行 npm run lint 命令后它会自动去除多余空格。

4.2.3 基于 vue-cli 项目的自定义配置

前面使用 vue-cli 自动生成项目，但往往满足不了实际开发项目的需求。vue.config.js 是一个可选的配置文件，如果项目的（和 package.json 文件同级的）根文件夹中存在这个文件，那么它会被 @vue/cli-service 自动加载。也可以使用 package.json 文件中的 vue 字段，应注意这种写法需要严格遵照 JSON 的格式来写。

先创建一个 vue.config.js 文件，这个文件应该导出一个包含了选项的对象，代码如下：

```
module.exports = {
    // 选项
}
```

常用的配置代码如下：

```
module.exports = {
  // 选项
  devServer: {
      port: 8081,            // 端口号，如果端口号被占用，会自动加 1
      host: "localhost",     //主机名，   127.0.0.1，   真机 0.0.0.0
      https: false,          //协议
      open: true             //启动服务时自动打开浏览器访问
  },
```

```
    // lintOnSave 的默认设置值为 true，警告会被输出到命令行，但不会使得编译失败
    lintOnSave: false,    //  lintOnSave 设置为 false，则不输出警告
    outputDir: "dist",    // 打包之后所在的文件夹，默认值为 dist
    // 静态资源打包之后存放的路径（相对于 outputDir 指定的路径），默认值为 assets
      assetsDir: "assets",
    // index.html 主页面打包之后存放的文件夹（相对于 outputDir 指定的路径）
    indexPath: "out/index.html",  //  默认值为 index.html
    productionSourceMap: false,   // 打包时不会生成 MAP 文件，加快打包速度
    filenameHashing: false,    // 打包时，静态文件不会生成 hash 值，一般不要该项
    }
```

然后在命令行中执行以下命令进行构建：

```
npm run build
```

该命令执行过程中，会输入以下提示信息：

```
> 02-vue-project@0.1.0 build
> vue-cli-service build

|  Building for production...

 DONE   Compiled successfully in 5625ms

  File                           Size          Gzipped

  dist\js\chunk-vendors.6702858b.js  124.70 KiB      44.14 KiB

  dist\js\app.845e835c.js            6.09 KiB        2.22 KiB

  dist\js\about.e53b89e3.js          0.44 KiB        0.31 KiB

  dist\css\app.2f20bce4.css          0.42 KiB        0.26 KiB

  Images and other types of assets omitted.

 DONE   Build complete. The dist directory is ready to be deployed.

 INFO   Check out deployment instructions at https://cli.vuejs.org/guide/deployment.html
```

4.2.4 认知基于 vue-cli 3.x 的项目组成结构

vue create 命令是 vue-cli 3.x 的初始化方式，目前模板是固定的，模板选项可自由配置，创建出来的是基于 vue-cli 3.x 的项目，与基于 vue-cli 2.x 的项目结构不同，配置方法也不同，项目创建格式如下：

```
vue create <项目名称>
```

4.1.2 小节使用 vue create 命令创建了基于 vue-cli 3.x 的项目 02-vue-project，该项目的组成结构及功能说明如下。

```
项目文件夹
├───node_modules      # 存放下载依赖的文件夹，用于引入第三方模块/包
├─── public           # 存放不会变动的静态文件
|     ├───index.html  # 主页面文件
|     ├───favicon.ico # 在浏览器上显示的图标
├─── src              # 源代码文件夹
|     ├───assets      # 存放组件中的静态资源
|     ├───components  # 存放一些公共组件
|     ├───views       #  存放所有的路由组件
|     ├───App.vue     # 应用根主组件
```

```
|     └--main.js              # 应用入口文件
├--  .browserslistrc          # 指定了项目可兼容的目标浏览器范围
├--  .eslintrc.js             # eslint 相关配置
├--  .gitignore               # git 版本管制忽略的配置
├--  babel.config.js          # babel 的配置，即 ES6 语法编译配置
├--  package-lock.json        #记录当前状态下实际安装包的具体来源和版本号等
├--  package.json             # 记录项目基本信息、包依赖配置信息等
└--  README.md                # 项目描述说明的 readme 文件
```

文件夹 public 与 src/assets 的主要区别在于：public 文件夹中的文件不被 webpack 打包处理，会原样复制到项目文件打包后的 dist 文件夹中。

实际创建项目时，由于所选择的依赖项不同，最后生成的文件夹结构也会有所差异。

基于 vue-cli 3.x 创建的项目和基于 vue-cli 2.x 创建的项目是有些区别的，但基本的用法变化不是特别大。

读者可以扫描二维码查看【电子活页 4-6】中基于 vue-cli 3.x 创建的项目和基于 vue-cli 2.x 创建的项目的主要区别，或者从本单元配套的教学资源中打开对应的文档查看相应内容。

vue-cli 升级到 3.x 之后，减少了很多配置文件，将所有的配置项都集中到了 vue.config.js 这个文件中，所以学懂并会用 vue.config.js 文件很重要。

vue-cli 3.x 提供的 vue.config.js 文件的配置选项说明如下。

（1）baseUrl

4.1.3 小节中通过 vue-cli 3.x 成功创建了项目，并在浏览器地址栏中输入网址"http://localhost:8080/"展示了项目首页。如果现在想要将项目地址加一个二级文件夹，例如 http://localhost:8080/vue/，那么需要在 vue.config.js 文件中配置 baseUrl 这一项，代码如下：

```javascript
// vue.config.js
module.exports = {
    ...
    baseUrl: 'vue',
    ...
}
```

其实，这里改变的是 webpack 配置文件中 output 的 publicPath 选项。这时候重启终端再次打开页面，首页的 URL 就会变成带二级文件夹的形式。

（2）outputDir

如果想将构建好的文件打包输出到 output 文件夹下（默认是 dist 文件夹），可以在 vue.config.js 文件中配置以下代码：

```javascript
module.exports = {
    ...
    outputDir: 'output',
    ...
}
```

然后执行命令 yarn build 进行打包输出，可以发现项目根文件夹中会创建 output 文件夹。这其实改变了 webpack 配置文件中 output 下的 path 项，修改了文件的输出路径。

（3）productionSourceMap

该配置项用于设置是否为生产环境构建生成 source map。一般在生产环境下，为了快速定位错误

电子活页 4-6

基于 vue cli 3.x 创建的项目和基于 vue cli 2.x 创建的项目的主要区别

信息，都会开启 source map，因此需要在 vue.config.js 文件中配置以下代码：

```
module.exports = {
    ...
    productionSourceMap: true,
    ...
}
```

该配置会修改 webpack 中 devtool 项的值为 source-map。开启 source map 后，打包输出的文件中会包含 JavaScript 文件对应的 MAP 文件。

（4）devServer

vue.config.js 还提供了 devServer 项，用于配置 webpack-dev-server 的行为，使得可以对本地服务器进行相应配置。在命令行中运行的 yarn serve 对应的命令 vue-cli-service serve 便是基于 webpack-dev-server 开启的一个本地服务器，其常用配置参数对应的代码如下：

```
module.exports = {
    ...
    devServer: {
        open: true,          // 是否自动打开浏览器页面
        host: '0.0.0.0',     // 指定使用一个 host，默认是 localhost
        port: 8080,          // 端口地址
        https: false,        // 使用 https 提供服务
        proxy: null,         // 代理设置
        // 提供在服务器内部的其他中间件之前执行自定义中间件的能力
        before: app => {
            // app 是一个 express 实例
        }
    }
    ...
}
```

当然，除了以上参数，其支持所有的 webpack-dev-server 中的选项，例如 historyApiFallback 用于重写路由、progress 将运行进度输出到控制台等。

以上讲解了 vue.config.js 文件中一些常用的配置项功能，具体的配置实现需要结合实际项目进行。

babel.config.js 与 .babelrc 或 package.json 中的 babel 字段不同，这个配置文件不会使用基于文件位置的方案，而是会一致地运用到项目根文件夹以下的所有文件，包括 node_modules 内部的依赖。官方推荐在 vue-cli 项目中始终使用 babel.config.js 取代其他格式。

拓展提升

4.3 认知 Vue 项目的运行流程

本节以 4.1.1 小节创建的基于 vue-cli 2.x 的项目 01-vue-project 为例，说明 Vue 项目的运行流程。假设项目中完整包含以下各项文件，Vue 项目各个文件运行的先后顺序如下：

package.json > webpack.dev.conf.js > config/*.js > config/index.js > index.html > App.vue 的 export 以外的 js 代码 > main.js > App.vue 的 export 里面的 js 代码 > router 文件夹下的 index.js >

HelloWorld.vue > 组成 index.html SPA 首页。

1. package.json

执行 npm run dev 命令的时候，会在当前文件夹中寻找 package.json 文件，包含项目的名称、版本、项目依赖等相关信息。

电子活页 4-7

读者可以扫描二维码查看【电子活页 4-7】中 01-vue-project 项目的 package.json 文件的代码，或者从本单元配套的教学资源中打开对应的文档查看相应内容。

01-vue-project 项目的 package.json 文件的代码

在 package.json 文件中可以看到有 browserslist 这一配置项，那么该配置项便是第三方插件配置，该配置的主要作用是在不同的前端工具之间共享目标浏览器和 Node.js 的版本：

```
"browserslist": [
    "> 1%",              // 表示包含所有使用率大于 1% 的浏览器
    "last 2 versions",   // 表示包含浏览器最新的两个版本
    "not ie <= 8"        // 表示不包含 IE8 及以下版本
]
```

例如像 autoprefixer 这样的插件需要把 CSS 样式适配到不同的浏览器，那么这里要针对哪些浏览器呢？其实就是上面配置中所包含的那些。

如果写在 autoprefixer 的配置中，那么会存在一个问题，万一其他第三方插件也需要浏览器的包含范围用于实现其特定的功能，那就又得在其配置中设置一遍，这样就无法共用。所以可以在 package.json 文件中配置 browserslist 的属性，使得所有工具都会自动找到目标浏览器。

当然，用户也可以将配置单独写在.browserslistrc 的文件中：

```
# Browsers that we support
> 1%
last 2 versions
not ie <= 8
```

至于它是如何去衡量浏览器的使用率和版本的，数据都是来源于 Can I Use。用户也可以访问 browserl.ist 去搜索配置项所包含的浏览器列表，例如搜索 last 2 versions 会得到想要的结果，或者在项目终端执行如下命令查看：

```
npx browserslist
```

除了上述插件的配置，项目中常用的插件还有 babel、postcss 等，有兴趣的读者可以访问其官网进行了解。

2. webpack.dev.conf.js

执行 npm run dev 命令后，会加载 build/webpack.dev.conf.js 配置并启动 webpack-dev-server。package.json 文件中 scriptsp 字段对应的代码如下：

```
"scripts": {
    "dev": "webpack-dev-server --inline --progress --config build/webpack.dev.conf.js",
    "start": "npm run dev",
    "build": "node build/build.js"
}
```

3. config/*.js

webpack.dev.conf.js 中引入了很多模块的内容,其中包括config文件夹下服务器环境的配置文件。例如：

```
const config = require('../config')
```

4. config/index.js

可以看到，index.js 文件中包含服务器 host、port 及入口文件的相关配置，默认启动端口是 8080，这里可以进行修改。

```
host: 'localhost',
port: 8080,
```

5. index.html

项目页面入口文件 index.html 的内容很简单，主要是提供一个 div 给 Vue 挂载使用。
index.html 文件的代码如下：

```html
<!DOCTYPE html>
<html>
  <head>
    <meta charset="utf-8">
    <meta name="viewport" content="width=device-width,initial-scale=1.0">
    <title>01-vue-project</title>
  </head>
  <body>
    <div id="app"></div>
    <!-- built files will be auto injected -->
  </body>
</html>
```

6. main.js

main.js 文件中引入了 vue、App 和 router 模块，创建了一个 Vue 对象，并把 App.vue 模板的内容挂载到 index.html 的 id 为 app 的 div 标签下，并绑定了一个路由配置。
main.js 文件的代码如下：

```javascript
// The Vue build version to load with the 'import' command
// (runtime-only or standalone) has been set in webpack.base.conf with an alias.
import Vue from 'vue'
import App from './App'
import router from './router'

Vue.config.productionTip = false

/* eslint-disable no-new */
new Vue({
  el: '#app',
  router,
  components: { App },
  template: `<App/>`
})
```

7. App.vue

上面提到的 main.js 文件把 App.vue 模板的内容放置在了 index.html 的 div 标签下面。查看 App.vue 的内容可以看到，这个页面的内容由一个 Logo 和一个待放置内容的 router-view 组成，

router-view 的内容将由 router 配置决定。

App.vue 文件的代码如下：

```
<template>
  <div id="app">
    <img src="./assets/logo.png">
    <router-view/>
  </div>
</template>
<script>
export default {
  name: 'App'
}
</script>
<style>
#app {
  font-family: 'Avenir', Helvetica, Arial, sans-serif;
  -webkit-font-smoothing: antialiased;
  -moz-osx-font-smoothing: grayscale;
  text-align: center;
  color: #2c3e50;
  margin-top: 60px;
}
</style>
```

8．index.js

查看 route 文件夹下的 index.js 文件，可以发现这里配置了一个路由，在访问路径/的时候，会把 HelloWorld 模板的内容放置到上面的 router-view 中。

index.js 文件的代码如下：

```
import Vue from 'vue'
import Router from 'vue-router'
import HelloWorld from '@/components/HelloWorld'
Vue.use(Router)
export default new Router({
  routes: [
    {
      path: '/',
      name: 'HelloWorld',
      component: HelloWorld
    }
  ]
})
```

其中，vue-router 是 Vue 的核心插件，使用 vue-router 可以将组件映射到路由，然后告诉 vue-router 在哪里渲染它们。

9. HelloWorld.vue

HelloWorld 中主要是一些 Vue 介绍显示内容。

以上所述的 Vue 项目各个页面关系的组成是 index.html 包含 App.vue，App.vue 包含 HelloWorld.vue。

 应用实战

【任务 4-1】基于"Node.js+Vue.js+MySQL"实现前后端分离的登录与注册功能

【任务描述】

创建基于"Node.js+Vue.js+MySQL"的项目 case01-login-register，该项目用于实现前后端分离的登录与注册功能。

项目 case01-login-register 前端程序启动成功后，打开浏览器，在地址栏中输入"http://localhost: 8080/"，按【Enter】键，即可看到【注册】页面，分别在文本框中输入用户名、邮箱与密码，如图 4-10 所示，然后单击【注册】按钮，此时如果弹出"注册成功"提示信息对话框，则表示注册成功。

在【注册】页面单击左侧的【登录】按钮，进入【登录】页面，分别在文本框中输入邮箱和密码，如图 4-11 所示，然后单击【登录】按钮，此时如果弹出"登录成功"提示信息对话框，则表示登录成功。

图 4-10　在【注册】页面中输入用户名、邮箱与密码

图 4-11　在【登录】页面中输入邮箱和密码

【任务实施】

1. 创建 Vue 项目 case01-login-register

在命令行中执行以下命令创建 Vue 项目：

```
vue create case01-login-register
```

项目 case01-login-register 创建时的选项选择结果如下：

```
Vue cli v4.5.13
? Please pick a preset: Manually select features
? Check the features needed for your project: Choose Vue version, Babel, Router, CSS Pre
-processors, Linter
? Choose a version of Vue.js that you want to start the project with 2.x
? Use history mode for router? (Requires proper server setup for index fallback in production)
Yes
? Pick a CSS pre-processor (PostCSS, Autoprefixer and CSS Modules are supported by default):
```

Sass/SCSS (with dart-sass)

? Pick a linter / formatter config: Prettier

? Pick additional lint features: Lint on save

? Where do you prefer placing config for Babel, ESLint, etc.? In dedicated config files

? Save this as a preset for future projects? No

2．完善项目的文件夹结构

在本项目文件夹 case01-login-register 中创建子文件夹 service，在 service 文件夹中再创建 api 和 db 文件。

读者可以扫描二维码查看【电子活页 4-8】中项目 case01-login-register 完整的文件夹结构，或者从本单元配套的教学资源中打开对应的文档查看相应内容。

电子活页 4-8

项目 case01-login-register 完整的文件夹结构

3．创建数据库与数据表

在 Navicat for MySQL 的工作界面中创建一个数据库 logindb，然后在该数据库中创建数据表 user，user 数据表的结构信息如表 4-1 所示。

表 4-1　user 数据表的结构信息

字段名称	字段类型	字段长度
username	varchar	20
password	varchar	20
email	varchar	30
repeatpwd	varchar	20
id	bigint	0

设置 id 字段为主键，默认为"自动递增"。

user 数据表的记录数据如表 4-2 所示。

表 4-2　user 数据表的记录数据

username	password	email	repeatpwd	id
admin	123456	admin@163.com	123456	1
chengong	123456	chengong@163.com	123456	2
李明	123456	liming_123456@163.com		3

4．准备项目环境

基于 vue-cli 脚手架创建项目，需要安装 Node.js 和全局安装 vue-cli。

在当前文件夹 case01-login-register\service 下执行以下命令，分别安装 mysql、express、art-template、express-art-template、cors。

```
npm install mysql
npm install express --save
npm install art-template express-art-template --save
npm install cors --save
```

5．创建文件与编写代码实现后端功能

（1）创建 app.js 文件与编写代码

在文件夹 service 中创建文件 app.js，并在该文件中输入代码。

读者可以扫描二维码查看【电子活页 4-9】中文件夹 service 下文件 app.js 的代码，或者从本单元配套的教学资源中打开对应的文档查看相应内容。

电子活页 4-9

文件夹 service 下文件 app.js 的代码

（2）创建 userApi.js 文件与编写代码

在文件夹 service\api 中创建文件 userApi.js，并在该文件中输入代码。

读者可以扫描二维码查看【电子活页 4-10】中文件夹 service\api 下文件 userApi.js 的代码，或者从本单元配套的教学资源中打开对应的文档查看相应内容。

电子活页 4-10

文件夹 service\api 下
文件 userApi.js 的代码

（3）创建 db.js 文件与编写代码

在文件夹 service\db 中创建文件 db.js，并在该文件中输入以下代码：

```
module.exports = {
    mysql: {
        host: 'localhost',
        user: 'root',
        password: '123456',
        port: '3306',
        database: 'logindb'
    }
}
```

（4）创建 sqlMap.js 文件与编写代码

在文件夹 service\db 中创建文件 sqlMap.js，并在该文件中输入以下代码：

```
var sqlMap = {
    user: {
        add: 'insert into user (username, email, password) values (?,?,?)',
        select: 'select * from user'
    }
}
module.exports = sqlMap;
```

6. 创建文件与编写代码实现前端功能

（1）完善 package.json 文件的代码

对文件夹 case01-login-register 下的文件 package.json 中的代码进行完善。

读者可以扫描二维码查看【电子活页 4-11】中文件夹 case01-login-register 下文件 package.json 的代码，或者从本单元配套的教学资源中打开对应的文档查看相应内容。

电子活页 4-11

文件夹 case01-
login-register 下
文件 package.json
的代码

（2）完善 index.html 文件的代码

对文件夹 public 下的文件 index.html 中的代码进行完善：

```
<!DOCTYPE html>
<html lang="en">
  <head>
    <meta charset="utf-8">
    <meta http-equiv="X-UA-Compatible" content="IE=edge">
    <meta name="viewport" content="width=device-width,initial-scale=1.0">
    <link rel="icon" href="<%= BASE_URL %>favicon.ico">
    <title><%= htmlwebpackPlugin.options.title %></title>
```

```
  </head>
  <body>
    <div id="app"></div>
    <!-- built files will be auto injected -->
  </body>
</html>
```

（3）完善 main.js 文件的代码

对文件夹 src 下的文件 main.js 中的代码进行完善：

```
import Vue from 'vue'
import axios from 'axios'
import App from './App.vue'
import router from './router'
import '../public/reset.css'
Vue.prototype.$axios = axios
Vue.config.productionTip = false
new Vue({
  router,
  render: h => h(App)
}).$mount('#app')
```

（4）完善 App.vue 文件的代码

对文件夹 src 下的文件 App.vue 中的代码进行完善：

```
<template>
  <div id="app">
    <router-view></router-view>
  </div>
</template>
<style scoped="scoped">
    #app{
        width: 100vw;
        height: 100vh;
        background-color: #f5f5f5;
    }
</style>
```

（5）完善 index.js 文件的代码

对文件夹 src\router 下的文件 index.js 中的代码进行完善：

```
import Vue from 'vue'
import VueRouter from 'vue-router'
import loginRegister from '../views/loginRegister.vue'
Vue.use(VueRouter)
const routes = [
  {
    path:'/',
    name:'login',
```

```
        component: loginRegister
    }
]
const router = new VueRouter({
    mode: 'history',
    base: process.env.BASE_URL,
    routes
})
export default router
```

（6）创建 loginRegister.vue 文件与编写代码

在文件夹 src\views 中创建文件 loginRegister.vue，并在该文件中输入模板代码。

读者可以扫描二维码查看【电子活页 4-12】中文件夹 src\views 下文件 loginRegister.vue 的模板代码，或者从本单元配套的教学资源中打开对应的文档查看相应内容。

在文件 loginRegister.vue 中输入 JavaScript 代码实现要求的功能。

读者可以扫描二维码查看【电子活页 4-13】中文件夹 src\views 下文件 loginRegister.vue 的 JavaScript 代码，或者从本单元配套的教学资源中打开对应的文档查看相应内容。

电子活页 4-12

文件夹 src\views 下文件 loginRegister.vue 的模板代码

7. 启动项目与浏览运行结果

在当前文件夹 case01-login-register\service 下执行以下命令，启动项目的后端程序：

电子活页 4-13

文件夹 src\views 下文件 loginRegister.vue 的 JavaScript 代码

```
node app.js
```

命令行显示"后端成功启动"提示信息。

在当前文件夹 case01-login-register 下执行以下命令，启动项目的前端程序：

```
npm run serve
```

命令行窗口输出以下提示信息，则表示项目的前端程序启动成功：

```
DONE   Compiled successfully in 1725ms
  App running at:
  - Local:    http://localhost:8080/
  - Network: http://192.164.1.7:8080/
```

项目 case01-login-register 前端程序启动成功后，打开浏览器，在地址栏中输入 "http://localhost:8080/"，按【Enter】键，即可看到【注册】页面，在【注册】页面单击左侧的【登录】按钮，进入【登录】页面。

经测试实现了要求的功能。

【任务 4-2】创建 Vite 项目实现多种方式浏览与操作图片

【任务描述】

创建 Vite 项目 case02-view-images，在该项目中实现以下功能。

① 项目运行时，初始状态显示 5 张图片。

② 单击某一张图片，切换到单张图片单独放大浏览状态，在放大图片左右两侧显示【<】和【>】按钮。单击【<】按钮切换到上一张图片，如果当前图片为第 1 张，单击【<】按钮无效；单击【>】按钮切换到下一张图片，如果当前图片为最后一张，单击【>】按钮无效。

115

③ 在放大图片上方显示"当前图片序号/总图片数量"，同时在放大图片下方显示【放大】【缩小】【还原】按钮及图片旋转等操作按钮，如图 4-12 所示。

图 4-12　图片操作按钮

图片的缩放、切换、旋转等操作通过一个专用插件实现，该插件 index.vue 存放在 view-images 文件夹下，供程序调用。由于篇幅限制，该插件的程序代码本任务不再介绍，请读者自行打开对应的文件分析代码。

项目 case02-view-images 启动成功后，打开浏览器，在地址栏中输入"http://localhost:3000/"，按【Enter】键，即可看到图 4-13 所示的页面内容。

图 4-13　项目 case02-view-images 的浏览结果

单击某一张图片，图片会处于放大浏览状态，如图 4-14 所示。

图 4-14　图片处于放大浏览状态

【任务实施】

1. 准备项目环境

① 确保本机所用的 Node.js 版本为 12.x.0 或更高，在命令行中使用 node –v 命令查看 node 的版本。

② 全局安装 create-vite-app。

2. 开始创建 Vite 项目

进入创建 Vite 项目的文件夹，在命令行中执行以下命令创建 Vite 项目：

```
npm init @vitejs/app
```

或者

```
yarn create @vitejs/app
```

按照提示信息进行操作，首先输入 Vite 项目名称，然后选择 framework 和 variant，即可完成 Vite

项目的创建。

3. 安装项目依赖项

在命令行中执行以下命令安装项目依赖项：

```
cd case02-view-images
npm install
```

4. 初次启动 Vite 项目

在命令行中执行以下命令初次启动 Vite 项目：

```
npm run dev
```

该命令执行完毕，Vite 项目启动成功后会出现以下提示信息：

```
vite v2.6.14 dev server running at:
> Local: http://localhost:3000/
> Network: use '—host' to expose
ready in 471ms.
```

打开浏览器，在地址栏中输入"http://localhost:3000/"，按【Enter】键，即可看到初始页面的内容。

5. 完善 Vite 项目的文件夹与准备图片等资源

在文件夹 src 中创建子文件夹 view-images，在文件夹 view-images 中创建子文件夹 images。将待浏览的图片文件复制到文件夹 src\assets 中，将操作图片的按钮小图片复制到文件夹 src\view-images\images 中。

6. 创建文件与编写程序代码

（1）完善 vite.config.js 文件的代码

vite.config.js 文件完善后的代码如下：

```
const path = require('path')
import { defineConfig } from 'vite'
import vue from '@vitejs/plugin-vue'
// https://vitejs.dev/config/
export default defineConfig({
    plugins: [vue()],
    build: {
        lib: {
            entry: path.resolve(__dirname, 'src/view-images/index.js'),
            name: 'view-images'
        },
        outDir: 'dist'
    }
})
```

（2）创建 vite.config.docs.js 文件与编写代码

在本项目根文件夹中创建 vite.config.docs.js 文件，并在该文件中输入以下代码：

```
const path = require('path')
import { defineConfig } from 'vite'
import vue from '@vitejs/plugin-vue'
// https://vitejs.dev/config/
export default defineConfig({
```

```
    plugins: [vue()],
    base: '/view-images/',
    build: {
      outDir: 'docs'
    }
})
```

（3）完善 index.html 文件的代码

读者可以扫描二维码查看【电子活页 4-14】中网页 index.html 的代码，或者从本单元配套的教学资源中打开对应的文档查看相应内容。

电子活页 4-14

index.html 的代码

（4）查看 src 文件夹中 main.js 文件的初始代码

src 文件夹中 main.js 文件的初始代码如下：

```
import { createApp } from 'vue'
import App from './App.vue'
createApp(App).mount('#app')
```

（5）完善 src 文件夹中 App.vue 文件的初始代码

读者可以扫描二维码查看【电子活页 4-15】中 src 文件夹下 App.vue 文件的代码，或者从本单元配套的教学资源中打开对应的文档查看相应内容。

电子活页 4-15

src 文件夹下
App.vue 文件的代码

（6）在 src\view-images 文件夹中创建 index.js 文件并编写代码

在 src\view-images 文件夹中创建 index.js 文件，并在该文件中输入以下代码：

```
import { createVNode } from '@vue/runtime-core'
import { render } from '@vue/runtime-dom'
import constructor from './index.vue'
const viewImages = (options = {}) => {
    const container = document.createElement('div')
    container.className = 'image-viewer-container'
    const vm = createVNode(
        constructor,
        options
    )
    vm.props.onDestroy = () => {
        render(null, container)
    }
    render(vm, container)
    document.body.appendChild(container.firstElementChild)
}
export default viewImages
```

src\view-images 文件夹下的 index.js 文件中主要引入了同级文件 index.vue，创建一个临时节点，将缩放的图片置于该临时节点中，实现缩放、切换与旋转等操作，这些操作的实现代码在 index.vue 中。

7. 启动项目与浏览运行结果

在命令行中执行以下命令，启动项目 case02-view-images：

```
npm run dev
```

项目 case02-view-images 启动成功后，打开浏览器，在地址栏中输入"http://localhost:3000/"，按【Enter】键，即可看到页面内容。单击某一张图片，图片会处于放大浏览状态。

经测试实现了要求的功能。

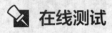

在线测试

电子活页 4-16

在线测试

单元 5
Vue组件构建与应用

05

Vue 作为一个轻量级前端框架，其核心就是组件化开发。常用的方式是用脚手架 vue-cli 来进行开发和管理。一个个组件即一个个 Vue 页面，这种形式叫单文件组件。在引用组件时，只需将组件页面引入，注册后即可使用。

组件（Component）是 Vue.js 最强大的功能之一，组件可以扩展 HTML 元素，封装可重用的代码。可以根据项目需求抽象出一些组件，每个组件里包含展现、功能和样式。也可以根据实际需要，将每个页面使用不同的组件进行拼接。这种开发模式使前端页面易于扩展，减少了重复编写代码的工作量，提高了开发效率，灵活性高。而且每个组件拥有自己的作用域，区域之间独立工作互不影响，降低了代码之间的耦合程度，使项目更易维护和管理。

 学习领会

5.1 组件基础

在 Vue 里，一个组件本质上是一个拥有预定义选项的 Vue 实例，主要以页面结构的形式存在。不同的组件之间具有基本交互功能，可以根据业务逻辑实现较复杂的项目功能。一个组件是一个自定义元素，也可以称为一个模块，其中包括所需的模板、逻辑和样式。在 HTML 模板中，组件以一个自定义标签的形式存在，起到占位符的作用。通过 Vue 的声明式渲染后，占位符将会被替换为实际的内容。

5.1.1 初识组件定义

组件是可复用的 Vue 实例，它有一个名称，以下是一个简单的组件实例。

【实例 5-1】定义与使用一个名称为 button-counter 的组件

微课 5–1

初识组件定义

【操作要求】
定义一个名称为 button-counter 的组件，该组件的主要功能是记录与输出单击按钮的次数。
【实现过程】
使用 HTML 编辑器 Dreamweaver 创建网页 0501.html，实现要求的功能。
（1）定义一个名为 button-counter 的组件
代码如下：

```
// Vue.component()方法表示注册组件的 API，参数<button-counter>为组件名称
// 组件名称与页面中的标签名称<button-counter>对应
```

```
// 组件名称还可以使用驼峰法命名，这里也可命名为 buttonCounter
Vue.component('button-counter', {
    // 组件中的数据必须是一个函数，通过返回值来返回初始数据
    data: function () {
      return {
        count: 0
      }
    },
    // 表示组件的模板
    template: '<button v-on:click="count++">单击了{{ count }} 次</button>'
  })
```

（2）在 HTML 代码中把组件 button-counter 作为自定义元素使用

代码如下：

```
<div id="app">
    <button-counter></button-counter>
</div>
```

（3）通过 new Vue 创建 Vue 根实例

代码如下：

```
var vm=new Vue({
    el: '#app'
  })
```

（4）浏览网页 0501.html

网页 0501.html 的初始状态出现 单击了0 次 按钮，单击 1 次后按钮变为 单击了1次 。

因为组件是可复用的 Vue 实例，所以它们与 new Vue 接收相同的选项（像 el 这样的根实例特有的选项除外），例如 data、computed、watch、methods 及钩子函数等。

1. 复用组件

组件的可复用性很强，可以将组件进行任意次数的复用。创建网页文件 demo050101.html，该文件中自定义组件 button-counter 的代码与网页文件 0501.html 相同，在网页文件 demo050101.html 中对自定义的组件 button-counter 进行复用，即一次定义，多次使用。

【示例】demo050101.html

代码如下：

```
<div id="app">
  <button-counter></button-counter>
  <button-counter></button-counter>
  <button-counter></button-counter>
</div>
<script>
  // 定义一个名为 button-counter 的组件
  Vue.component('button-counter', {
    data: function () {
      return {
        count: 0
      }
```

```
    },
    template: '<button v-on:click="count++">单击了{{ count }} 次</button>'
  })
  // 创建根实例
  var vm=new Vue({
    el: '#app'
  })
</script>
```

浏览网页 demo050101.html，初始状态如图 5-1 所示。

在网页 demo050101.html 的初始状态下，单击 1 次左侧的按钮，单击 2 次中间的按钮，单击 3 次右侧的按钮后，结果如图 5-2 所示。

| 单击了0次 | 单击了0次 | 单击了0次 |　　| 单击了1次 | 单击了2次 | 单击了3次 |

图 5-1　浏览网页 demo050101.html 的初始状态　　图 5-2　按钮被单击不同次数后的结果

这里共使用了 3 个 button-counter 组件，每个组件都会独立维护自己的 count，因为每复用一次组件，就会有一个它的新实例被创建。单击某一个按钮时，它的 count 值会进行累加。不同的按钮有不同的 count 值，它们各自统计自己被单击的次数。

2. data 必须是一个函数

一般来说，在 Vue 实例对象或 Vue 组件对象中是通过 data 来传递数据的。

当定义这个<button-counter>组件时，可以发现它的 data 并不是像下面这样直接提供一个对象：

```
data: {
  count: 0
}
```

与上面的情况不同，一个组件的 data 选项必须是一个函数，因此每个组件返回全新的 data 对象，每个 counter 都有它自己内部的状态：

```
data: function () {
  return {
    count: 0
  }
}
```

如果 Vue 没有这条规则，单击一个按钮就会影响到其他所有实例。

【示例】demo050102.html

读者可以扫描二维码查看【电子活页 5-1】中网页 demo050102.html 的代码，或者从本单元配套的教学资源中打开对应的文档查看相应内容。

例如，在以下示例中，单击 3 个组件按钮之一，其他两个组件按钮也会同步改变 count 的值。

【示例】demo050103.html

读者可以扫描二维码查看【电子活页 5-2】中网页 demo050103.html 的代码，或者从本单元配套的教学资源中打开对应的文档查看相应内容。

电子活页 5-1　　电子活页 5-2

网页 demo050102.　网页 demo050103.
html 的代码　　　html 的代码

5.1.2 组件的组织

通常一个应用会以一棵嵌套的组件树（Component Tree）的形式来组织，组件树示意图如图 5-3 所示。

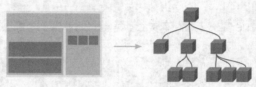

图 5-3　组件树示意图

例如，可能会有页头、侧边栏、内容区等组件，每个组件又包含其他的导航链接、博文之类的组件。

为了能在模板中使用，这些组件必须先进行注册，以便 Vue 能够识别它们。这里有两种组件的注册类型：全局注册和局部注册。到目前为止，本书使用的组件都是通过 Vue.component()方法进行全局注册的，形式如下：

```
Vue.component('component-name', {
  // ... options ...
})
```

全局注册的组件可以用在其被注册之后的任何（通过 new Vue）新创建的 Vue 根实例中，也包括在其组件树中的所有子组件的模板中。

尽管在 Vue 中渲染 HTML 很快，不过当组件中包含大量静态内容时，可以考虑使用 v-once 命令将渲染结果缓存起来。例如：

```
Vue.component('app-component', {
  template: '<div v-once>内容</div>'
})
```

5.1.3 嵌套限制

并不是所有的元素都可以嵌套模板，因为要受到 HTML 元素嵌套规则的限制，尤其像<ul>、<ol>、<table>、<select>这样的元素限制了能被它包裹的元素，而一些像<option>这样的元素只能出现在某些其他元素内部。

在自定义组件中使用这些受限制的元素时会导致一些问题，例如：

```
<table id="app">
  <app-row>...</app-row>
</table>
```

自定义组件<app-row>被认为是无效的内容，因此在渲染的时候会导致错误。

解决这个问题的方法是使用 is 属性。

【示例】demo050104.html

读者可以扫描二维码查看【电子活页 5-3】中网页 demo050104.html 的代码，或者从本单元配套的教学资源中打开对应的文档查看相应内容。

HTML 将被渲染为：

```
<table id="app">
  <tbody>
```

电子活页 5-3

网页 demo050104.
html 的代码

```
        <div is="hd">表格列标题</div>
    </tbody>
</table>
```

5.1.4　根元素

Vue 强制要求每一个 Vue 实例（组件本质上就是一个 Vue 实例）都需要有一个根元素，例如以下的代码，运行时会报错：

```
<div id="example">
    <app-component></app-component>
</div>
<script>
// 注册
Vue.component('app-component', {
    template: '
        <p>第一段内容</p>
        <p>第二段内容</p>
    ',
})
// 创建根实例
new Vue({
    el: '#example'
})
</script>
```

需要改写成如下所示的形式：

```
<script>
// 注册
Vue.component('app-component', {
    template: '
        <div>
            <p>第一段内容</p>
            <p>第二段内容</p>
        </div>
    ',
})
// 创建根实例
new Vue({
    el: '#example'
})
</script>
```

5.1.5　原生事件

有时候，可能想在某个组件的根元素上监听一个原生事件，直接使用 v-bind 指令是不会生效的。

例如:

```html
<div id="example">
  <app-component @click="numChange"></app-component>
  <p>{{ number }}</p>
</div>

<script>
  Vue.component('app-component', {
      template: '<button>单击按钮</button>',
  })
  var vm=new Vue({
    el: '#example',
    data:{
      number:0
    },
    methods:{
      numChange(){
        this.number++;
      }
    }
  })
</script>
```

可以使用.native 修饰 v-on 指令实现在组件的根元素上监听一个原生事件。

【示例】demo050105.html

读者可以扫描二维码查看【电子活页 5-4】中网页 demo050105.html 的代码或者从本单元配套的教学资源中打开对应的文档查看相应内容。

电子活页 5-4

网页 demo050105.
html 的代码

5.2 组件注册与使用

微课 5-2

组件注册与使用

5.2.1 组件命名

在注册一个组件的时候,需要给它起一个名字。例如,在全局注册的时候已经看到了 Vue.component('component-name', { /* ... */ })。

该组件名就是 Vue.component()方法的第一个参数 component-name。

给予组件的名字可能依赖于打算拿它来做什么。当直接在 DOM 中使用一个组件(而不是在字符串模板或单文件组件)的时候,强烈推荐使用遵循 W3C 规范的自定义组件名(字母全小写且必须包含一个连字符),这会帮助用户避免和当前以及未来的 HTML 元素发生冲突。

1. 基础组件命名

应用特定样式和约定的基础组件(也就是展示类的、无逻辑的或无状态的组件)应该全部以一个特定的前缀开头,例如 Base、App 或 V 等组件,而使用 My、Vue 之类的前缀。

这样做有以下两个好处。

① 当在编辑器中以字母顺序排列时,所应用的基础组件会全部列在一起,这样更容易识别。

125

② 因为组件名应该始终是多个单词，所以这样做可以避免在包裹简单组件时随意选择前缀（例如
MyButton、VueButton）。

2. 组件名大小写

单文件组件的文件名应该要么始终是单词首字母大写（PascalCase），要么始终用短横线连接
（kebab-case）。

单词大写开头对于代码编辑器的自动补全较友好。然而，这种文件命名方式有的时候会导致大小写
不敏感的文件系统产生问题，这也是有时会使用短横线连接命名的原因。

定义组件名的方式有以下两种。

（1）使用单词首字母大写命名方式

例如 Vue.component('ComponentName', { /* ... */ })。

当使用单词首字母大写方式定义一个组件时，在引用这个自定义元素时两种命名法都可以使用。也
就是说，<component-name>和<ComponentName>都是可接受的。注意，直接在 DOM（即非字
符串的模板）中使用时只有短横线连接方式是有效的。

（2）使用短横线连接命名方式

例如 Vue.component('component-name', { /* ... */ })。

当使用短横线连接小写单词定义一个组件时，也必须在引用这个自定义元素时使用短横线连接方式，
例如<component-name>、<countter-nav>。

5.2.2 全局注册

组件经过一次全局注册，就可以在多个 Vue 实例中使用，该全局组件可以用在任何新创建的 Vue
根实例（new Vue）的模板中。

注册一个全局组件的语法格式如下：

```
Vue.component(ComponentName, {
    Options     // 选项
})
```

调用 Vue.component()方法时需要传入两个参数：第一个参数为组件名称；第二个参数为配置选
项，也可以为组件构造时定义的变量名。

注意

要确保在初始化根实例之前注册了组件。

【示例】demo050201.html

代码如下：

```
<div id="app">
    <app-component></app-component>
</div>
<script>
    // 注册
    Vue.component('app-component', {
        template: `<div>全局注册组件</div>`
    })
    // 创建根实例
```

```
var vm=new Vue({
    el: '#app'
})
</script>
```

前面所介绍的全局注册形式是一种直接注册的写法，即注册语法糖。

也可以先使用 extend() 方法定义一个变量。

【示例】demo050202.html

代码如下：

```
var appCom = Vue.extend({
    template: '<div>这是组件</div>'
});
```

然后用全局注册方法创建 app-component 组件：

```
Vue.component('app-component' , appCom)
```

app-component 为自定义组件的名字，在使用时会用到，后面的 appCom 对应的就是上面构建的组件变量。

如果使用 template 及 script 标签构建组件，第二个参数就改为它们标签上的 id 值，例如：

```
Vue.component('app-component',{
    template: '#appCom'
})
```

5.2.3　局部注册

全局注册有时候往往是不够理想的，例如，如果用户使用一个像 webpack 这样的构建系统全局注册所有的组件，意味着一个组件即便已经不再使用了，它仍然会被包含在最终的构建结果中。这造成了用户下载的 JavaScript 的无谓增加。

这些情况下，可以通过一个普通的 JavaScript 对象来定义组件：

```
var ComponentA = { /* ... */ }
var ComponentB = { /* ... */ }
```

然后在 components 选项中定义想要使用的组件：

```
var vm=new Vue({
  el: '#app',
  components: {
    'component-a': ComponentA,
    'component-b': ComponentB
  }
})
```

对于 components 对象中的每个属性来说，其属性名就是自定义元素的名字，其属性值就是这个组件的选项对象。

注意
　　局部注册的组件只能在注册该组件的实例中使用，在其子组件中不可用。

1. 普通局部注册

【示例】demo050203.html

代码如下：

```
<div id="app">
  <app-component></app-component>
</div>
<script>
  var appCom = {
      template: `<div>局部注册组件</div>`
  };
  // 创建根实例
  var vm=new Vue({
      el: '#app',
      components: {
          // <app-component> 只在父模板中可用
          'app-component': appCom
      }
  })
</script>
```

2. 注册语法糖

【示例】demo050204.html

代码如下：

```
<div id="app">
  <app-component></app-component>
</div>
<script>
  // 创建根实例
  var vm=new Vue({
      el: '#app',
      components: {
          // <app-component> 只在父模板中可用
          'app-component': {
              template: `<div>这是局部注册组件</div>`
          }
      }
  })
</script>
```

5.2.4　使用组件

组件成功注册后，可以使用以下方式来调用组件：

```
<div>
    /*调用组件*/
```

```
    <ComponentName ></ComponentName>
</div>
```

5.3 组件构建

5.3.1 使用 extend() 方法构建组件

微课 5-3

组件构建

调用 Vue.extend() 方法，全局注册一个名为 app-component 的组件的基本过程如下。

【示例】demo050301.html

使用 extend() 方法构建组件的过程如下。

1. 定义变量 appCom

```
var appCom = Vue.extend({
    template: '<div>这是组件</div>'
  })
```

其中 template 定义模板的标签，模板的内容应写在该标签下。

2. 注册组件 app-component

```
//注册名为'app-component'的组件
Vue.component('app-component', appCom);
```

3. 定义 Vue 实例

```
var app = new Vue({
    el: '#app'
})
```

4. 使用组件

```
<div id="app">
    <app-component></app-component>
</div>
```

5.3.2 使用 template 标签构建组件

模板代码通常写在 HTML 结构中，这样可以改善开发体验，提高开发效率。Vue 提供了<template>标签来定义结构的模板，可以在该标签中书写 HTML 代码，然后通过 id 值绑定到<template>属性上。

使用 template 标签构建组件，需要在 template 标签上增加 id 属性，用于以后的组件注册。

【示例】demo050302.html

代码如下：

```
<div id="app">
  <app-component></app-component>
</div>
<template id="content">
    <div>欢迎登录</div>
</template>
<script>
  // 创建根实例
```

```
    var vm=new Vue({
        el: '#app',
        components: {
            'app-component': {
                template: '#content'
            }
        }
    })
</script>
```

5.3.3　使用 script 标签构建组件

使用 script 标签构建组件时，同样需要增加 id 属性，同时还得增加 type="text/x-template"，这是为了告诉浏览器不执行编译里面的代码。

对于以下自定义组件 app-component：

```
<div id="app">
    <app-component></app-component>
</div>
```

局部注册组件 app-component 的示例代码如下。

【示例】demo050303.html

代码如下：

```
<script type="text/x-template" id="content">
    <p>欢迎登录</p>
</script>
<script>
var vm=new Vue({
    el: '#app',
    components: {
        'app-component': {
            template: '#content'
        }
    }
})
</script>
```

全局注册组件 app-component 的示例代码如下：

```
<script type="text/x-template" id="content">
    <p>欢迎登录</p>
</script>
Vue.component('app-component' , {
    template: '#content'
})
```

上面的代码等价于：

```
Vue.component('app-component' , {
```

```
    template: `<p>欢迎登录</p>`
})
```

【实例 5-2】演练实现组件树的效果

【操作要求】

使用 components 选项注册组件，实现组件树的效果。

【实现过程】

电子活页 5-5

网页 0502.html 的
代码

创建网页 0502.html，在该网页中编写代码实现要求的功能。

读者可以扫描二维码查看【电子活页 5-5】中网页 0502.html 的代码，或者从本单元配套的教学资源中打开对应的文档查看相应内容。

HTML 将被渲染为：

```
<div id="app">
    <div class="main">
        <p>标题</p>
        <p>正文内容</p>
    </div>
</div>
```

对于大型应用来说，有必要将整个应用程序划分为组件，以使开发可管理。一般的组件应用模板如下：

```
<div id="app">
  <app-nav></app-nav>
  <app-view>
      <app-sidenum></app-sidenum>
      <app-content></app-content>
  </app-view>
</div>
```

5.3.4　构建父子组件

1. 使用全局注册方式构建父子组件

【示例】demo050304.html

使用全局注册方式构建父子组件的过程如下。

（1）构建子组件

代码如下：

```
//构建子组件 child
var childNode = Vue.extend({
    template: '<div>这是子组件</div>'
  })
//注册名为'child'的组件
Vue.component('child',childNode)
```

（2）构建父组件

代码如下：

```
//构建父组件 parent，在其中嵌套 child 组件
```

```
var parentNode = Vue.extend({
    template: '<div>这是父组件<child></child></div>'
})
Vue.component('parent',parentNode);
```

（3）定义 Vue 实例

代码如下：

```
var vm=new Vue({
    el: '#app'
})
```

（4）使用父组件

代码如下：

```
<div id="app">
    <parent></parent>
</div>
```

2. 使用局部注册方式构建父子组件

【示例】demo050305.html

使用局部注册方式构建父子组件的过程如下。

（1）构建子组件

代码如下：

```
var childNode = Vue.extend({
    template: '<div>这是子组件</div>'
})
```

（2）构建父组件

代码如下：

```
//在父组件中局部注册子组件
var parentNode = Vue.extend({
    template: '<div>这是父组件<child></child></div>',
    components:{
        'child':childNode
    }
})
```

（3）定义 Vue 实例

代码如下：

```
//在 Vue 实例中局部注册父组件
var vm=new Vue({
    el: '#app',
    components: {
        'parent': parentNode
    }
})
```

（4）使用父组件

代码如下：

```
<div id="app">
```

```
  <parent></parent>
</div>
```

5.4 Vue 组件选项 props

组件接受的选项大部分与 Vue 实例一样，而组件选项 props 是组件中非常重要的一个选项。在 Vue 中，父子组件的关系可以总结为 props down 和 events up。父组件通过 props 向下传递数据给子组件，子组件通过 events 给父组件发送消息。父子组件之间数据传递的示意图如图 5-4 所示。

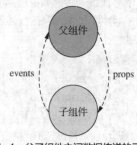

5.4.1 父子组件

在一个优秀的接口中尽可能将父子组件解耦是很重要的，这保 图 5-4 父子组件之间数据传递的示意图
证了每个组件可以在相对隔离的环境中书写和理解，也大幅提高了组件的可维护性和可重用性。

下面介绍两种父子组件的错误写法。

以下这种形式的写法是错误的，因为当子组件注册到父组件时，Vue 会编译好父组件的模板，模板的内容已经决定了父组件将要渲染的 HTML：

```
<div id="example">
  <parent>
     <child></child>
     <child></child>
  </parent>
</div>
```

\<parent\>...\</parent\>运行时，它的一些子标签只会被当作普通的 HTML 来执行，\<child\>\</child\>不是标准的 HTML 标签，会被浏览器直接忽视。

在父组件标签之外使用子组件也是错误的：

```
<div id="example">
   <parent></parent>
   <child></child>
</div>
```

正确写法如下。

【示例】demo050401.html

读者可以扫描二维码查看【电子活页 5-6】中网页 demo050401.html 的代码，或者从本单元配套的教学资源中打开对应的文档查看相应内容。

HTML 将被渲染为：

```
<div id="app">
   <div>
      <div>这是子组件</div>
   </div>
</div>
```

电子活页 5-6

网页 demo050401.
html 的代码

5.4.2　静态 props

组件实例的作用域是孤立的，这意味着不能（也不应该）在子组件的模板内直接引用父组件的数据。要让子组件使用父组件的数据，需要通过子组件的 props 选项实现。

使用 props 传递数据包括静态和动态两种形式，本小节先介绍静态 props。

子组件要显式地用 props 选项声明它期待获得的数据。

例如：

```
var childNode = {
    template: `<div>{{ para }}</div>`,
    props:['para']
}
```

静态 props 通过为子组件在父组件中的占位符添加特性的方式来达到传值的目的。

【示例】demo050402.html

读者可以扫描二维码查看【电子活页 5-7】中网页 demo050402.html 的代码，或者从本单元配套的教学资源中打开对应的文档查看相应内容。

HTML 将被渲染为：

```
<div id="app">
    <div>
        <div>abc</div>
        <div>123</div>
    </div>
</div>
```

电子活页 5-7

网页 demo050402.
html 的代码

5.4.3　组件命名约定

HTML 中的属性名是对大小写不敏感的，所以浏览器会把所有大写字符解释为小写字符。这意味着当使用 DOM 中的模板时，采用驼峰命名法的 props 名需要使用其等价的短横线分隔命名法命名。

例如：

```
Vue.component('blog-post', {
    // 在 JavaScript 中是驼峰命名法的写法
    props: ['postTitle'],
    template: '<p>{{ postTitle }}</p>'
})
<!-- 在 HTML 中是短横线分隔命名的写法-->
<blog-post post-title="hello"></blog-post>
```

如果使用字符串模板，那么这个限制就不存在了。

对于 props 声明的属性来说，在父级 HTML 模板中，属性名需要使用短横线分隔写法。

例如：

```
var parentNode = {
    template: '
    <div>
        <child app-para="abc"></child>
```

```
    <child app-para="123"></child>
  </div>',
  components: {
    'child': childNode
  }
};
```

子级 props 属性声明时，使用小驼峰写法（除第一个单词外其余单词首字母大写）或者短横线分隔写法都可以；子级模板使用从父级传来的变量时，需要使用对应的小驼峰写法。

例如：

```
var childNode = {
  template: '<div>{{ appPara }}</div>',
  props:['appPara']
}
var childNode = {
  template: '<div>{{ appPara }}</div>',
  props:['app-para']
}
```

5.4.4 动态 props

在模板中动态地绑定父组件的数据到子模板的 props 的方式，与绑定到任何普通的 HTML 特性的方式类似，都是用 v-bind 指令。每当父组件的数据变化时，该变化也会传导给子组件。

【示例】demo050403.html

读者可以扫描二维码查看【电子活页 5-8】中网页 demo050403.html 的代码，或者从本单元配套的教学资源中打开对应的文档查看相应内容。

HTML 将被渲染为：

```
<div id="app">
    <div>
        <div>abc</div>
        <div>123</div>
    </div>
</div>
```

5.4.5 传递数字

以下示例使用字面量语法传递数值。

【示例】demo050404.html

读者可以扫描二维码查看【电子活页 5-9】中网页 demo050404.html 的代码，或者从本单元配套的教学资源中打开对应的文档查看相应内容。

HTML 将被渲染为：

```
<div id="example">
    <div>
        <div>123 的数据类型是 string</div>
```

```
    </div>
  </div>
```

因为它是一个字面 props，它的值是字符串"123"，而不是 number 类型的数据。如果想传递一个实际的 number 类型的数据，需要使用 v-bind 指令，从而让它的值被当作 JavaScript 表达式计算。

【示例】demo050405.html

读者可以扫描二维码查看【电子活页 5-10】中网页 demo050405.html 的代码，或者从本单元配套的教学资源中打开对应的文档查看相应内容。

HTML 将被渲染为：

电子活页 5-10

网页 demo050405.html 的代码

```
<div id="example">
  <div>
    <div>123 的数据类型是 number</div>
  </div>
</div>
```

或者可以使用动态 props，在 data 属性中设置对应的数字 123。

【示例】demo050406.html

读者可以扫描二维码查看【电子活页 5-11】中网页 demo050406.html 的代码，或者从本单元配套的教学资源中打开对应的文档查看相应内容。

HTML 将被渲染为：

电子活页 5-11

网页 demo050406.html 的代码

```
<div id="app">
  <div>
    <p>123 的数据类型是 number</p>
    <p>的数据类型是 undefined</p>
  </div>
  <div>
    <p>的数据类型是 undefined</p>
    <p>456 的数据类型是 string</p>
  </div>
</div>
```

5.4.6　props 验证

可以为组件的 props 指定验证要求，如果传入的数据不符合指定要求，Vue 会发出警告。为了定制 props 的验证方式，可以为 props 中的值提供一个带有验证需求的对象，而不能使用字符串数组。

例如：

```
Vue.component('example', {
  props: {
    // 基础类型检测（null 和 undefined 会通过任何类型验证）
    propA: Number,
    // 多种类型
    propB: [String, Number],
    // 必传且是字符串
    propC: {
```

```
    type: String,
    required: true
  },
  // 带有默认值的数字
  propD: {
    type: Number,
    default: 100
  },
  //带有默认值的对象
  propE: {
    type: Object,
    // 数组或对象的默认值应当由一个工厂函数获取
    default: function () {
      return { message: 'hello' }
    }
  },
  // 自定义验证函数
  propF: {
    validator: function (value) {
      // 这个值必须匹配下列字符串中的一个
      return ['success', 'warning', 'danger'].indexOf(value) !== -1
    }
  }
 }
})
```

type 可以是下面原生构造器之一。

- String。
- Number。
- Boolean。
- Function。
- Object。
- Array。
- Date。
- Symbol。

type 也可以是一个自定义构造器函数，使用 instanceof 检测。

当 props 验证失败的时候，Vue（ 开发环境构建版本的 ）将会在控制台界面中抛出一个警告信息（ 如果使用的是开发版本 ）。props 会在组件实例创建之前进行校验，所以在 default() 或 validator() 函数里，诸如 data、computed 或 methods 等实例属性还无法使用。

【实例 5-3】验证传入子组件的数据是否为数字

【操作要求】

创建父子组件，采用 props 验证方式验证传入子组件的数据是否为数字，如果不是数字，则在浏览器的控制台界面中抛出警告信息。

【实现过程】

创建网页 0503.html，在该网页中编写代码实现要求的功能。

读者可以扫描二维码查看【电子活页 5-12】中网页 0503.html 的代码，或者从本单元配套的教学资源中打开对应的文档查看相应内容。

如果 num 的值是数字 123，浏览网页 0503.html 时，浏览器的控制台界面中不会出现警告信息。如果 num 的值是字符串'123'，浏览网页 0503.html 时，浏览器的控制台界面中会出现如下所示的警告信息：

vue.js:634 [Vue warn]: Invalid prop: type check failed for prop "para". Expected Number with value 123, got String with value "123".

电子活页 5-12

网页 0503.html 的代码

【实例 5-4】使用自定义函数验证传入子组件的数据是否符合指定条件

【操作要求】

创建父子组件，采用 props 验证，使用自定义函数验证传入子组件的数据是否符合指定条件，当函数返回为 false 时，则表示不符合指定的条件，则浏览器的控制台界面中会出现警告信息。

【实现过程】

创建网页 0504.html，在该网页中编写代码实现要求的功能。

读者可以扫描二维码查看【电子活页 5-13】中网页 0504.html 的代码，或者从本单元配套的教学资源中打开对应的文档查看相应内容。

如果在父组件中传入 num 值为 5，由于小于 10，则浏览网页时浏览器的控制台界面中会输出如下的警告信息：

vue.js:634 [Vue warn]: Invalid prop: custom validator check failed for prop "para".

电子活页 5-13

网页 0504.html 的代码

5.4.7 单向数据流

props 是单向绑定的：当父组件的属性变化时将传给子组件，但是不会反过来传递。这是为了防止子组件无意中修改了父组件的状态，这样会让应用的数据流难以理解。

另外，每次父组件更新时，子组件的所有 props 都会更新为最新值。这意味着不应该在子组件内部改变 props，如果这么做了，Vue 会在浏览器的控制台界面中显示警告信息。

【实例 5-5】验证 props 的单向绑定特性

【操作要求】

创建父子组件，采用 props 单向绑定。父组件的数据变化时，子组件的数据会同步发生变化；子组件的数据变化时，父组件数据不变，并在浏览器的控制台界面中显示警告信息。

【实现过程】

创建网页 0505.html，在该网页中编写代码实现要求的功能。

读者可以扫描二维码查看【电子活页 5-14】中网页 0505.html 的代码，或者从本单元配套的教学资源中打开对应的文档查看相应内容。

浏览网页 0505.html 时的初始状态如图 5-5 所示。

电子活页 5-14

网页 0505.html 的代码

父组件数据 [try   ] 输入的值为: try
子组件数据 [try   ] 输入的值为: try

图 5-5　浏览网页 0505.html 时的初始状态

将"父组件数据"输入框中的"try"修改为"happy"时,"子组件数据"输入框中的内容会同步修改为"happy"。

而修改"子组件数据"输入框中的内容时,浏览器控制台界面中会出现如下所示的警告信息:

vue.js:634 [Vue warn]: Avoid mutating a prop directly since the value will be overwritten whenever the parent component re-renders. Instead, use a data or computed property based on the prop's value. Prop being mutated: "childData".

5.4.8　修改 props 数据

修改 props 中的数据通常有以下两种原因。

① props 作为初始值传入后,子组件想把它当作局部数据来使用。

② props 作为初始值传入后,由子组件处理成其他数据输出。

注意 JavaScript 中的对象和数组都是引用类型,指向同一个内存空间,如果 props 是一个对象或数组,在子组件内部改变它会影响父组件的状态。

对于这两种情况,正确的应对方式如下。

1. 定义一个局部变量,并将其用 props 的值初始化

```
props:['childData'],
data:function() {
    return{ temp:this.childData }
```

定义的局部变量 temp 只能接受 childData 的初始值,当父组件要传递的值发生变化时,temp 无法接收到最新值。

【示例】demo050407.html

读者可以扫描二维码查看【电子活页 5-15】中网页 demo050407.html 的代码,或者从本单元配套的教学资源中打开对应的文档查看相应内容。

在示例 demo050407.html 中,除初始值外,父组件的值无法更新到子组件中。

电子活页 5-15

网页 demo050407.html 的代码

2. 定义一个计算属性,处理 props 的值并返回

```
props:['childData'],
computed:{
    temp(){
        return this.childData
    }
```

因为是计算属性,所以只能显示值,不能设置值。

【示例】demo050408.html

读者可以扫描二维码查看【电子活页 5-16】中网页 demo050408.html 的代码,或者从本单元配套的教学资源中打开对应的文档查看相应内容。

在示例 demo050408.html 中,由于子组件使用的是计算属性,在父组件中修改数据时,子组件中的数据会同步发生变化,但是子组件的数据无法手动修改。

电子活页 5-16

网页 demo050408.html 的代码

3. 使用变量存储 props 的初始值，并使用 watch() 方法观察 props 值的变化

一个较为妥帖的方案是使用变量存储 props 的初始值，并使用 watch() 方法来观察 props 的值的变化。当 props 的值发生变化时，立即赋值给子组件的 data，更新子组件变量的值。修改子组件的数据时，浏览器控制台界面中也不会出现警告信息。

【示例】demo050409.html

读者可以扫描二维码查看【电子活页 5-17】中网页 demo050409.html 的代码，或者从本单元配套的教学资源中打开对应的文档查看相应内容。

在示例 demo050409.html 中，在父组件中修改数据时，子组件中的数据会同步发生变化，子组件的数据也可以手动修改。

电子活页 5-17

网页 demo050409.
html 的代码

5.4.9 在自定义组件中使用 v-for 指令

Vue 2.2.0+版本里，当在组件中使用 v-for 指令时，key 是必须的，例如：

```
<app-component v-for="item in items" :key="item.id"></app-component>
```

但是，不能自动传递数据到组件里，因为组件有自己独立的作用域。为了传递迭代数据到组件里，需要使用 props。在一些情况下，明确数据的来源可以使组件可重用。

【实例 5-6】在自定义组件中使用 v-for 指令输出列表

【操作要求】
在自定义组件 my-component 中使用 v-for 指令输出图书名称列表。

【实现过程】
创建网页 0506.html，在该网页中编写以下代码实现要求的功能：

```
<div id="app">
    <my-component v-for="(item,index) in items" :name="item.bookName"
                        :index="index" :key="item.id"></my-component>
</div>
<script>
  // 注册
  Vue.component('my-component', {
      template: '<div>{{index}}-{{ name }}</div>',
      props:['index','name']
  })
  // 创建根实例
  new Vue({
    el: '#app',
    data(){
      return {
        items: [
            { id:1, bookName: 'HTML5+CSS3 移动 Web 开发实战' },
            { id:2, bookName: '零基础学 Python' },
            { id:3, bookName: '数学之美' }
        ]
```

```
        }
    }
  })
</script>
```

网页 0506.html 的浏览效果如图 5-6 所示。

```
0-HTML5+CSS3移动Web开发实战
1-零基础学Python
2-数学之美
```

图 5-6　网页 0506.html 的浏览效果

5.5　组件之间的通信

微课 5-4

组件之间的通信

在 Vue 中，组件之间的通信有父子组件之间、兄弟组件之间、祖先组件与后代组件之间等通信。

父组件通过 props 选项把数据传递给子组件，子组件的 props 选项能够接收来自父组件的数据。props 是从上到下的单向数据流传递，且父组件的 props 更新会向下流动到子组件中，但是反过来则不可以。父子组件之间的数据传递相当于自上而下的下水管子，只能从上往下流，不能从下往上流，这也正是 Vue 的设计理念——单向数据流。Props 可以理解为管道与管道之间的一个衔接口，这样水才能往下流。

$emit 能够实现子组件向父组件传递数据。子组件使用$emit 触发父组件中定义的事件，子组件的数据信息通过传递参数的方式完成，在父组件中可以使用 v-on/@自定义事件进行监听。

【实例 5-7】使用 props 选项实现父组件向子组件传递数据

【操作要求】

创建父子组件，使用子组件的 props 选项接收来自父组件的数据，实现父组件向子组件的数据传递。

电子活页 5-18

【实现过程】

创建网页 0507.html，在该网页中编写代码实现要求的功能。

读者可以扫描二维码查看【电子活页 5-18】中网页 0507.html 的代码，或者从本单元配套的教学资源中打开对应的文档查看相应内容。

网页 0507.html 的
代码

在页面渲染出的 HTML 如下：

```
<div id="app">
    <div>这是父组件传来的数据</div>
</div>
```

子组件的 props 选项接收来自父组件的字符串数据"这是父组件传来的数据"，变量 content 的默认值"这是子组件的数据"被父组件传来的字符串覆盖。

5.5.1　父组件向子组件传递数据

父组件传递数据到子组件使用 props 选项，并且该传递是单向的，只能由父组件传到子组件。下面给以上示例中的父组件增加一个数据，并传递到子组件中渲染显示，如果父组件需要传多个数据给子组件，依次在后面加即可。

【示例】demo050501.html

实现过程如下。

（1）在父组件中增加 msg，并绑定到子组件上

代码如下：

```
var parentNode = Vue.extend({
    template: '<div>这是父组件<child :pdata=msg></child></div>',
    data(){
        return{
            msg:'这是父组件传给子组件的数据:123'
        }
    },
    components:{
        'child':childNode
    }
});
```

<child :pdata=msg></child>中的":pdata"是"v-bind:pdata"的缩写；pdata 是自定义传递数据的命名，子组件中也是用该名称获取数据；msg 是父组件中数据的命名。

（2）在子组件中通过 props 选项获取数据，并渲染出来

代码如下：

```
var childNode = Vue.extend({
    template: '<div><p>这是子组件</p> {{ pdata }}</div>',
    props:['pdata']
});
```

由于父组件传递数据到子组件是单向的，一旦父组件中的数据发生变化，子组件中会自动更新，但子组件不可直接修改通过 props 选项获取到的父组件中的数据。

（3）创建根实例

代码如下：

```
var vm=new Vue({
    el: '#app',
    components: {
        'parent': parentNode
    }
})
```

5.5.2　子组件向父组件传递数据

子组件向父组件传递数据是通过$emit 事件触发的方式实现的，父组件使用 v-on/@自定义事件进行监听即可。

在子组件中，可以通过以下方式监听事件：

```
v-on:click="$emit('funcName',a)"
```

如果需要传递多个参数，可以通过以下方式实现：

```
v-on:click="$emit('funcName',{a,b…})"
```

父组件中通过自定义事件来监听子组件的事件，例如自定义事件名称 childlistener，可以通过以下方式在父组件中进行监听：

```
v-on:childlistener="parentMethod($event)"
```

$event 就是子组件中传过来的参数。如果子组件传过来的是一个参数，则$event 等于该参数；如果传过来的是一个对象，则$event 为该对象。可以通过对象的方式获取对应的参数，例如 $event.a,$event.b 等。

【示例】demo050502.html

实现过程如下。

（1）构建子组件

代码如下：

```
var childNode = Vue.extend({
    template: '<div><button @click="change">单击给父组件传值</button></div>',
    methods:{
        change: function(){
            this.$emit('posttoparent',10)
        }
    }
});
```

子组件按钮绑定了一个 click 事件，单击按钮则执行 change()方法，该方法触发 emit 事件，事件名为 posttoparent，并且带了一个参数 10。

（2）构建父组件

代码如下：

```
var parentNode = Vue.extend({
    template: '<div><child v-on:posttoparent="getfromchild"></child>
                    子组件传递给父组件的值为：{{ datafromchild }}</div>',
    data(){
        return{
            datafromchild:''
        }
    },
    components:{
        'child':childNode
    },
    methods: {
        getfromchild: function(val){
            this.datafromchild = val
        }
    }
});
```

父组件通过 v-on 指令接收 emit 事件，格式为：

```
v-on:emit 方法名="父组件方法"
```

父组件将接收到的参数赋值给 datafromchild。

（3）创建根实例

代码如下：

```
var vm=new Vue({
```

```
        el: '#app',
        components: {
            'parent': parentNode
        }
    })
```

5.5.3　兄弟组件之间的通信

电子活页 5-19

兄弟组件之间的通信也是使用$emit，但原生 Vue 需要新建一个空的 Vue 实例来当桥梁。

【示例】demo050503.html

读者可以扫描二维码查看【电子活页 5-19】中网页 demo050503.html 的代码，或者从本单元配套的教学资源中打开对应的文档查看相应内容。

网页 demo050503.
html 的代码

5.6　Vue 自定义事件

父组件可以使用 props 传递数据给子组件，那子组件怎么将数据传递给父组件呢？这时，Vue 的自定义事件就派上用场了。

5.6.1　事件绑定

可以使用 v-on 绑定自定义事件，每个 Vue 实例都实现了事件接口（Events Interface）。

① 使用$on(eventName)监听事件。

② 使用$emit(eventName)触发事件。

> **注意** Vue 的事件系统分离自浏览器的 EventTarget API。尽管它们的运行方式类似，但是$on 和$emit 不是 addEventListener 和 dispatchEvent 的别名。

另外，父组件可以在使用子组件的地方直接用 v-on 来监听子组件触发的事件，但不能使用$on 监听子组件抛出的事件，而必须在模板里直接使用 v-on 绑定。

使用$emit(eventName)触发事件的示例如下。

【示例】demo050601.html

电子活页 5-20

读者可以扫描二维码查看【电子活页 5-20】中网页 demo050601.html 的代码，或者从本单元配套的教学资源中打开对应的文档查看相应内容。

网页 demo050601.
html 的代码

本示例中的按钮数字变化是通过改变变量 counter 的值实现的，变量 total 用于记录两个按钮数字的变化，为两个按钮数字之和。

5.6.2　自定义事件的命名约定

自定义事件的命名约定与组件注册及 props 的命名约定都不相同，由于自定义事件本质上也属于 HTML 的属性，所以其在 HTML 模板中最好使用短横线连接单词形式来表示。

例如：

```
<child @pass-data="getData"></child>
```

而在子组件中触发事件时，同样使用短横线连接单词形式来表示。

例如：

```
this.$emit('pass-data',this.childMsg)
```

5.6.3　子组件向父组件传递数据

子组件通过$emit 可以触发事件，第一个参数为要触发的事件，第二个参数为要传递的数据，语法格式为：

```
this.$emit('pass-data',this.childMsg)
```

父组件通过$on 监听事件，事件处理函数的参数则为接收的数据。

例如：

```
getData(value){
        this.msg = value;
    }
```

【实例 5-8】使用$emit 触发事件实现子组件向父组件的数据传递

【操作要求】

创建父子组件，并实现子组件向父组件的数据传递。要求子组件的数据变化时，父组件的数据同步发生变化；而父组件的数据变化时，子组件的数据不改变。

【实现过程】

创建网页 0508.html，在该网页中编写代码实现要求的功能。

读者可以扫描二维码查看【电子活页 5-21】中网页 0508.html 的代码，或者从本单元配套的教学资源中打开对应的文档查看相应内容。

浏览网页 0508.html 时的初始状态如图 5-7 所示。

修改子组件中的 input 值，例如"go"，则父组件接收到相同的值，并显示出来，如图 5-8 所示。

电子活页 5-21

网页 0508.html 的
代码

父组件数据 `try`　　　　　　try　　　　父组件数据 `go`　　　　　　go
子组件数据 `　　　　　　`　　　　　　子组件数据 `go`　　　　　　go

图 5-7　浏览网页 0508.html 时的初始状态 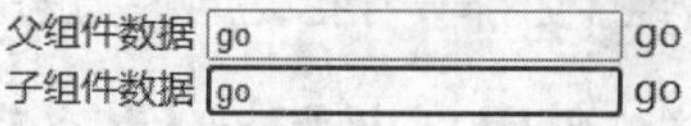　　　图 5-8　修改子组件中的 input 值

5.6.4　.sync 修饰符

在有些情况下，可能会需要对一个 props 进行双向绑定。事实上，这正是 Vue 1.x 中的.sync 修饰符所提供的功能。当一个子组件改变了一个 props 的值时，这个变化也会同步到父组件中所绑定的值。这很方便，但也会导致问题，因为它破坏了单向数据流。由于子组件改变 props 的代码和普通的状态改动代码毫无区别，当光看子组件的代码时，完全不知道它何时悄悄地改变了父组件的状态。这在调试复杂结构的应用时会带来很高的维护成本，上面所说的正是在 Vue 2.0 中移除.sync 的原因。

从 Vue 2.3.0 起重新引入了.sync 修饰符，但是这次它只是作为一个编译时的语法糖存在。它可以被扩展为一个自动更新父组件属性的 v-on 监听器。

例如：

```
<comp :count.sync="num"></comp>
```

它可以被扩展为：

```
<comp :count="num" @update:count="val => num = val"></comp>
```

当子组件需要更新 count 的值时，它需要显式地触发一个更新事件：

```
this.$emit('update:count', newValue)
```

因此，可以使用.sync 来简化自定义事件的操作，实现子组件向父组件的数据传递。

【实例 5-9】使用.sync 修饰符实现子组件向父组件传递数据

【操作要求】

创建父子组件，使用.sync 修饰符来简化自定义事件的操作，实现子组件向父组件传递数据，即子组件的数据变化时，父组件的数据同步发生变化。

【实现过程】

创建网页 0509.html，在该网页中编写代码实现要求的功能。

读者可以扫描二维码查看【电子活页 5-22】中网页 0509.html 的代码，或者从本单元配套的教学资源中打开对应的文档查看相应内容。

浏览网页 0509.html 时的初始状态如图 5-9 所示。

单击【单击一次增加 1】按钮，则输入框、子组件数据和父组件数据会同步变化，并显示出来。单击【单击一次增加 1】按钮 3 次后的结果如图 5-10 所示。

电子活页 5-22

网页 0509.html 的
代码

父组件数据: 0

子组件数据: 0

| 0 | 单击一次增加1 |

父组件数据: 3

子组件数据: 3

| 3 | 单击一次增加1 |

图 5-9　浏览网页 0509.html 时的初始状态　　　　图 5-10　单击【单击一次增加 1】按钮 3 次后的结果

5.7　Vue 组件动态切换

让多个组件使用同一个挂载点，并动态切换，这就是动态组件。

5.7.1　使用 v-if 和 v-else 指令结合 flag 标识符进行切换

使用 v-if 和 v-else 指令结合 flag 标识符进行组件动态切换的示例如下。

【示例】demo050701.html

读者可以扫描二维码查看【电子活页 5-23】中网页 demo050701.html 的代码，或者从本单元配套的教学资源中打开对应的文档查看相应内容。

电子活页 5-23

网页 demo050701.
html 的代码

5.7.2　使用 component 元素结合:is 属性实现组件切换

使用 Vue 提供的<component>元素动态地绑定到它的:is 属性，可以实现组件动态切换。

1. 通过动态改变变量的值实现组件切换

通过动态改变变量的值实现组件切换的示例如下。

【示例】demo050702.html

代码如下：

```
<div id="app">
```

```
    <a href="#" @click.prevent="comName='login'">登录</a>
    <a href="#" @click.prevent="comName='register'">注册</a>
    <!-- Vue 提供了 component，来展示对应名称的组件 -->
    <!-- component 是一个占位符，:is 属性可以用来指定要展示的组件的名称 -->
    <component v-bind:is="comName"></component>
</div>
<script>
    Vue.component('login', {
        template: '<div>登录组件</div>'
    })
    Vue.component('register', {
        template: '<div>注册组件</div>'
    })
    var vm = new Vue({
        el: '#app',
        data: {
            comName: 'login' //当前 component 中的:is 绑定的组件
        }
    })
</script>
```

2. 使用自定义方法结合自定义属性实现组件切换

使用自定义方法 change()结合自定义属性 currentView 实现组件切换的示例
如下。

【示例】demo050703.html

读者可以扫描二维码查看【电子活页 5-24】中网页 demo050703.html 的代
码，或者从本单元配套的教学资源中打开对应的文档查看相应内容。

电子活页 5-24

网页 demo050703.
html 的代码

【实例 5-10】通过计算属性直接绑定到组件对象上实现组件切换

【操作要求】

使用自定义方法 change()结合自定义属性 currentView 实现组件切换，并计
算属性直接绑定到组件对象上。

【实现过程】

创建网页 0510.html，在该网页中编写代码实现要求的功能。

读者可以扫描二维码查看【电子活页 5-25】中网页 0510.html 的代码，或者
从本单元配套的教学资源中打开对应的文档查看相应内容。

电子活页 5-25

网页 0510.html 的
代码

浏览网页 0510.html 时的初始状态如图 5-11 所示，单击【切换页面】按钮，依次在"打开主页"
"打开登录页面""打开注册页面"之间进行切换。

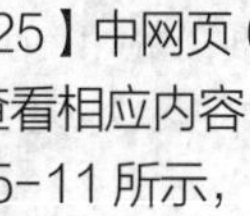

切换页面
打开主页

图 5-11　浏览网页 0510.html 时的初始状态

5.7.3　组件切换时使用<keep-alive>缓存不活动的组件实例

使用<keep-alive>包裹动态组件时，会缓存不活动的组件实例而不是销毁它们。<keep-alive>是一个抽象组件，它自身不会渲染任何一个 DOM 元素，也不会出现在父组件链中。

使用<keep-alive>包裹动态组件，实现组件切换时缓存不活动的组件实例的示例如下。

电子活页 5-26

网页 demo050704.
html 的代码

【示例】demo050704.html

读者可以扫描二维码查看【电子活页 5-26】中网页 demo050704.html 的代码，或者从本单元配套的教学资源中打开对应的文档查看相应内容。

【实例 5-11】使用条件判断结合<keep-alive>限制仅有一个子元素被渲染

【操作要求】

使用<keep-alive>包裹动态组件，组件切换时会缓存不活动的组件实例。如果有多个条件性的子元素，<keep-alive>会要求同时只有一个子元素被渲染。下面使用条件判断结合<keep-alive>限制仅有一个子元素被渲染。

【实现过程】

创建网页 0511.html，在该网页中编写以下代码实现要求的功能：

```html
<div id="app">
    <button @click="change">切换页面</button>
    <keep-alive>
        <home v-if="index===0"></home>
        <login v-else-if="index===1"></login>
        <register v-else></register>
    </keep-alive>
</div>
<script>
    var vm=new Vue({
        el: '#app',
        components:{
            home:{template:'<div>打开主页</div>'},
            login:{template:'<div>打开登录页面</div>'},
            register:{template:'<div>打开注册页面</div>'},
        },
        data:{
            index:0,
        },
        methods:{
            change(){
```

```
            let len = Object.keys(this.$options.components).length;
            this.index = (++this.index)%len;
        }
    }
})
</script>
```

5.8 Vue 插槽应用

5.8.1 插槽概述

1. 什么是插槽

插槽（Slot）是 Vue 为组件的封装者提供的能力。Vue 允许开发者在封装组件时，把不确定的、希望由用户指定的部分定义为插槽，如图 5-12 所示。可以把插槽认为是组件封装期间，为用户预留的内容占位符。

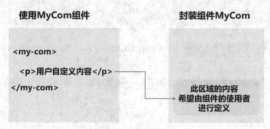

图 5-12　插槽示意图

2. 插槽的基本用法

插槽是子组件中提供给父组件使用的一个占位符。封装组件时，可以通过<slot>元素定义插槽，从而为用户预留内容占位符。父组件可以在这个占位符中填充任何模板代码，例如 HTML、组件等，填充的内容会替换子组件的<slot></slot>标签。

3. 默认丢弃父组件的内容

一般来说，如果子组件模板没有预留<slot>插口，父组件的内容将会被丢弃。

【示例】demo050801.html

读者可以扫描二维码查看【电子活页 5-27】中网页 demo050801.html 的代码，或者从本单元配套的教学资源中打开对应的文档查看相应内容。

电子活页 5-27

网页 demo050801.
html 的代码

HTML 将被渲染为如下形式，<child>所包含的<p>测试内容</p>将被丢弃：

```
<div id="app">
    <div class="parent">
        <p>父组件</p>
        <div class="child">
            <p>子组件</p>
        </div>
    </div>
</div>
```

5.8.2　匿名插槽

电子活页 5-28

网页 demo050802.
html 的代码

当子组件模板只有一个没有属性的插槽时，父组件整个内容片段将插入插槽所在的 DOM 位置，并替换掉<slot></slot>标签本身。

【示例】demo050802.html

读者可以扫描二维码查看【电子活页 5-28】中网页 demo050802.html 的代码，或者从本单元配套的教学资源中打开对应的文档查看相应内容。

HTML 将被渲染为：

```
<div id="app">
    <div class="parent">
        <p>父组件</p>
        <div class="child">
            <p>子组件</p>
            <p>测试内容</p>
        </div>
    </div>
</div>
```

5.8.3　提供默认内容的插槽

封装组件时，可以为预留的插槽提供默认内容（后备内容），如果组件的使用者没有为插槽提供任何内容，则默认内容会生效。

电子活页 5-29

网页 demo050803.
html 的代码

【示例】demo050803.html

读者可以扫描二维码查看【电子活页 5-29】中网页 demo050803.html 的代码，或者从本单元配套的教学资源中打开对应的文档查看相应内容。

上述代码中，当 slot 存在默认值，且父元素在<child></child>元素中没有要插入的内容时，父组件中会显示默认值。

HTML 将被渲染为：

```
<div id="app">
    <div class="parent">
        <p>父组件</p>
        <div class="child">
            <p>子组件</p>
            <p>这是默认值</p>
        </div>
    </div>
</div>
```

如果 slot 存在默认值，并且父元素在<child></child>元素中存在要插入的内容时，父组件中会显示设置值。

【示例】demo050804.html

读者可以扫描二维码查看【电子活页 5-30】中网页 demo050804.html 的代码，或者从本单元配套的教学资源中打开对应的文档查看相应内容。

电子活页 5-30

网页 demo050804.
html 的代码

HTML 将被渲染为：

```
<div id="app">
    <div class="parent">
        <p>父组件</p>
        <div class="child">
            <p>子组件</p>
            <p>这是设置值</p>
        </div>
    </div>
</div>
stop
```

5.8.4　具名插槽

微课 5-5

具名插槽

1. 插槽的具名方式

有时需要多个插槽，例如对于一个带有以下模板的基本布局组件：

```
<div class="container">
  <header>
    <!-- 我们希望把页头放这里 -->
  </header>
  <main>
    <!-- 我们希望把主要内容放这里 -->
  </main>
  <footer>
    <!-- 我们希望把页脚放这里 -->
  </footer>
</div>
```

对于这样的情况，<slot>元素有一个特殊的属性 name。这个属性可以用来定义多个插槽，可以为每个<slot>元素指定不同的 name。这种带有具体名称的插槽叫作具名插槽。例如：

```
<div class="container">
  <header>
    <slot name="header"></slot>
  </header>
  <main>
    <slot></slot>
  </main>
  <footer>
    <slot name="footer"></slot>
  </footer>
</div>
```

电子活页 5-31

网页 demo050805.
html 的代码

其中有一个没有指定 name 的<slot>元素，它会带有隐含的名称，叫作 default。

【示例】demo050805.html

读者可以扫描二维码查看【电子活页 5-31】中网页 demo050805.html 的代

码，或者从本单元配套的教学资源中打开对应的文档查看相应内容。

2. 混用具名插槽与默认值

<slot>元素可以使用 name 属性来配置如何分发内容，多个插槽可以有不同的名称。具名插槽将匹配父组件的内容片段中有对应插槽属性的元素，对于父组件中没有对应插槽属性的元素，则取其默认值。

【实例 5-12】混用具名插槽与默认值

【操作要求】

编写程序实现以下功能。

① 子组件中的具名插槽匹配父组件的内容片段中有对应插槽属性的元素。

② 对于父组件中没有对应插槽属性的元素，则取其默认值。

【实现过程】

创建网页 0512.html，在该网页中编写代码实现要求的功能。

读者可以扫描二维码查看【电子活页 5-32】中网页 0512.html 的代码，或者从本单元配套的教学资源中打开对应的文档查看相应内容。

电子活页 5-32

网页 0512.html 的
代码

HTML 将被渲染为：

```html
<div id="app">
    <div class="parent">
        <p>父组件</p>
        <div class="child">
            <p>子组件</p>
            <p>头部更新内容</p>
            "主体默认内容"
            <p>尾部更新内容</p>
        </div>
    </div>
</div>
```

3. 混用具名插槽与匿名插槽

子组件中可以有一个匿名插槽，它是默认插槽，作为找不到匹配的内容片段的备用插槽。子组件中的匿名插槽只能作为没有插槽属性的元素的插槽，有插槽属性的元素如果没有配置插槽，则会被抛弃。

【实例 5-13】混用具名插槽与匿名插槽

【操作要求】

编写程序实现以下功能。

① 子组件中的具名插槽匹配父组件的内容片段中有对应插槽属性的元素。

② 父组件中没有对应插槽属性的元素，则匹配子组件中的匿名插槽。

③ 父组件中有插槽属性的元素，如果子组件中没有配置对应插槽属性的元素，则被抛弃。

【实现过程】

创建网页 0513.html，在该网页中编写代码实现要求的功能。

读者可以扫描二维码查看【电子活页 5-33】中网页 0513.html 的代码，或者
从本单元配套的教学资源中打开对应的文档查看相应内容。

HTML 将被渲染为：

电子活页 5-33

网页 0513.html 的
代码

```
<div id="app">
    <div class="parent">
        <p>父组件</p>
        <div class="child">
            <p>子组件</p>
            <p>主体更新内容</p>
            <p>其他新增内容</p>
        </div>
    </div>
</div>
```

上述代码中，<p slot="my-body">插入<slot name="my-body">中，<p>其
他新增内容</p>插入<slot>中，而<p slot="my-header">和<p slot="my-footer">
被抛弃。

如果没有默认的插槽，这些找不到匹配的内容片段也将被抛弃。

【示例】demo050806.html

读者可以扫描二维码查看【电子活页 5-34】中网页 demo050806.html 的代
码，或者从本单元配套的教学资源中打开对应的文档查看相应内容。

HTML 将被渲染为：

电子活页 5-34

网页 demo050806.
html 的代码

```
<div id="app">
    <div class="parent">
        <p>父组件</p>
        <div class="child">
            <p>子组件</p>
            <p>主体更新内容</p>
        </div>
    </div>
</div>
```

上述代码中，<p slot="my-header">、<p>其他新增内容</p>和<p slot="my-footer">尾部更新
内容</p>都被抛弃。

4. 为具名插槽提供内容

在向具名插槽提供内容的时候，可以在一个<template>元素上使用 v-slot 指令，并以 v-slot 的参
数的形式提供其名称。示例代码如下：

```
<div class="container">
    <template v-slot:header>
        <p>页面标题</p>
    </template>
    <p>段落内容</p>
    <template v-slot:footer>
        <p>联系方式</p>
```

```
  </template>
</div>
```

现在<template>元素中的所有内容都将会被传入相应的插槽，任何没有被包裹在带有 v-slot 的<template>中的内容都会被视为默认插槽的内容。

如果希望更明确一些，仍然可以在一个<template>中包裹默认插槽的内容，例如：

```
<div class="container">
  <template v-slot:header>
    <p>页面标题</p>
  </template>
  <template v-slot:default>
    <p>段落内容</p>
  </template>
  <template v-slot:footer>
    <p>联系方式</p>
  </template>
</div>
```

> **注意**
>
> v-slot 只能添加在<template>和组件上，因为组件的最外层也是<template>。

父模板里的所有内容都是在父作用域中编译的，子模板里的所有内容都是在子作用域中编译的，这是 vue 的编译原则，也就是说，在父组件中使用子组件，向子组件插槽中编写内容时，插件里面是无法访问到子组件的数据的。

5. 具名插槽的简写形式

跟 v-on、v-bind 一样，v-slot 也有缩写形式，即把参数之前的所有内容（v-slot:）替换为字符#。例如，v-slot:header 可以被重写为#header，代码如下：

```
<div class="container">
  <template #header>
    <p>页面标题</p>
  </template>
  <template #default>
    <p>段落内容</p>
  </template>
  <template #footer>
    <p>联系方式</p>
  </template>
</div>
```

5.8.5　作用域插槽

作用域插槽是一种特殊类型的插槽，它使用一个（能够传递数据的）可重用模板替换已渲染元素。在封装组件的过程中，可以为预留的插槽绑定 props 数据，这种带有 props 数据的插槽叫作作用域插槽。

在子组件中，只需将数据传递到插槽，就像将 props 传递给组件一样，例如：

```
<div class="child">
    <slot val="来自子组件的内容"></slot>
</div>
```

在父级中，具有特殊属性 scope 的<template>元素必须存在，表示它是作用域插槽的模板。scope 的值对应一个临时变量名，此变量接收从子组件中传递的 props 对象。

电子活页 5-35

网页 demo050807.
html 的代码

【示例】demo050807.html

读者可以扫描二维码查看【电子活页 5-35】中网页 demo050807.html 的代码，或者从本单元配套的教学资源中打开对应的文档查看相应内容。

HTML 将被渲染为：

```
<div id="app">
    <div class="parent">
        <p>父组件</p>
        <div class="child">
            <p>子组件</p>
            <p>来自父组件的内容</p>
            <p>来自子组件的内容</p>
        </div>
    </div>
</div>
```

【实例 5-14】应用作用域插槽实现组件定义如何渲染列表每一项

【操作要求】

作用域插槽更具代表性的用法是列表组件，下面编写程序应用作用域插槽实现组件定义渲染列表每一项。

电子活页 5-36

网页 0514.html 的代码

【实现过程】

创建网页 0514.html，在该网页中编写代码实现要求的功能。

读者可以扫描二维码查看【电子活页 5-36】中网页 0514.html 的代码，或者从本单元配套的教学资源中打开对应的文档查看相应内容。

HTML 将被渲染为：

```
<div id="app">
    <div class="parent">
        <p>父组件</p>
        <ul>
            <li>第 1 段内容</li>
            <li>第 2 段内容</li>
            <li>第 3 段内容</li>
        </ul>
    </div>
</div>
```

拓展提升

5.9 Vue 混合

Vue 可以对组件的选项轻松完成合并，让组件的功能变得灵活，使用起来更加方便。

混合是一种分发 Vue 组件中可复用功能的非常灵活的方式。混合对象可以包含任意组件选项。当组件使用混合对象时，将定义的混合对象引入组件中即可使用，混合对象的所有选项将被混入该组件本身的选项中。

【示例】demo050901.html

读者可以扫描二维码查看【电子活页 5-37】中网页 demo050901.html 的代码，或者从本单元配套的教学资源中打开对应的文档查看相应内容。

demo050901.html 的代码中，组件中的 mixins 属性用来配置组件选项，其值为自定义选项。使用 mixins: [myMixin]格式将自定义的 myMixin 对象混入 Component 中。

电子活页 5-37

网页 demo050901.html 的代码

5.9.1 数据合并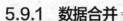

数据对象经历递归合并时，组件的数据在发生冲突时优先被选择。

【示例】demo050902.html

读者可以扫描二维码查看【电子活页 5-38】中网页 demo050902.html 的代码，或者从本单元配套的教学资源中打开对应的文档查看相应内容。

电子活页 5-38

网页 demo050902.html 的代码

5.9.2 选项合并

当组件和混合对象含有同名选项时，这些选项将以恰当的方式进行混合。例如，同名钩子函数将混合为一个数组，因此都将被调用。另外，混合对象的钩子函数将在组件自身的钩子函数之前被调用。

【示例】demo050903.html

读者可以扫描二维码查看【电子活页 5-39】中网页 demo050903.html 的代码，或者从本单元配套的教学资源中打开对应的文档查看相应内容。

值为对象的选项，例如 methods、components 和 directives，将被混合为同一个对象。两个对象键名冲突时，取组件对象的键值对。

【示例】demo050904.html

读者可以扫描二维码查看【电子活页 5-40】中网页 demo050904.html 的代码，或者从本单元配套的教学资源中打开对应的文档查看相应内容。

电子活页 5-39

网页 demo050903.html 的代码

电子活页 5-40

网页 demo050904.html 的代码

> **注意**
> Vue.extend()方法也使用同样的策略进行合并。

5.9.3 全局混合

在 Vue 中也可以全局注册混合对象，一旦使用全局混合对象，会影响所有之后创建的 Vue 实例。

使用恰当时，可以为自定义对象注入处理逻辑。

【示例】demo050905.html

代码如下：

```html
<script>
    // 为自定义的选项 'myOption' 注入一个处理器
    Vue.mixin({
        created: function () {
            var myOption = this.$options.myOption
            if (myOption) {
                console.log(myOption)
            }
        }
    })
    new Vue({
        myOption: 'happy'
    })
    // -> "happy"
</script>
```

> **注意** 一定要谨慎使用全局混合对象，因为会影响到每个单独创建的 Vue 实例（包括第三方模板）。
> 大多数情况下，其只应当应用于自定义选项，就像上面的示例一样，也可以将其用作插件以避免产生重复应用。

自定义选项将使用默认策略，即简单覆盖已有值。如果想让自定义选项以自定义逻辑混合，可以向 Vue.config.optionMergeStrategies 添加一个函数，例如：

```js
Vue.config.optionMergeStrategies.appOption = function (toVal, fromVal) {
    // 返回 mergedVal
}
```

对于大多数对象选项，可以使用 methods 的合并策略，例如：

```js
var strategies = Vue.config.optionMergeStrategies
strategies.appOption = strategies.methods
```

 应用实战

【任务 5-1】在自定义组件中利用 Vue 的 transition 属性实现图片轮换功能

【任务描述】

① 创建组件 slideShow.vue，在该组件中编写代码，新建实现图片轮换的页面模块和方法。

② 创建父组件 index.vue，在该组件中引用组件 slideShow.vue，并在父组件 index.vue 中设置图片路径和标题。

③ 在文件 main.js 中引用父组件 index.vue，并在网页 index.html 中展示图片轮播效果。

【任务实施】

1. 准备项目环境

创建 Vue 项目之前下载并安装好长期支持版的 node。

（1）安装@vue/cli

在创建项目之前，应先完成 vue-cli 的全局安装，使用以下命令全局安装@vue/cli：

```
npm i -g @vue/cli
```

或

```
npm install -g @vue/cli
```

安装完之后，在 package.json 文件中查看是否安装成功。

（2）准备图片文件

将图片文件 01.jpg、02.jpg、03.jpg、04.jpg、05.jpg 复制到文件夹 src\assets 中。

2. 开始创建 Vue 项目

在命令行中执行以下命令创建 Vue 项目：

```
vue init webpack case01-imageCarousel
```

> **说明**
> vue-cli 项目搭建将在单元 8 中介绍，这里只使用 vue init webpack 命令创建 Vue 项目。

3. 创建组件 slideShow.vue

在文件夹 components 中新建组件 slideShow.vue。

（1）编写组件 slideShow.vue 的页面模板代码

读者可以扫描二维码查看【电子活页 5-41】中组件 slideShow.vue 的页面模板代码，或者从本单元配套的教学资源中打开对应的文档查看相应内容。

（2）编写组件 slideShow.vue 的 JavaScript 代码

读者可以扫描二维码查看【电子活页 5-42】中组件 slideShow.vue 的 JavaScript 代码，或者从本单元配套的教学资源中打开对应的文档查看相应内容。

（3）编写组件 slideShow.vue 的 CSS 样式定义代码

读者可以扫描二维码查看【电子活页 5-43】中组件 slideShow.vue 的 CSS 样式定义代码，或者从本单元配套的教学资源中打开对应的文档查看相应内容。

4. 创建组件 index.vue

在文件夹 src 中新建组件 index.vue，该组件中引用组件 slideShow.vue。

读者可以扫描二维码查看【电子活页 5-44】中组件 index.vue 的代码，或者从本单元配套的教学资源中打开对应的文档查看相应内容。

5. 完善 main.js 文件的代码

在 main.js 文件中引入自定义组件 index，代码如下：

```
import IndexPage from './index'
```

main.js 文件完整的代码如下：

```
import Vue from 'vue'
import VueResource from 'vue-resource'
import IndexPage from './index'
```

电子活页 5-41

组件 slideShow.vue
的页面模板代码

电子活页 5-42

组件 slideShow.vue
的 JavaScript 代码

电子活页 5-43

组件 slideShow.vue
的 CSS 样式定义
代码

电子活页 5-44

组件 index.vue 的代码

```
Vue.use(VueResource)
Vue.config.productionTip = false
new Vue({
  el: '#app',
  template: '<IndexPage/>',
  components: { IndexPage }
})
```

6. 完善 index.html 文件的代码

index.html 文件的代码如下：

```
<!DOCTYPE html>
<html>
  <head>
    <meta charset="utf-8">
    <title>图片轮播</title>
  </head>
  <body>
    <div id="app"></div>
    <!-- built files will be auto injected -->
  </body>
</html>
```

7. 运行项目 case01-imageCarousel

在命令行中执行以下命令运行项目 case01-imageCarousel：

```
npm run dev
```

出现以下提示信息表示项目启动成功：

```
DONE   Compiled successfully in 1629ms
> Listening at http://localhost:8080
```

打开浏览器，在地址栏中输入"http://localhost:8080"，按【Enter】键，页面展示效果如图 5-13 所示。

图 5-13　项目 case01-imageCarousel 的页面展示效果

【任务 5-2】在 Element UI 中实现 Table 与 Pagination 组件化

微课 5-6

在 Element UI 中实现 Table 与 Pagination 组件化

【任务描述】

在 Web 项目开发过程中，经常需要对大量数据进行列表分页查询。为了便于阅读并减少代码的冗余，可以对 Element UI 中的 Table（表格）和 Pagination（分页）组件进行二次封装，形成组件化的 Element UI 的 Table 与 Pagination。

【任务实施】

1. 准备项目环境

创建 Vue 项目之前应下载并安装好长期支持版的 node。

（1）安装@vue/cli

在创建项目之前应先完成 vue-cli 的全局安装。

（2）安装 element-ui

将 element-ui 模块通过本地安装为生产依赖项，执行以下命令进行安装：

```
npm i element-ui -S
```

> **说 明** 本任务应用了 UI 组件库 "Element-UI"，相关内容详见 "附录 E Vue 应用开发的库与插件简介" 的 "E.2 认知 UI 组件库——Element-UI"。

安装完之后再在 package.json 文件中查看是否安装成功。

2. 开始创建 Vue 项目

在命令行中执行以下命令创建 Vue 项目：

vue init webpack case02-tablePagination

3. 创建组件 commonTable.vue

在项目 case02-tablePagination 的 components 文件夹下创建 common 子文件夹，然后在该子文件夹中新建组件 commonTable.vue，在该组件中添加代码。

读者可以扫描二维码查看【电子活页 5-45】中组件 commonTable.vue 的代码，或者从本单元配套的教学资源中打开对应的文档查看相应内容。

电子活页 5-45

组件 commonTable.
vue 的代码

4. 新建 index.js 文件

在 components 文件夹下新建 index.js 文件，并在该文件中添加以下代码：

```
import commonTable from './common/commonTable'
export default {
    install(Vue) {
        Vue.component('commonTable', commonTable)
    }
}
```

上述代码是将自定义的组件在 Vue 中进行注册。Component()方法中的第一个参数很重要，它就是后面在其他组件中调用时的组件名称。后续自定义的所有其他组件也都只需要在该文件中注册即可。

5. 完善 main.js 文件的代码

在 main.js 文件中使用 Vue.use()方法对自定义组件 commonTable 进行安装，代码如下：

```
import components from '@/components/index.js';
Vue.use(components);
```

在完成上述所有步骤之后，该组件就可以在任何其他页面中使用。该组件中封装了列表常用的一些功能，例如多选、翻页、表格最大高度、单列格式化、自定义显示或隐藏列等，其他的像单列排序、默认显示序号列等功能可以根据实际需要自行添加封装。

main.js 文件完整的代码如下：

```
import Vue from "vue";
import ElementUI from 'element-ui' // 引用 element-ui 组件库
import 'element-ui/lib/theme-chalk/index.css'; // 引用样式
import App from "./App.vue";
```

```
import router from "./router";
import components from '@/components/index.js';
Vue.use(components);
// 使用 element-ui
Vue.use(ElementUI);
Vue.config.productionTip = false;
console.log(process.env.Vue_APP_BASE_API)
new Vue({
    router,
    render: (h) => h(App)
}).$mount("#app");
```

6. 应用自定义组件 commonTable.vue

在 App.vue 文件中编写代码，应用自定义组件 commonTable.vue。

读者可以扫描二维码查看【电子活页 5-46】中文件 App.vue 的代码，或者从本单元配套的教学资源中打开对应的文档查看相应内容。

电子活页 5-46

文件 App.vue 的代码

7. 运行项目 case02-tablePagination

在命令行中执行以下命令，运行项目 case02-tablePagination：

```
npm run dev
```

出现以下提示信息表示项目启动成功：

```
DONE   Compiled successfully in 378ms
I   Your application is running here: http://localhost:8080
```

打开浏览器，在地址栏中输入 http://localhost:8080，按【Enter】键，其页面展示效果如图 5-14 所示。

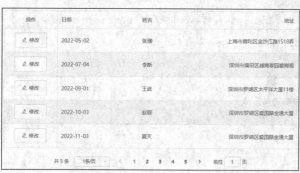

图 5-14　项目 case02-tablePagination 的页面展示效果

📝 在线测试

电子活页 5-47

在线测试

单元 6
Vue过渡与动画实现

在 Vue 项目中使用过渡和动画，能提高用户体验和页面的交互性，影响用户的行为，引导用户的注意力，并帮助用户看到对自己动作的反馈。例如，在单击"加载更多"超链接时，加载动画能提醒用户等待，使其保持兴趣而不会感到无聊。

 学习领会

6.1 通过 CSS 方式实现过渡效果

Vue 在插入、更新或者移除 DOM 时，提供了多种不同方式的过渡效果。本节将从 CSS 过渡、CSS 动画、配合使用第三方 CSS 动画库（如 animate.css）3 个方面介绍如何通过 CSS 方式实现 Vue 的过渡效果。CSS 过渡通过初始和结束两个状态之间的平滑过渡实现简单动画，而 CSS 动画则通过关键帧@keyframes 来实现更为复杂的动画效果。

微课 6-1

通过 CSS 方式实现
过渡效果

以下示例代码通过一个按钮控制 p 元素的显示或隐藏，并且没有使用过渡效果。

【示例】demo0601.html

代码如下：

```
<div id="app">
    <button v-on:click="show=!show">
        <span v-if="show">隐藏</span>
        <span v-else>显示</span>
    </button>
    <p v-show="show">欢迎登录</p>
</div>
<script>
    var vm = new Vue({
        el: '#app',
        data: {
            show:true
        }
    })
</script>
```

如果要为页面内容的显示或隐藏添加过渡效果，则需要使用 transition 组件。

6.1.1　transition 组件与 transition 类

1. 过渡组件

Vue 提供了 transition 组件，在下面的代码中，该 transition 组件的名称为 fade：

```
<transition name="fade">
    <span v-show="show">欢迎登录</span>
</transition>
```

当插入或删除包含在 transition 组件中的元素时，Vue 会自动嗅探目标元素是否应用了 CSS 过渡或动画，如果应用了，就在恰当的时机添加或删除 CSS 类名。

2. transition 类

为了通过 CSS 方式实现过渡效果，Vue 提供了 6 个类，用于在 Enter/Leave 的过渡中进行切换，如图 6-1 所示。

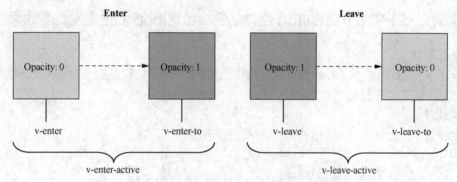

图 6-1　通过 CSS 方式实现过渡效果的 6 个类

（1）v-enter 类

该类用于定义进入过渡的开始状态，作用于开始的一帧。该类在元素被插入时生效，在元素插入之后的下一帧移除。

（2）v-enter-active 类

该类用于定义过渡生效时的状态，作用于整个过程。该类在元素被插入时生效，在过渡或动画完成之后移除。该类可以被用来定义过渡的过程时间。

（3）v-enter-to 类

该类用于定义进入过渡的结束状态，作用于结束的一帧。该类在元素被插入一帧后生效（与此同时 v-enter 类被删除），在过渡或动画完成之后移除。

（4）v-leave 类

该类用于定义离开过渡的开始状态，作用于开始的一帧。该类在离开过渡被触发时生效，在下一帧移除。

（5）v-leave-active 类

该类用于定义过渡生效时的状态，作用于整个过程。该类在离开过渡被触发时生效，在过渡或动画完成之后移除。该类可以被用来定义过渡的过程时间。

（6）v-leave-to 类

该类用于定义离开过渡的结束状态，作用于结束的一帧。该类在离开过渡被触发一帧后生效（与此同时 v-leave 类被删除），在过渡或动画完成之后移除。

对于这些实现过渡切换效果的类名，v-是前缀，表示 transition 组件的名称。可以使用 name 属性设置前缀，如果将 name 属性设置为 fade，那么 fade-就是在过渡中切换的类名前缀，如 fade-enter、fade-leave 等。如果没有设置 name 属性名称，那么 v-就是这些类名的默认前缀，如 v-enter、v-leave等。建议设置 name 值进行命名，这样在应用到另一个过渡时就不会产生冲突。

6.1.2 使用 transition 组件结合 transition 属性实现过渡效果

常用的 Vue 过渡效果可以使用 transition 组件结合 transition 属性实现。transition 属性让 Web前端开发人员不需要使用 JavaScript 就可以实现简单的动画交互效果。

transition 是一个复合属性，包括 transition-property（过渡，默认值为 all）、transition-duration（过渡持续时间，默认值为 0s）、transition-timing-function（过渡函数，默认值为 ease()函数）、transition-delay（过渡延迟时间，默认值为 0s）这 4 个子属性。通过这 4 个子属性的配合，可以实现完整的过渡效果。

【实例 6-1】使用 transition 组件结合 transition 属性实现过渡效果

【操作要求】

使用 transition 组件结合 transition 属性实现过渡效果。页面内容进入时呈现透明度变化的效果，离开时呈现位移变化的效果。

【实现过程】

创建网页 0601.html，在该网页中编写以下代码实现要求的功能。

```
<div id="app">
    <button v-on:click="show=!show">
        <span v-if="show">隐藏</span>     // 使用 v-if 指令切换组件的可见性
        <span v-else>显示</span>
    </button>
    // 将<transition name>标签的 name 属性值设置为 fade
    // 在写 CSS 样式时，相对应的类名前缀以 fade- 开头
    <transition name = "fade">
        <p v-if="show">  欢迎登录</p>
    </transition>
</div>
<script>
    var vm = new Vue({
        el: '#app',
        data: {
            show:true
            }
        })
</script>
```

CSS 设置代码如下。

```
<style>
/* 可以设置不同的进入和离开动画 */
```

```
.fade-enter{
    opacity:0;
}
.fade-enter-active{
    transition:opacity .5s;
}
.fade-leave-active{
    transition:transform .5s;
}
.fade-leave-to{
    transform:translateX(10px);
}
</style>
```

6.1.3 使用 transition 组件结合 animation 属性实现过渡效果

animation 使用关键帧声明动画。关键帧的语法以@keyframes 开头，后面紧跟着动画名称 animation-name。

animation 是一个复合属性，包括以下 8 个子属性，其作用如下。

① animation-name：动画名称（默认值为 none）。

② animation-duration：持续时间（默认值为 0）。

③ animation-timing-function：时间函数（默认值为 ease）。

④ animation-delay：延迟时间（默认值为 0）。

⑤ animation-iteration-count：循环次数（默认值为 1）。

⑥ animation-direction：动画方向（默认值为 normal）。

⑦ animation-play-state：播放状态（默认值为 running）。

⑧ animation-fill-mode：填充模式（默认值为 none）。

CSS 动画与 CSS 过渡的区别是：在 CSS 动画中，v-enter 类在节点插入 DOM 后不会立即删除，而是在 animationend 事件触发时删除。

【实例 6-2】使用 transition 组件结合 animation 属性实现过渡效果

【操作要求】

使用 transition 组件结合 animation 属性实现过渡效果，页面内容进入和离开时都呈现缩放效果。

【实现过程】

创建网页 0602.html，在该网页中编写代码实现要求的功能。

读者可以扫描二维码查看【电子活页 6-1】中网页 0602.html 的代码，或者从本单元配套的教学资源中打开对应的文档查看相应内容。

电子活页 6-1

网页 0602.html 的代码

6.1.4 同时使用 transition 属性和 animation 属性实现过渡效果

Vue 为了知道过渡是否完成，需要设置相应的事件监听器，它可以是 transitionend 或 animationend，这取决于给元素应用的 CSS 规则。如果使用其中任何一种，Vue 能自动识别类型并设置监听。但是，在一些场景中，需要给一个元素同时设置两种过渡动效，例如动画很快被触发并完成了，而过渡效果还没结束。在这种情况下，就需要使用 type 特性，并设置 animation 或 transition 属性来明确声明需要 Vue 监听的类型。

【实例 6-3】同时使用 transition 属性和 animation 属性实现过渡效果

【操作要求】

同时使用 transition 属性和 animation 属性实现过渡效果，页面内容进入和离开时都呈现滑动与缩放效果。

【实现过程】

创建网页 0603.html，在该网页中编写代码实现要求的功能。

读者可以扫描二维码查看【电子活页 6-2】中网页 0603.html 的代码，或者从本单元配套的教学资源中打开对应的文档查看相应内容。

电子活页 6-2

网页 0603.html 的代码

6.1.5 通过 transition 组件的 appear 属性实现渲染动画

可以通过给 transition 组件设置 appear 属性来实现元素在渲染的动画效果。例如：

```
<transition appear>
  <!-- ... -->
</transition>
```

这里默认和进入、离开动画效果一样，同样也可以自定义 CSS 类名，例如：

```
<transition
  appear
  appear-class="custom-appear-class"
  appear-to-class="custom-appear-to-class"
  appear-active-class="custom-appear-active-class"
>
  <!-- ... -->
</transition>
```

【实例 6-4】通过给 transition 组件设置 appear 属性实现渲染动画

【操作要求】

通过给 transition 组件设置 appear 属性实现渲染动画，包括页面浏览时的初始渲染动画和单击按钮时出现文本内容的动画。

【实现过程】

创建网页 0604.html，在该网页中编写代码实现要求的功能。

读者可以扫描二维码查看【电子活页 6-3】中网页 0604.html 的代码，或者从本单元配套的教学资源中打开对应的文档查看相应内容。

电子活页 6-3

网页 0604.html 的代码

6.1.6 为动态组件添加过渡效果

使用 is 属性实现的动态组件可以添加过渡效果。

【实例 6-5 】使用 is 属性为动态组件添加过渡效果

【操作要求】

使用 is 属性为动态组件添加过渡效果，文本内容显示或隐藏时都出现动画效果。

【实现过程】

创建网页 0605.html，在该网页中编写代码实现要求的功能。

读者可以扫描二维码查看【电子活页 6-4 】中网页 0605.html 的代码，或者从本单元配套的教学资源中打开对应的文档查看相应内容。

电子活页 6-4

网页 0605.html 的代码

6.2 通过 JavaScript 方式实现 Vue 的过渡效果

与使用 CSS 方式实现过渡效果不同，通过 JavaScript 方式实现过渡效果主要通过事件进行触发。使用 JavaScript 方式实现过渡效果主要通过监听事件钩子函数进行触发，事件钩子函数如下：

```
<transition
    v-on:before-enter="beforeEnter"
    v-on:enter="enter"
    v-on:after-enter="afterEnter"
    v-on:enter-cancelled="enterCancelled"
    v-on:before-leave="beforeLeave"
    v-on:leave="leave"
    v-on:after-leave="afterLeave"
    v-on:leave-cancelled="leaveCancelled"
>
    <!-- ... -->
</transition>
```

在以下代码的各个方法中，参数 el 表示要过渡的元素，可以设置不同情况下 el 的位置、颜色等来控制其动画的改变：

```
// ...
methods: {
    // 进入中
    beforeEnter: function (el) {
        // ...
    },
    // 此回调函数在与 CSS 结合时使用
    enter: function (el, done) {
        // ...
        done()
    },
    afterEnter: function (el) {
        // ...
    },
    enterCancelled: function (el) {
```

```
      // ...
    },
    // 离开时
    beforeLeave: function (el) {
      // ...
    },
    // 此回调函数在与 CSS 结合时使用
    leave: function (el, done) {
      // ...
      done()
    },
    afterLeave: function (el) {
      // ...
    },
    // leaveCancelled  只用于 v-show 中
    leaveCancelled: function (el) {
      // ...
    }
}
```

在以上的方法中，有两个方法比较特殊，分别是 enter()方法和 leave()方法，它们接收了第二个参数 done。当进入完毕或离开完毕后，会调用 done()方法进行接下来的操作。

> **注意** 对仅使用 JavaScript 过渡的元素添加代码 v-bind:css="false"，Vue 会跳过 CSS 的检测，这也可以避免过渡过程中 CSS 的影响。

【实例 6-6】使用 JavaScript 方式实现 Vue 的过渡效果

【操作要求】

使用 JavaScript 方式实现 Vue 的过渡效果，通过监听事件钩子函数来触发。

【实现过程】

创建网页 0606.html，在该网页中编写代码实现要求的功能。

读者可以扫描二维码查看【电子活页 6-5】中网页 0606.html 的代码，或者从本单元配套的教学资源中打开对应的文档查看相应内容。

电子活页 6-5

网页 0606.html 的代码

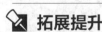 **拓展提升**

////// **6.3** 实现 Vue 多元素与多组件过渡

微课 6-2

实现 Vue 多元素与多组件过渡

前面分别介绍了单元素过渡的 CSS 实现方式和 JavaScript 实现方式，本节将介绍 Vue 多元素过渡。

6.3.1 不同标签名的多元素在切换时实现过渡效果

transition 组件在同一时间内只能显示一个元素，当有多个元素时，不同标签名的多元素可以使用 v-if 和 v-else 指令来实现过渡效果。

【实例 6-7】不同标签名的多元素在切换时实现过渡效果

【操作要求】
不同标签名的多元素在切换时使用 v-if 和 v-else 指令实现过渡效果。
【实现过程】
创建网页 0607.html，在该网页中编写代码实现要求的功能。

读者可以扫描二维码查看【电子活页 6-6】中网页 0607.html 的代码，或者从本单元配套的教学资源中打开对应的文档查看相应内容。

实现 Vue 多元素过渡网页 0607.html 的浏览效果如图 6-2 所示。

电子活页 6-6

网页 0607.html 的代码

图 6-2　实现 Vue 多元素过渡网页 0607.html 的浏览效果

6.3.2 相同标签名的多元素在切换时实现过渡效果

如果是具有相同标签名的元素进行切换，Vue 为了提高效率，只会替换相同标签内部的内容。例如：

```
<style>
    .fade-enter,.fade-leave-to{opacity:0;}
    .fade-enter-active,.fade-leave-active{transition:opacity .5s;}
</style>
<div id="example">
  <button @click="show = !show">切换</button>
  <transition name="fade">
    <p v-if="show">登录</p>
    <p v-else>注册</p>
  </transition>
</div>
<script>
new Vue({
  el: '#example',
  data: {
    show:true
  },
})
```

```
</script>
```

上面代码中两个相同的 p 元素切换时，无过渡效果。

对于具有相同标签名的元素切换的情况，需要通过 key 属性设置唯一的值来标记，从而让 Vue 区分它们。

【实例 6-8】相同标签名的元素在切换时通过 key 属性实现过渡效果

【操作要求】

对具有相同标签名的元素进行切换，通过 key 属性设置唯一的值来标记，实现切换时的过渡效果。

【实现过程】

创建网页 0608.html，在该网页中编写以下代码实现要求的功能：

```html
<div id="app">
  <button @click="show=!show">切换</button>
  <div>
    <transition name="fade">
        <p v-if="show" key="login">登录</p>
        <p v-else key="register">注册</p>
    </transition>
  </div>
</div>
<script>
  var vm = new Vue({
    el: '#app',
    data: {
        show: true
     }
  })
</script>
```

CSS 设置代码如下：

```css
<style>
  .fade-enter,.fade-leave-to{
      opacity:0;
  }
  .fade-enter-active,.fade-leave-active{
      transition:opacity .5s;
  }
</style>
```

在有些场景下，也可以通过给同一个元素的 key 属性设置不同的状态来代替 v-if 和 v-else 指令。例如：

```html
<transition>
    <button v-if="isEditing" key="save">Save</button>
    <button v-else key="edit">Edit</button>
</transition>
```

上面的代码可以重写为：

```
<transition>
    <button v-bind:key="isEditing">
        {{ isEditing ? 'Save' : 'Edit' }}
    </button>
</transition>
```

如果是使用多个 v-if 指令实现多个元素的过渡，可以重写为绑定了动态属性的单个元素过渡。例如：

```
<transition>
    <button v-if="docState === 'saved'" key="saved">Edit</button>
    <button v-if="docState === 'edited'" key="edited">Save</button>
    <button v-if="docState === 'editing'" key="editing">Cancel</button>
</transition>
```

可以重写为：

```
<transition>
    <button v-bind:key="docState">{{ buttonMessage }}</button>
</transition>
computed: {
    buttonMessage: function () {
        switch (this.docState) {
            case 'saved': return 'Edit'
            case 'edited': return 'Save'
            case 'editing': return 'Cancel'
        }
    }
}
```

6.3.3　实现多组件的过渡效果

多个组件的过渡简单得多，不需要使用 key 特性，只需要使用动态组件。

【实例 6-9】使用动态组件实现多组件切换时的过渡效果

【操作要求】
使用动态组件实现多组件切换时的过渡效果。

【实现过程】
创建网页 0609.html，在该网页中编写代码实现要求的功能。
读者可以扫描二维码查看【电子活页 6-7】中网页 0609.html 的代码，或者从本单元配套的教学资源中打开对应的文档查看相应内容。

电子活页 6-7

网页 0609.html 的代码

6.4　实现 Vue 列表的过渡效果

前面分别介绍了单元素过渡的 CSS 实现方式、JavaScript 实现方式，以及多元素过渡的实现方式。

那么如何同时渲染整个列表呢？在这种情景中，需要使用<transition-group>组件。

<transition-group>组件不同于<transition>组件，它会以一个真实元素呈现：默认为一个<span>。也可以通过 tag 特性更换为其他元素，而且其内部元素总是需要提供唯一的 key 属性值。例如：

```
<transition-group name="list" tag="p">
    <!-- ... -->
</transition-group>
```

6.4.1　实现列表的普通过渡效果

【实例6-10】添加和删除列表项时实现普通过渡效果

【操作要求】

在数字列表中随机插入一个数字或移除一个数字，并实现添加和删除数字列表项时的普通过渡效果。

【实现过程】

创建网页 0610.html，在该网页中编写代码实现要求的功能。

读者可以扫描二维码查看【电子活页6-8】中网页 0610.html 的代码，或者从本单元配套的教学资源中打开对应的文档查看相应内容。

浏览实现列表普通过渡效果的网页 0610.html 的初始效果如图 6-3 所示。

电子活页 6-8

网页 0610.html 的代码

<div style="text-align:center">

随机插入一个数字　随机移除一个数字

① ② ③ ④ ⑤

图 6-3　浏览实现列表普通过渡效果的网页 0610.html 的初始效果
</div>

6.4.2　实现列表的平滑过渡效果

上面这个示例会有一个问题，当添加和移除元素的时候，周围的元素会瞬间移动到它们新布局的位置，而不是平滑过渡。

<transition-group>组件还有一个特殊之处，不仅可以设置进入和离开动画，还可以改变定位。要使用这个新功能，只需了解新增的 v-move 特性，该特性会在元素改变定位的过程中应用。像之前的类名一样，可以通过 name 属性来自定义前缀，也可以通过 move-class 属性手动设置。

在上面代码的基础上做出如下改进。

① 增加.list-move 的样式，使元素在进入时实现过渡效果。

② 在.list-leave-active 中设置绝对定位，使元素在离开时实现过渡效果。

【示例】demo0602.html

修改后的 CSS 设置代码如下：

```
<style>
    /* 数字圆圈部分样式 */
    .list-item {
        display: inline-block;
        margin-right: 10px;
        background-color: red;
        border-radius: 50%;
```

```
        width: 25px;
        height: 25px;
        text-align: center;
        line-height: 25px;
        color: #fff;
    }
    /* 插入元素过程 */
    .list-move,.list-enter-active,.list-leave-active {
        transition: all 1s;
    }
    /* 移除元素过程 */
    .list-leave-active {
        transition: all 1s;
        position: absolute;
    }
    /* 开始插入或移除结束的位置变化 */
    .list-enter, .list-leave-to {
        opacity: 0;
        transform: translateY(30px);
    }
    /* 元素定位改变时的动画 */
    .list-move {
        transition: transform 1s;
    }
</style>
```

该网页的其他 HTML 代码、JavaScript 代码与【实例 6-10】相同。

6.4.3　实现列表的变换过渡效果

【实例 6-11】利用 move 属性实现列表的变换过渡效果

【操作要求】

利用 move 属性进行变换过渡,使一个数字列表中的列表项既不增加也不减少,不断地变换其位置。

【实现过程】

创建网页 0611.html,在该网页中编写代码实现要求的功能。

读者可以扫描二维码查看【电子活页 6-9】中网页 0611.html 的代码,或者从本单元配套的教学资源中打开对应的文档查看相应内容。

浏览实现列表变换过渡效果的网页 0611.html 的初始效果如图 6-4 所示。

电子活页 6-9

网页 0611.html 的
代码

图 6-4　浏览实现列表变换过渡效果的网页 0611.html 的初始效果

这一列表变换过渡效果看起来很神奇，Vue 使用了一个叫 FLIP 的简单动画队列，使用 transforms 将元素从之前的位置平滑过渡到新的位置。

> **注意** 使用 FLIP 过渡的元素不能设置为 display: inline。作为替代方案，它可以设置为 display: inline-block 或者放置于 flex 中。

 应用实战

【任务 6-1】使用 data 属性与 JavaScript 通信以实现列表的渐进过渡效果

【任务描述】

使用 Vue 实例对象的 data 属性与 JavaScript 通信，以实现列表的渐进过渡效果。

【任务实施】

创建网页 case01-index.html，在该网页中编写代码实现要求的功能。

读者可以扫描二维码查看【电子活页 6-10】中网页 case01-index.html 的代码，或者从本单元配套的教学资源中打开对应的文档查看相应内容。

电子活页 6-10

网页 case01-index.html 的代码

【任务 6-2】使用 CSS 实现列表的渐进过渡效果

【任务描述】

浏览使用 CSS 实现列表渐进过渡效果的网页的初始效果如图 6-5 所示。

请输入要查找的内容
- HTML
- CSS
- JavaScript
- jQuery
- Vue

图 6-5 浏览使用 CSS 实现列表渐进过渡效果的网页的初始效果

可以看到，在上面的列表渐进过渡效果中，列表项是一起运动的。如果要实现依次运动的效果，则需要使用 JavaScript 方式来实现。

【任务实施】

创建网页 case02-index.html，在该网页中编写代码实现要求的功能。

读者可以扫描二维码查看【电子活页 6-11】中网页 case02-index.html 的代码，或者从本单元配套的教学资源中打开对应的文档查看相应内容。

电子活页 6-11

网页 case02-index.html 的代码

【任务 6-3】使用 Vue 的 transition 属性实现图片轮播功能

【任务描述】

利用 Vue 的 transition 属性可以实现元素作为单个元素/组件的过渡效果，只要把过渡效果应用到其包裹的内容上即可。它不会额外渲染 DOM 元素，也不会出现在可被检查的组件层级中。这里使用 Vue 的 transition 属性实现图片轮播功能。

【任务实施】

1. 创建文件夹与准备图片文件

在本模块的文件夹中创建一个子文件夹"case03-图片轮播",在该子文件夹中再创建一个子文件夹 image,将图片文件 01.jpg、02.jpg、03.jpg、04.jpg、05.jpg 复制到子文件夹 image 中。

2. 创建网页文件 case03-index.html 与编写代码

在文件夹"case03-图片轮播"中创建网页文件 case03-index.html,在该文件中实现图片轮播功能。

（1）在网页文件 case03-index.html 中定义 CSS 样式代码

读者可以扫描二维码查看【电子活页 6-12】中网页 case03-index.html 的 CSS 样式代码,或者从本单元配套的教学资源中打开对应的文档查看相应内容。

（2）在网页文件 case03-index.html 中定义 HTML 代码

读者可以扫描二维码查看【电子活页 6-13】中网页 case03-index.html 的 HTML 代码,或者从本单元配套的教学资源中打开对应的文档查看相应内容。

（3）在网页文件 case03-index.html 中定义 JavaScript 代码

读者可以扫描二维码查看【电子活页 6-14】中网页 case03-index.html 的 JavaScript 代码,或者从本单元配套的教学资源中打开对应的文档查看相应内容。

电子活页 6-12

网页 case03-index.html 的 CSS 样式代码

电子活页 6-13

网页 case03-index.html 的 HTML 代码

电子活页 6-14

网页 case03-index.html 的 JavaScript 代码

网页文件 case03-index.html 的代码中的 computed 属性是用于监听前移或后移动作,然后让当前页数对应地前移或后移。

this.nowIndex==0 说明当前是第一页,再往前移就是最后一页 slides 数组的最后一个元素,返回 this.slides.length-1。

@mouseover="clearInv":当鼠标指针移入时,移除计时器,自动轮播停止。

@mouseout="runInv":当鼠标指针移出时,重新启动计时器,继续自动轮播。

网页 case03-index.html 的浏览效果如图 6-6 所示。

图 6-6 网页 case03-index.html 的浏览效果

【任务 6-4】使用 Vue 的 transition-group 组件实现图片轮播功能

【任务描述】

如果实现动画效果的元素是通过 v-for 循环渲染出来的,就不能使用 transition,应该用 transition-group 组件将元素包裹。

利用 Vue 的 transition-group 组件实现图片轮播功能，具体要求如下。

① 图片能实现自动轮播。

② 鼠标指针指向图片位置时，能暂停自动轮播。

③ 鼠标指针指向右下角长条块时，能实现图片轮换。

【**任务实施**】

在本模块的文件夹中创建一个子文件夹"case04-图片轮播"，在该子文件夹中再创建一个子文件夹 image，将图片文件复制到子文件夹 img 中。

在文件夹"case04-图片轮播"中创建网页文件 case04-imageCarousel.html，在该文件中实现图片轮播功能。

网页 case04-imageCarousel.html 的基本结构代码如下：

```html
<!doctype html>
<html>
    <head>
        <meta charset="utf-8">
        <title>图片轮播</title>
        <link rel="stylesheet" type="text/css" href="lunbo.css">
        <script src="vue.js" ></script>
    </head>
<body>
</body>
</html>
```

在网页 case04-imageCarousel.html 中引入样式文件 lunbo.css。

读者可以扫描二维码查看【电子活页 6-15】中样式文件 lunbo.css 的代码，或者从本单元配套的教学资源中打开对应的文档查看相应内容。

网页 case04-imageCarousel.html 中实现图片轮播的 HTML 代码如下所示：

电子活页 6-15

样式文件 lunbo.css
的代码

```html
<div id="app">
  <div class="carousel-wrap">
    <transition-group tag="ul" class="slide-ul"   name="list">
        <li v-for="(list,index) in slideList" :key="index"
        v-show="index===currentIndex" @mouseenter="stop" @mouseleave="go">
            <a :href="list.clickUrl" >
                <img :src="list.image" :alt="list.desc">
            </a>
        </li>
    </transition-group>
    <div class="carousel-items">
        <span v-for="(item,index) in slideList.length"
            :class="{'active':index===currentIndex}" @mouseover="change(index)">
        </span>
    </div>
  </div>
</div>
```

</div>

在网页 case04-imageCarousel.html 中编写 JavaScript 代码实现图片轮播功能。

读者可以扫描二维码查看【电子活页 6-16】中网页 case04-imageCarousel.html 的 JavaScript 代码，或者从本单元配套的教学资源中打开对应的文档查看相应内容。

网页 case04-imageCarousel.html 的浏览效果如图 6-7 所示，经测试可知实现了指定功能。

电子活页 6-16

网页 case04-
imageCarousel.html
的 JavaScript 代码

图 6-7　网页 case04-imageCarousel.html 的浏览效果

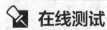

在线测试

电子活页 6-17

在线测试

单元 7
Vue路由配置与应用

07

在 Web 开发中，路由是指根据 URL 分配到对应的处理程序。对于大多数 SPA，都推荐使用官方支持的 vue-router。vue-router 通过管理 URL 实现 URL 和组件的对应，并通过 URL 进行组件之间的切换。

 学习领会

7.1 vue-router 的基本使用

通过 vue-router 可以实现当用户单击页面的 A 按钮时，页面显示对应的 A 内容；单击 B 按钮时，页面显示对应的 B 内容。此时用户单击的按钮和页面显示的内容是映射的关系。

微课 7-1

vue-router 的基本使用

7.1.1 安装 vue-router

在使用 vue-router 之前，首先需要安装该插件，命令如下：

```
npm install vue-router
```

如果在一个模块化工程中使用 vue-router，则必须通过 Vue.use()方法明确地安装路由功能，代码如下：

```
import Vue from 'vue'
import VueRouter from 'vue-router'
Vue.use(VueRouter)
```

如果使用全局的 script 标签，则无须安装。

7.1.2 使用 vue-router

使用 Vue 配合 vue-router 创建 SPA 非常方便，使用 Vue 可以通过组合组件来组成应用程序，再把 vue-router 添加进来，将组件（Components）映射到路由（Routes），然后告诉 vue-router 在哪里渲染它们。

【实例 7-1】使用 vue-router 实现单击超链接显示对应的页面内容

【操作要求】

使用 vue-router 实现当单击页面的【登录】超链接时，页面显示对应的文本内容"打开登录页面"；单击【注册】超链接时，页面显示对应的文本内容"打开注册页面"。

【实现过程】

创建网页 0701.html，在该网页中编写以下代码实现要求的功能。

（1）引入库

```
<script src="vue.js"></script>
<script src="vue-router.js"></script>
```

（2）使用 router-link 组件实现导航

```
<p>
    <!-- 使用 router-link 组件来导航 -->
    <!-- 通过 to 属性指定链接 -->
    <!-- <router-link>默认会被渲染成一个<a>标签 -->
    <router-link to="/login">登录</router-link>
    <router-link to="/register">注册</router-link>
</p>
```

（3）添加路由出口

```
<!-- 路由出口 -->
<!-- 路由匹配到的组件将渲染在这里 -->
<router-view></router-view>
```

（4）如果使用模块化机制编程，需要先导入 Vue 和 VueRouter

这里不需要导入 Vue 和 VueRouter，也不需要使用 Vue.use(VueRouter)，所以以下 3 行代码需添加注释符号：

```
// import Vue from 'vue'
// import VueRouter from 'vue-router'
// Vue.use(VueRouter)
```

（5）定义路由组件

```
const Login = { template: '<div>打开登录页面</div>' }
const Register = { template: '<div>打开注册页面</div>' }
```

（6）定义路由

```
// 每个路由应该映射一个组件
const routes = [
    { path: '/login', component: Login },
    { path: '/register', component: Register }
  ]
```

（7）创建 router 实例

创建 router 实例，然后传入 routes 配置，当然还可以传入别的配置参数：

```
const router = new VueRouter({
    routes              // （缩写形式）相当于 routes: routes
  })
```

（8）创建和挂载根实例

```
// 要通过 router 配置参数注入路由，从而让整个应用都有路由功能
const vm= new Vue({
    el:'#app',
    router
```

```
  })
```

打开该网页时，HTML 将被渲染为：

```
<div id="app">
    <p>
        <a href="#/login" class>登录</a>
        <a href="#/register" class>注册</a>
    </p>
</div>
```

浏览网页 0701.html 时，单击【注册】按钮显示对应内容"打开注册页面"，如图 7-1 所示。

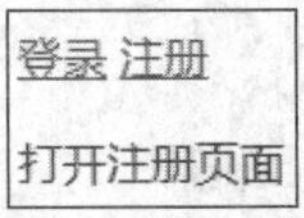

登录 注册

打开注册页面

图 7-1　单击【注册】按钮显示对应内容"打开注册页面"

同样，单击【登录】按钮显示对应内容"打开登录页面"。该网页实现了要求的功能。

7.1.3　vue-router 的路由模式

Vue 实现单页面前端路由时，提供了两种模式，分别是 hash 模式和 history 模式。

1. hash 模式

vue-router 默认为 hash 模式，使用 URL 的 hash 来模拟一个完整的 URL，当 URL 改变时，页面不会重新加载，例如 http://localhost:8080/#/login。#就是 hash 符号，中文名为哈希符或者锚点，在 hash 符号后的值称为 hash 值。

2. history 模式

hash 模式的 URL 中会自带"#"符号，这样会影响 URL 的美观。使用路由的 history 模式不会出现"#"符号，这种模式充分利用 history.pushState()方法来完成 URL 的跳转，并且无须重新加载页面。使用 history 模式时，需要在路由规则配置中增加 mode: 'history'，示例代码如下：

```
const router = new VueRouter({
    mode: 'history',
    routes: [...]
})
```

当使用 history 模式时，完整 URL 的示例如下：

```
http://localhost:8080/login
```

如果要使用 history 模式，则需要进行服务器配置，如果服务器没有正确配置，浏览器访问页面时可能会返回 404 错误页面。所以，要在服务器端增加一个覆盖所有情况的候选资源：如果 URL 匹配不到任何静态资源，则应该返回同一个 index.html 页面，这个页面就是 App 依赖的页面。

这样服务器就不再返回 404 错误页面，因为对于所有路径都会返回 index.html 页面。为了避免出现这种情况，应该在 Vue 应用里面覆盖所有的路由情况，然后再给出一个 404 错误页面。

例如：

```
const router = new VueRouter({
    mode: 'history',
    routes: [
        { path: '*', component: NotFoundComponent }
```

```
        ]
    })
```

微课 7-2

重定向和使用别名

7.2 重定向和使用别名

7.2.1 重定向

Vue 的重定向功能通过 routes 配置 path 和 redirect 来完成，下面的代码是从/x 重定向到/home：

```
const router = new VueRouter({
    routes: [
        { path: '/x', redirect: '/home' }
    ]
})
```

重定向的目标也可以是一个命名的路由，示例代码如下：

```
const router = new VueRouter({
    routes: [
        { path: '/x', redirect: { name: 'home' }}
    ]
})
```

还可以是一个方法，动态返回重定向目标，示例代码如下：

```
const router = new VueRouter({
    routes: [
        { path: '/x', redirect: to => {
            // 方法接收"目标路由"作为参数
            // return 重定向的字符串路径/路径对象
            return '/home'
        }}
    ]
})
```

对于无法识别的 URL，常常使用重定向功能，将页面重定向到首页显示。

【实例 7-2】使用 Vue 的重定向功能实现单击超链接显示对应的页面内容

【操作要求】

使用 Vue 的重定向功能实现单击超链接显示对应的页面内容，具体要求如下。

① 打开网页时默认显示文本内容"打开网站主页"。

② 单击页面的【登录】超链接时，页面显示对应的文本内容"打开登录页面"。

③ 单击页面的【注册】超链接时，页面显示对应的文本内容"打开注册页面"。

④ 单击页面的【主页】和【不存在的链接】超链接时，页面都会显示文本内容"打开网站主页"，即对于无法识别的 URL，使用重定向功能将页面重定向到首页显示。

【实现过程】

创建网页 0702.html，在该网页中编写以下代码实现要求的功能：

```html
<div id="app">
    <p>
        <router-link to="/home">主页</router-link>
        <router-link to="/login">登录</router-link>
        <router-link to="/register">注册</router-link>
        <router-link to="/*">不存在的链接</router-link>
    </p>
    <router-view></router-view>
</div>
<script>
    const Home = { template: '<div>打开网站主页</div>' }
    const Login = { template: '<div>打开登录页面</div>' }
    const Register = { template: '<div>打开注册页面</div>' }
    const NotFound = {template:'<div>网页没有找到</div>'}
    const routes = [
            { path: '/home', component: Home },
            { path: '/login', component: Login },
            { path: '/register', component: Register },
            { path: '*', redirect: "/home"},
        ]
    const router = new VueRouter({
            routes
        })
    const vm= new Vue({
            el:'#app',
            router
        })
</script>
```

打开该网页时，HTML 将被渲染为:

```html
<div id="app">
    <p>
        <a href="#/home" aria-current="page"
          class="router-link-exact-active router-link-active">主页</a>
        <a href="#/login" class>登录</a>
        <a href="#/register" class>注册</a>
        <a href="#/*" class>不存在的链接</a>
    </p>
    <div>打开网站主页</div>
</div>
```

打开包含重定向功能的网页 0702.html 时，默认显示文本内容"打开网站主页"，如图 7-2 所示。

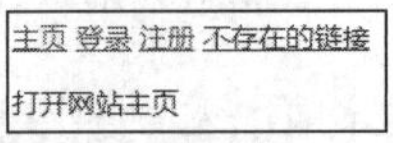

图 7-2　打开网页 0702.html 时默认显示文本内容"打开网站主页"

7.2.2 使用别名

重定向是指，当用户访问/x 时，URL 将会被替换成/y，然后路由匹配/y。那么别名是什么呢？/a 的别名是/b，意味着当用户访问/b 时，URL 会保持为/b，但是路由匹配则为/a，就像用户访问/a 一样。

上面对应的路由配置为：

```
const router = new VueRouter({
    routes: [
        { path: '/a', component: A, alias: '/b' }
    ]
})
```

使用别名功能可以自由地将 UI 结构映射到任意的 URL，而不是受限于配置的嵌套路由结构。

处理首页访问时，常常将 index 设置为别名，例如将/home 的别名设置为/index。但是，要注意的是，<router-link to="/home">的样式在 URL 为/index 时并不会显示，因为 router-link 只识别出了 home，而无法识别 index。

7.3 设置与使用根路径

电子活页 7-1

网页 demo0701.
html 的代码

设置与使用根路径需要将 path 设置为/。示例代码如下。

【示例】demo0701.html

读者可以扫描二维码查看【电子活页 7-1】中网页 demo0701.html 的代码，或者从本单元配套的教学资源中打开对应的文档查看相应内容。

打开网页 demo0701.html 时，HTML 将被渲染为：

```
<div id="app">
    <p>
        <a href="#/" aria-current="page"
          class="router-link-exact-active router-link-active">主页</a>
        <a href="#/login" class>登录</a>
        <a href="#/register" class>注册</a>
        <a href="#/*" class>不存在的链接</a>
    </p>
    <div>打开网站主页</div>
</div>
```

但是，由于默认使用的是全包含匹配，即/login、/register 也可以匹配到"/"，如果需要精确匹配，仅匹配"/"，则需要在 router-link 中设置 exact 属性，示例代码如下。

【示例】demo0702.html

部分有变化的代码如下：

```
    <p>
        <router-link to="/" exact>index</router-link>
        <router-link to="/login">登录</router-link>
        <router-link to="/register">注册</router-link>
    </p>
const routes = [
```

```
    { path: '/', component: Home },
    { path: '/login', component: Login },
    { path: '/register', component: Register },
]
```

其他代码与【示例】demo0701.html 相同。

7.4 设置与使用嵌套路由

7.4.1 使用 vue-router 实现嵌套路由

实际应用中的界面通常由多层嵌套的组件组合而成。与之类似，URL 中各段动态路径也按某种结构对应嵌套的各层组件，例如 productDetails/product1。使用 vue-router 的嵌套路由配置就可以简单地实现这种关系。嵌套子路由的关键属性是 children，使用 children 可以像 routes 一样去配置路由数组。每一个子路由里面可以嵌套多个组件。当使用 children 属性实现子路由时，子路由的 path 属性前不要带"/"。

【实例 7-3】使用 vue-router 实现嵌套路由

【操作要求】

使用 vue-router 实现单击超链接显示对应的页面内容，具体要求如下。

① 打开网页时默认显示文本内容"打开网站主页"，单击页面的【主页】超链接，也会显示文本内容"打开网站主页"。

② 单击页面的【购物车】超链接时，页面显示对应的文本内容"打开购物车页面"。

③ 单击页面的【商品详情】超链接时，页面显示第 2 层超链接"商品 1""商品 2""商品 3"，单击第 2 层超链接，打开对应商品的详情页面，这里会显示对应的内容，例如单击【商品 1】超链接，则显示对应文本内容"打开商品 1 详情页面"。

【实现过程】

创建网页 0703.html，在该网页中编写代码实现要求的功能。

读者可以扫描二维码查看【电子活页 7-2】中网页 0703.html 的代码，或者从本单元配套的教学资源中打开对应的文档查看相应内容。

打开网页 0703.html 时，HTML 将被渲染为：

电子活页 7-2

网页 0703.html 的
代码

```html
<div id="app">
    <p>
        <a href="#/" aria-current="page"
            class="router-link-exact-active router-link-active">主页</a>
        <a href="#/productDetails" class>商品详情</a>
        <a href="#/shoppingCart" class>购物车</a>
    </p>
    <div>打开网站主页</div>
</div>
```

浏览网页 0703.html 时，依次单击【商品详情】—【商品 3】超链接，显示对应文本内容"打开商品 3 详情页面"，如图 7-3 所示。

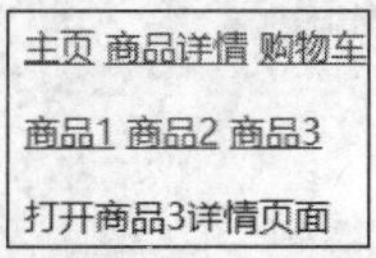

```
主页 商品详情 购物车

商品1 商品2 商品3

打开商品3详情页面
```

图 7-3　依次单击【商品详情】—【商品 3】超链接显示对应的内容

> **注意** router 的构造配置中，children 属性里的 path 属性只设置为当前路径，因为其会依据层级关系识别路径；而在 router-link 中的 to 属性则需要设置为完整路径。

7.4.2　设置默认子路由

如果要设置默认子路由，即单击【商品详情】超链接时自动触发"商品 1"，则需要进行如下修改：将 router 配置对象中 children 属性的 path 属性设置为"，并将对应的 router-link 的 to 属性设置为/productDetails。

电子活页 7-3

网页 demo0703.
html 的代码

【示例】demo0703.html

读者可以扫描二维码查看【电子活页 7-3】中网页 demo0703.html 的代码，或者从本单元配套的教学资源中打开对应的文档查看相应内容。

打开网页 demo0703.html 时，HTML 将被渲染为：

```html
<div id="app">
    <p>
        <a href="#/" aria-current="page"
           class="router-link-exact-active rourer-link-active">主页</a>
        <a href="#/productDetails" class>商品详情</a>
        <a href="#/shoppingCart" class>购物车</a>
    </p>
    <div>打开网站主页</div>
</div>
```

浏览设置了默认子路由的网页时，单击【商品详情】超链接，显示默认文本内容"打开商品 1 详情页面"，如图 7-4 所示。

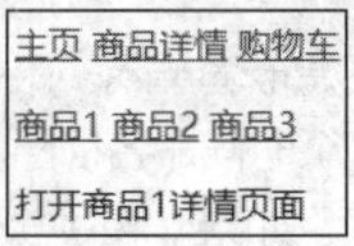

```
主页 商品详情 购物车

商品1 商品2 商品3

打开商品1详情页面
```

图 7-4　单击【商品详情】超链接时显示默认文本内容"打开商品 1 详情页面"

7.5　设置与使用命名路由

有时，通过一个名称来标识一个路由显得更方便，特别是在链接一个路由，或者是在执行一些跳转时。可以在创建 router 实例时，在 routes 配置中给某个路由设置名称。

例如：

```javascript
const router = new VueRouter({
    routes: [
        {
```

```
        path: '/user/:userId',
        name: 'user',
        component: User
      }
    ]
})
```

要链接到一个命名路由，可以给 router-link 的 to 属性传一个对象，例如：

```
<router-link :to="{ name: 'user', params: { userId: 123 }}">User</router-link>
```

这跟代码调用 router.push()方法是一回事，例如：

```
router.push({ name: 'user', params: { userId: 123 }})
```

这两种方式都会把路由导航到/user/123 路径。

命名路由的常见用途是替换 router-link 中的 to 属性，如果不使用命名路由，router-link 中的 to 属性需要设置为全路径，不够灵活，且修改时较麻烦。使用命名路由，只需要使用包含 name 属性的对象即可。

 注意 如果设置了默认子路由，则不需要在父级路由上设置 name 属性。

【实例 7-4】设置与使用命名路由

【操作要求】
通过设置与使用命名路由实现【实例 7-3】类似的功能。
【实现过程】
创建网页 0704.html，在该网页中编写代码实现要求的功能。

读者可以扫描二维码查看【电子活页 7-4】中网页 0704.html 的代码，或者从本单元配套的教学资源中打开对应的文档查看相应内容。

电子活页 7-4

网页 0704.html 的代码

7.6 设置与使用命名视图

有时候，我们想同时（同级）展示而不是嵌套展示多个视图。例如创建一个布局，有 sidebar（侧导航）和 main（主体内容）两个视图，这个时候命名视图就派上用场了。可以在界面中设置多个单独命名的视图，而不是只设置一个单独的出口。如果 router-view 没有设置，那么默认为 default。

例如：

```
<router-view class="view one"></router-view>
<router-view class="view two" name="x"></router-view>
<router-view class="view three" name="y"></router-view>
```

一个视图使用一个组件渲染，同一个路由下匹配多个组件，多个视图就需要多个组件。确保正确使用 components 配置。

例如：

```
var router = new VueRouter({
    routes:[
        {
```

```
        path:'/', components:{
        default:header,
        'left':leftNav,
        'main':mainContent
          }
        }
        //这里使用复数 components，第一个属性与 router-view 中的 name 对应，
        //第二个属性表示要展示的组件名称
      ]
    });
```

【实例 7-5】设置与使用命名视图

【操作要求】

定义 header（头部区域）、left（侧边栏）和 main（主体内容）3 个命名视图，创建一个包含 3 个区域的布局。

电子活页 7-5

网页 0705.html 的代码

【实现过程】

创建网页 0705.html，在该网页中编写代码实现要求的功能。

读者可以扫描二维码查看【电子活页 7-5】中网页 0705.html 的代码，或者从本单元配套的教学资源中打开对应的文档查看相应内容。

打开网页 0705.html 时，HTML 将被渲染为：

```
<div id="app">
    <div class="header">head 头部区域</div>
    <div class="container">
        <div class="left">left 侧边栏</div>
        <div class="main">main 主体内容</div>
    </div>
</div>
```

包含命名视图的网页 0705.html 的浏览效果如图 7-5 所示。

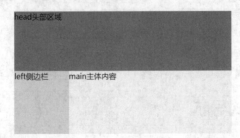

图 7-5　包含命名视图的网页 0705.html 的浏览效果

///7.7/// 设置与使用动态路由

经常需要把某种模式匹配到的所有路由全都映射到同一个组件。例如有一个 User 组件，对于所有 id 各不相同的用户，都要使用这个组件来渲染。那么，可以在 vue-router 的路由路径中使用动态路径参数（Dynamic Segment）给路径的动态部分匹配不同的 id 来达到这个效果，示例代码如下所示：

```
const user = {
    template: '<div>User</div>'
}
const router = new VueRouter({
    routes: [
        // 动态路径参数 id 以冒号开头
        { path: '/user/:id', component: user }
    ]
})
```

上述代码中，:id 表示用户 ID，它是一个动态值。

如果写成{ path: '/user/:id?', name:'user', component:user}形式，path:'/user/:id?'表示有没有子路径都可以匹配。

需要注意的是，动态路由在来回切换时，由于它们都是指向同一组件，因此 Vue 不会销毁再重新创建这个组件，而是复用这个组件。也就是说，当用户第一次单击（如 user1）时，Vue 把对应的组件渲染出来，然后在 user1、user2 之间来回切换时，这个组件不会发生变化。如果想要在组件来回切换时进行一些操作，那就需要在组件内部利用 watch()方法来监听$route 的变化。

可以在一个路由中设置路径参数，路径参数使用冒号:标记。当匹配到一个路由时，参数值会被设置到 this.$route.params，可以在每个组件内使用。这样就可以更新 Use 的模板，输出当前用户的 id。

电子活页 7-6

网页 demo0704.
html 的代码

【示例】demo0704.html

读者可以扫描二维码查看【电子活页 7-6】中网页 demo0704.html 的代码，或者从本单元配套的教学资源中打开对应的文档查看相应内容。

打开网页 demo0704.html 时，HTML 将被渲染为：

```
<div id="app">
    <p>
        <a href="#/user/admin" class>/user/admin</a>
        <a href="#/user/better" class>/user/better </a>
    </p>
</div>
```

使用 params 方式传递参数的网页浏览效果如图 7-6 所示。

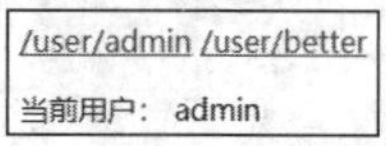

可以在一个路由中设置多段路径参数，对应的值都会设置到$route.params 中。除了$route.params 外，$route 对象还提供了其他有用的信息，例如$route.query（如果 URL 中有查询参数）、$route.hash 等。

/user/admin /user/better

当前用户： admin

图 7-6　使用 params 方式传递
参数的网页浏览效果

7.8　实现编程式导航

微课 7-3

实现编程式导航

通过使用<router-link>创建 a 标签来定义导航链接，这种方式属于声明式导航，Vue 还可以借助 router 的实例方法，通过编写 JavaScript 代码来实现地址的跳转。

7.8.1　使用 router.push(location)方法实现导航

使用 router.push()方法可以导航到不同的 URL，这个方法会向 history 栈添加一个新的记录，所以当用户单击浏览器后退按钮时，会回到之前的 URL。

当单击<router-link>时，router.push()方法会在内部调用，也就是说，单击声明式导航<router-link :to="...">等同于调用编程式导航 router.push(...)。

在@click 中，用$router 表示路由对象；在 methods 下的方法中，用 this.$router 表示路由对象。该方法的参数可以是一个字符串路径，或者是一个描述地址的对象。例如：

```
// 先获取 router 实例
var router=new VueRouter()
// 字符串形式
router.push('home')
// 对象形式
router.push({ path: 'home' })
// 命名的路由
router.push({ name: 'user', params: { userId: 123 }})
// 带查询参数，变成 /user?id=2
router.push({ path: 'user', query: { id: '2' }})
```

在参数对象中，如果提供了 path，params 会被忽略，为了传递参数，需要提供路由的 name 或者手写带有参数的 path。

1. 使用 query 方式传递参数

使用 query 方式传递的参数会出现在地址栏中，例如 0706.html#/user?name=admin，尾部的?name=admin 就是 query 参数。

【实例 7-6】使用 query 方式传递参数

【操作要求】

编写程序使用 query 方式传递参数。

【实现过程】

创建网页 0706.html，在该网页中编写代码实现要求的功能。

读者可以扫描二维码查看【电子活页 7-7】中网页 0706.html 的代码，或者从本单元配套的教学资源中打开对应的文档查看相应内容。

打开网页 0706.html 后，单击【跳转】按钮，HTML 将被渲染为：

电子活页 7-7

网页 0706.html 的代码

```
<div id="app">
    <button>跳转</button>
    <p>用户名: admin </p>
</div>
```

浏览网页 0706.html 时，页面中显示一个【跳转】按钮。单击该按钮，其下方显示"用户名: admin"内容，如图 7-7 所示，同时传递的参数?name=admin 会出现在地址栏中。

图 7-7　单击【跳转】按钮，其下方显示"用户名: admin"内容

2. 使用 params 方式传递参数

使用 params 方式传递的参数不会出现在地址栏中，例如 0707.html#/user，尾部就不会出现参数?name=admin。

【实例 7-7】使用 params 方式传递参数

【操作要求】

编写程序使用 params 方式传递参数。

【实现过程】

电子活页 7-8

网页 0707.html 的
代码

创建网页 0707.html，在该网页中编写代码实现要求的功能。

读者可以扫描二维码查看【电子活页 7-8】中网页 0707.html 的代码，或者从
本单元配套的教学资源中打开对应的文档查看相应内容。

打开网页 0707.html 后，单击【跳转】按钮，HTML 将被渲染为：

```
<div id="app">
    <button>跳转</button>
    <p>用户名：admin </p>
</div>
```

浏览网页 0707.html 时，页面中显示一个【跳转】按钮。单击该按钮，其下方显示"用户名：admin"
内容，如图 7-8 所示。而传递的参数?name=admin 不会出现在地址栏中。

```
跳转

用户名：admin
```

图 7-8　单击【跳转】按钮其下方显示"用户名：admin"内容

7.8.2　使用 router.replace(location)方法实现导航

router.replace()方法与 router.push()方法类似，区别在于为<router-link>设置 replace 属性后，
单击时会调用 router.replace()方法，导航后不会向 history 栈添加新记录，而是替换掉当前的 history
记录。

示例代码如下：

```
//编程式
router.replace({ path: 'user' })
//声明式
<router-link :to="{ path: 'user' }" replace></router-link>
```

7.8.3　使用 router.go(n) 方法实现导航

router.go()方法的参数是一个整数，表示在 history 历史记录中前进或者后退多少步，类似
window.history.go(n)。

例如：

```
// 在浏览器记录中前进一步，等同于 history.forward()
router.go(1)
// 后退一步记录，等同于 history.back()
router.go(-1)
// 前进 3 步记录
router.go(3)
```

```
// 如果 history 记录不够用，就静默失败
router.go( - 100)
router.go(100)
```

 拓展提升

7.9 使用导航钩子函数

vue-router 提供的导航钩子函数主要用来拦截导航，让它完成跳转或取消。有多种方式可以在路由导航发生时执行钩子函数：全局导航钩子函数、单个路由独享的导航钩子函数或者组件内的导航钩子函数。

7.9.1 全局导航钩子函数

可以使用 router.beforeEach()方法注册一个全局的 before 钩子函数，例如：

```
const router = new VueRouter({ ... })
router.beforeEach((to, from, next) => {
  // ...
})
```

当一个导航触发时，全局的 before 钩子函数按照创建顺序调用。钩子函数是异步解析执行的，此时导航在所有钩子函数执行完之前一直处于等待中。

每个钩子函数接收以下 3 个参数。

① to: Route，即将要进入的目标路由对象。

② from: Route，当前导航正要离开的路由。

③ next: Function，一定要调用 next()函数来执行这个钩子函数，执行效果依赖 next()函数的调用参数。

下面是 next()函数传递不同参数的情况。

① next()：执行管道中的下一个钩子函数。如果全部钩子函数执行完了，则导航的状态就是 confirmed（确认的）。

② next(false)：中断当前的导航。如果浏览器的 URL 改变了（可能是用户手动改变或者单击了浏览器后退按钮），那么 URL 会重置到 from 路由对应的地址。

③ next('/')或 next({ path: '/' })：跳转到一个不同的地址。当前的导航被中断，然后进行一个新的导航。

 注意
确保要调用 next()函数，否则钩子函数就不会被执行。

同样可以注册一个全局的 after 钩子函数，不过它不像 before 钩子函数那样，after 钩子函数没有 next()函数，不能改变导航，例如：

```
router.afterEach(route => {
  // ...
})
```

191

【示例】demo0705.html

读者可以扫描二维码查看【电子活页 7-9】中网页 demo0705.html 的代码，或者从本单元配套的教学资源中打开对应的文档查看相应内容。

打开网页 demo0705.html 时，HTML 将被渲染为：

电子活页 7-9

网页 demo0705.
html 的代码

```
<div id="app">
    <p>
        <a href="#/" aria-current="page"
          class="router-link-exact-active router-link-active">主页</a>
        <a href="#/productDetails" class>商品详情</a>
        <a href="#/shoppingCart" class>购物车</a>
    </p>
    <div>打开网站主页</div>
</div>
```

浏览使用全局导航钩子函数的网页，单击【购物车】超链接时，其下方显示文本内容"请登录"，如图 7-9 所示。

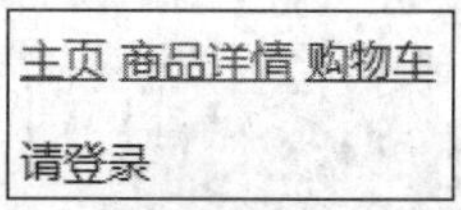

主页 商品详情 购物车

请登录

图 7-9　单击【购物车】超链接时其下方显示文本内容"请登录"

7.9.2　单个路由独享的导航钩子函数

可以在路由配置上直接定义 beforeEnter 钩子函数，例如：

```
const router = new VueRouter({
  routes: [
    {
      path: '/login',
      component: Login,
      beforeEnter: (to, from, next) => {
        // ...
      }
    }
  ]
})
```

这些钩子函数与全局 before 钩子函数的参数是一样的。

7.9.3　组件内的导航钩子函数

可以在路由组件内直接定义以下路由导航钩子函数，例如：

```
beforeRouteEnter
beforeRouteUpdate (2.2 新增)
beforeRouteLeave
const Login = {
```

```
    template: '...',
    beforeRouteEnter (to, from, next) {
        // 在渲染该组件的对应路由被确认前调用，不能获取组件实例 this，
        //因为在钩子执行前，组件实例还没被创建
    },
    beforeRouteUpdate (to, from, next) {
        // 在当前路由改变但是该组件被复用时调用
    },
    beforeRouteLeave (to, from, next) {
        // 导航离开该组件的对应路由时调用，可以访问组件实例 this
    }
}
```

beforeRouteEnter 钩子函数不能访问 this，因为钩子函数在导航确认前被调用，而即将登场的新组件还没被创建。不过，可以通过传一个回调函数给 next 来访问组件实例。在导航被确认的时候执行回调函数，并且把组件实例作为回调函数的参数。

例如：

```
beforeRouteEnter (to, from, next) {
    next(vm => {
        // 通过 vm 访问组件实例
    })
}
```

可以在 beforeRouteLeave 中直接访问 this，这个 leave 钩子函数通常用来禁止用户在还未保存修改前突然离开。可以通过 next(false)方法来取消导航。

7.10 使用懒加载

当打包构建应用时，JavaScript 包会变得非常大，从而影响页面加载。如果能把不同路由对应的组件分割成不同的代码块，然后在路由被访问的时候才加载对应组件，这样执行起来就更加高效了。结合 Vue 的异步组件和 webpack 的代码分割功能，可以轻松实现路由组件的懒加载。

首先，可以将异步组件定义为返回一个 Promise 的工厂函数，该函数返回的 Promise 应该是 resolve 组件本身。

例如：

```
const Login = () => Promise.resolve({ /* 组件定义对象 */ })
```
在 webpack 2 中，使用动态 import 语法来定义代码分块点（split point）。

例如：

```
import('./Login.vue')    // returns a Promise
```

> **注意** 如果使用的是 babel，需要添加 syntax-dynamic-import 插件，才能使 babel 正确地解析语法。

结合这两者，这就是如何定义一个能够被 webpack 自动代码分割的异步组件。

例如：

```
const Login = () => import('./Login.vue')
```

在路由配置中什么都不需要改变，只需要像往常一样使用 Login，例如：

```
const router = new VueRouter({
    routes: [
        { path: '/login', component: Login }
    ]
})
```

有时候想把某个路由下的所有组件都打包在同一个异步块（chunk）中，只需要使用命名 chunk 即可，一个特殊的注释语法来提供 chunk name（需要 webpack > 2.4）。

例如：

```
const Login = () => import(/* webpackChunkName: "group-login" */ './Login.vue')
const Register = () => import(/* webpackChunkName: "group-login" */ './Register.vue')
const Home = () => import(/* webpackChunkName: "group-login" */ './Home.vue')
```

webpack 会将任何一个异步模块与相同的块名称组合到相同的异步块中。

7.11 vue-router 的 API

7.11.1 router-link

微课 7-4

Vue-router 的 API

<router-link>组件支持用户在具有路由功能的应用中实现导航，通过 to 属性指定目标地址，默认渲染成带有正确链接的<a>标签，可以通过配置 tag 属性生成别的标签。另外，当目标路由成功激活时，链接元素自动设置一个表示激活的 CSS 类名。

<router-link>比<a href="...">好一些，无论是 history 模式还是 hash 模式，它的表现行为一致，所以当切换路由模式，或者在 IE9 降级使用 hash 模式时，无须做任何变动。在 HTML5 history 模式下，router-link 会拦截单击事件，让浏览器不再重新加载页面。在 HTML5 history 模式下使用 base 选项之后，所有的 to 属性都不需要写基路径了。

（1）to(required)

to(required)表示目标路由的链接。当被单击后，内部会立刻把 to 的值传到 router.push()方法，所以这个值可以是一个字符串或者是描述目标位置的对象。

例如：

```
<!-- 字符串 -->
<router-link to="home">Home</router-link>
<!-- 渲染结果 -->
<a href="home">Home</a>
```

（2）replace

设置 replace 属性的话，当单击时，会调用 router.replace()方法而不是 router.push()方法，于是导航后不会留下 history 记录，例如：

```
<router-link :to="{ path: '/abc'}" replace></router-link>
```

（3）append

设置 append 属性后，则在当前（相对）路径前添加基路径。例如，从/a 导航到一个相对路径 b，如果没有设置 append 属性，则路径为/b，如果设置了 append 属性，则路径为/a/b。

例如：
```
<router-link :to="{ path: 'relative/path'}" append></router-link>
```

（4）tag

tag 的默认值为 a。有时想要<router-link>渲染成某种标签，例如 <li>。于是使用 tag prop 类指定何种标签，同样它还是会监听单击事件，触发导航。

例如：
```
<router-link to="/login" tag="li">login</router-link>
<!-- 渲染结果 -->
<li>login</li>
```

（5）active-class

active-class 用于设置链接激活时使用的 CSS 类名，默认值可以通过路由的构造选项 linkActiveClass 来全局配置。

（6）exact

是否激活默认类名的依据是 inclusive match（全包含匹配）。如果当前的路径是/a 开头的，那么<router-link to="/a">也会被设置 CSS 类名。按照这个规则，<router-link to="/">将会点亮各个路由。想要链接使用"exact 匹配模式"，则使用 exact 属性。

例如：
```
<!-- 这个链接只会在地址为/的时候被激活 -->
<router-link to="/" exact>
```

（7）events

events 的默认值为 click，用于声明可以用来触发导航的事件，可以是一个字符串或是一个包含字符串的数组。

7.11.2 router-view

<router-view>组件是一个实用组件，渲染路径匹配到的视图组件。<router-view>渲染的组件还可以内嵌自己的<router-view>，根据嵌套路径，渲染嵌套组件。

<router-view>组件的 name 属性默认值为 default。

如果<router-view>设置了名称，则会渲染对应的路由配置中 components 下的相应组件。

因为<router-view>也是个组件，所以可以配合<transition>和 <keep-alive>使用。如果两个结合一起用，要确保在内层使用<keep-alive>，例如：
```
<transition>
  <keep-alive>
    <router-view></router-view>
  </keep-alive>
</transition>
```

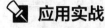 应用实战

【任务 7-1】实现用户登录与应用路由切换页面

【任务描述】

创建 Vue 项目 case01-login，要求该项目实现以下功能。

① 项目启动时，首先显示登录页面，在登录页面中输入有效的用户名和密码，如图 7-10 所示。登录成功后，显示"登录成功"的提示信息，然后进入主页面，如图 7-11 所示。

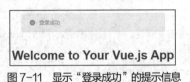

图 7-10　在登录页面中输入有效的用户名和密码　　　图 7-11　显示"登录成功"的提示信息

② 在文件夹 components 中新建所需的组件 Content.vue，该组件中通过参数 msg 传递文本内容。

③ 在文件夹 views 中新建所需的功能页面 About.vue 和 Home.vue，在文件 Home.vue 中引用组件 Content，将文本内容"Welcome to Your Vue.js App"传递给参数 msg。

用户登录成功后，进入主页面，该页面有【主页】和【关于我们】两个超链接，单击【主页】超链接，在页面中显示文本内容"Welcome to Your Vue.js App"，即参数 msg 中传递的文本内容，如图 7-12 所示。

单击【关于我们】超链接，在页面中显示文本内容"This is an about page"，即 About.vue 文件的文本内容，如图 7-13 所示。

图 7-12　项目 case01-login 主页面的浏览结果　　　图 7-13　项目 case01-login"关于我们"页面的浏览结果

【任务实施】

1. 开始创建 Vue 项目

在命令行中执行以下命令创建 Vue 项目：

```
vue create case01-login
```

2. 准备项目环境

基于 vue-cli 脚手架创建项目，需要安装 Node.js 和全局安装 vue-cli。

在命令行中执行以下命令安装 element 模块：

```
npm i element-ui -S
```

3. 在 vue.config.js 配置文件中完善各项配置

默认的端口是 8080，也可以更改端口，格式检查也是一件很麻烦的事情，可以关闭，这些都可以在 vue.config.js 配置文件中进行配置，该文件代码如下：

```
module.exports = {
    devServer: {
        port: 8081,              // 端口号，如果端口被占用，会自动加 1
        host: "localhost",       // 主机名，127.0.0.1  真机 0.0.0.0
```

```
        https: false,              // 协议
        open: true,               // 启动服务时自动打开浏览器访问
    },
    lintOnSave: false,            // 关闭格式检查
    productionSourceMap: false    // 打包时不会生成.map 文件，加快打包速度
}
```

4. 在文件夹 components 中修改或新建所需的组件 Content.vue

在文件夹 components 中创建 Content.vue 文件，再在该文件中输入代码。

读者可以扫描二维码查看【电子活页 7-10】中文件夹 components 下 Content.vue 文件的代码，或者从本单元配套的教学资源中打开对应的文档查看相应内容。

电子活页 7-10

文件夹 components 下 Content.vue 文件的代码

5. 在文件夹 views 中修改或新建所需的功能页面

（1）新建登录页面 login.vue

在 views 文件夹下新建一个登录页面 login.vue，再在该文件中输入模板代码。

读者可以扫描二维码查看【电子活页 7-11】中文件夹 views 下 login.vue 文件的模板代码，或者从本单元配套的教学资源中打开对应的文档查看相应内容。

电子活页 7-11

文件夹 views 下 login.vue 文件的模板代码

在文件 login.vue 中输入以下 JavaScript 代码：

```
<script>
export default {
    name: "fisrtdemo",
    data() {
        return {
            form: {
                name: "",
                password: ""
            }
        };
    },
    methods: {
      onSubmit() {
        if (this.form.name == "admin" && this.form.password == "123456") {
          this.$message({
            message: '登录成功',
            type: 'success'
            });
            this.$router.push({ path: "/Home" });
          }else{
            this.$message.error('登录失败');
          }
        }
      }
    }
```

```
};
</script>
```

（2）完善 About.vue 文件的代码

文件夹 views 下 About.vue 文件的代码如下：

```
<template>
  <div class="about">
    <h1>This is an about page</h1>
  </div>
</template>
```

（3）完善 Home.vue 文件的代码

文件夹 views 下 Home.vue 文件的代码如下：

```
<template>
  <div class="home">
    <Content msg="Welcome to Your Vue.js App" />
  </div>
</template>
<script>
import Content from "@/components/Content.vue";
export default {
  name: "Home",
  components: {
      Content,
  },
};
</script>
```

6. 完善文件夹 router 下 index.js 文件的代码

对文件夹 router 下 index.js 文件中的代码进行完善。

读者可以扫描二维码查看【电子活页 7-12】中文件夹 router 下 index.js 文件的代码，或者从本单元配套的教学资源中打开对应的文档查看相应内容。

7. 完善 src 文件夹中的 App.vue 文件

文件夹 src 下 App.vue 文件的模板代码如下：

电子活页 7-12

文件夹 route 下
index.js 文件的代码

```
<template>
  <div id="app">
    <div id="nav">
      <router-link to="/home">主页</router-link> |
      <router-link to="/about">关于我们</router-link>
    </div>
    <router-view />
  </div>
</template>
```

8. 完善 main.js 文件

case01-login\src\main.js 文件完善后的代码如下：

```
import Vue from "vue";
import App from "./App.vue";
import router from "./router";
import ElementUI from 'element-ui';
import 'element-ui/lib/theme-chalk/index.css';
Vue.use(ElementUI);
Vue.config.productionTip = false;
console.log(process.env.Vue_APP_BASE_API)
new Vue({
    router,
    render: (h) => h(App)
}).$mount("#app");
```

9. 完善 package.json 文件

在 package.json 文件中找到 scripts 节点下的 serve 选项，在后面加上--open，实现运行项目后自动打开浏览器。

scripts 节点完整的代码如下：

```
"scripts": {
    "serve": "vue-cli-service serve   --open",
    "build": "vue-cli-service build",
    "lint": "vue-cli-service lint"
},
```

10. 启动项目与浏览运行结果

在 case01-login 中执行以下命令，启动项目：

```
npm run serve
```

如果没有报错，自动打开了网页则项目配置成功。经测试实现了要求的功能。

【任务 7-2】基于"Vue.js+Axios+axios-mock-adapter"实现用户登录

【任务描述】

创建基于"Vue.js+Axios+axios-mock-adapter"的项目 case02-login，该项目用于实现登录功能。

项目 case02-login 启动成功后，打开浏览器，在地址栏中输入"http://localhost:8080/"，按【Enter】键，即可看到登录页面，分别在文本框中输入用户名与密码，如图 7-14 所示。单击【login】按钮，此时顺利打开图 7-15 所示的项目主界面则表示登录成功。

图 7-14 【用户登录】页面

图 7-15 项目主界面

【任务实施】

1. 开始创建 Vue 项目

在命令行中执行以下命令创建 Vue 项目 case02-login：

```
vue create case02-login
```

2. 完善项目的文件夹结构

在本项目文件夹 case02-login 中创建子文件夹 service，在 service 文件夹中再创建子文件 api 和 db。

读者可以扫描二维码查看【电子活页 7-13】中项目 case02-login 完整的文件夹结构，或者从本单元配套的教学资源中打开对应的文档查看相应内容。

电子活页 7-13

项目 case02-login 完整的文件夹结构

3. 准备项目环境

基于 vue-cli 脚手架创建项目，需要安装 Node.js 和全局安装 vue-cli。

在当前文件夹 case02-login 下执行以下命令，分别安装 Axios、Mock.js、axios-mock-adapter 插件：

```
npm install axio –save
npm install mockjd --save-dev
npm install axios-mock-adapter --save-dev
```

程序中插件的引入方法如下：

第一种引入方式：按照 ES6 的语法，以 import 的方式引入，对应的语句如下：

```
import axios from 'axios';
import MockAdapter from 'axios-mock-adapter';
```

第二种引入方式：以 require 方式引入，对应的语句如下：

```
var axios = require('axios');
var MockAdapter = require('axios-mock-adapter');
```

在命令行中执行以下命令安装 element-ui：

```
npm i element-ui –S
```

程序中 element-ui 的引入方法如下：

```
import ElementUI from 'element-ui';
```

4. 创建文件与编写代码实现所需功能

（1）完善 index.html 文件的代码

对文件夹 public 下 index.html 文件中的代码进行完善。

读者可以扫描二维码查看【电子活页 7-14】中文件夹 public 下 index.html 文件的代码，或者从本单元配套的教学资源中打开对应的文档查看相应内容。

（2）完善 main.js 文件的代码

对文件夹 src 下 main.js 文件中的代码进行完善：

电子活页 7-14

文件夹 public 下 index.html 文件的代码

```
import Vue from "vue";
import App from "./App.vue";
import router from "./router";
import store from "./store";
import ElementUI from 'element-ui';
import 'element-ui/lib/theme-chalk/index.css';
import axios from 'axios'
import Mock from './mock/index'
```

```
Mock.init()
// axios 不能直接使用 use 引入，只能在每个需要发送请求的组件中即时引入
Vue.prototype.$ajax = axios
Vue.use(ElementUI)
Vue.config.productionTip = false;
new Vue({
    router,
    store,
    render: h => h(App)
}).$mount("#app");
```

（3）完善 App.vue 文件的代码

对文件夹 src 下 App.vue 文件中的代码进行完善：

```
<template>
    <div id="app">
        <router-view />
    </div>
</template>
```

电子活页 7-15

文件夹 src\router 下
index.js 文件的代码

（4）完善文件夹 src\router 下 index.js 文件的代码

对文件夹 src\router 下 index.js 文件中的代码进行完善。

读者可以扫描二维码查看【电子活页 7-15】中文件夹 src\router 下 index.js
文件的代码，或者从本单元配套的教学资源中打开对应的文档查看相应内容。

（5）完善文件夹 src\store 下 index.js 文件的代码

对文件夹 src\store 下 index.js 文件中的代码进行完善：

```
import Vue from "vue";
import Vuex from "vuex";
Vue.use(Vuex);
export default new Vuex.Store({
    state: { },
    mutations: { },
    actions: { },
    modules: { }
});
```

（6）创建 Home.vue 文件与编写代码

在文件夹 src\components 中创建 Home.vue 文件，再在该文件中输入以下代码：

```
<template>
    <div >
        <h1>{{ msg }}</h1>
    </div>
</template>
<script>
    export default {
        name: '成功登录，进入主界面',
```

```
        data () {
            return {
                msg: '成功登录，进入主界面'
            }
        }
    }
</script>
```

（7）创建 Login.vue 文件与编写代码

在文件夹 src\components 中创建 Login.vue 文件，在该文件中输入模块代码。

读者可以扫描二维码查看【电子活页 7-16】中文件夹 src\components 下 Login.vue 文件的模板代码，或者从本单元配套的教学资源中打开对应的文档查看相应内容。

在文件 Login.vue 中输入 JavaScript 代码实现要求的功能。

读者可以扫描二维码查看【电子活页 7-17】中文件夹 src\components 下 Login.vue 文件的 JavaScript 代码，或者从本单元配套的教学资源中打开对应的文档查看相应内容。

（8）在文件夹 src\axios 中创建 api.js 文件与编写代码

在文件夹 src\axios 中创建 api.js 文件，在该文件中输入以下模块代码：

电子活页 7-16　电子活页 7-17

文件夹 src\components 下 Login.vue 文件的模板代码

文件夹 src\components 下 Login.vue 文件的 JavaScript 代码

```
import axios from 'axios'
axios.defaults.baseUrl = 'http://127.0.0.1:8080';
export const requseLogin = params => {
    return axios.post('/user/login', params);
}
```

（9）在文件夹 src\mock 中创建 index.js 文件与编写代码

在文件夹 src\mock 中创建 api.js 文件，在该文件中输入模块代码。

读者可以扫描二维码查看【电子活页 7-18】中文件夹 src\mock 下 api.js 文件的模板代码，或者从本单元配套的教学资源中打开对应的文档查看相应内容。

（10）在文件夹 src\mock\data 中创建 user.js 文件与编写代码

在文件夹 src\mock\data 中创建 user.js 文件，该文件用于存储用户信息，在该文件中输入以下模块代码：

电子活页 7-18

文件夹 src\mock 下 api.js 文件的模板代码

```
const users = [
    {
        id: 1,
        username: 'admin',
        password: '123456',
        email: '123456@qq.com',
        name: '张珊'
    },
    {
        id: 2,
        username: 'lucky',
        password: '123456',
```

```
            email: 'yyyyy@163.com',
            name: '李斯'
        }
    ]
    export { users }
```

5. 启动项目与浏览运行结果

在当前文件夹 case02-login 下执行以下命令，启动项目：

```
npm run serve
```

命令行输出以下提示信息，则表示项目的前端程序启动成功：

```
App running at:
- Local:    http://localhost:8080/
- Network: http://192.168.1.7:8080/
```

项目 case02-login 前端程序启动成功后，打开浏览器，在地址栏中输入"http://localhost:8080/"，按【Enter】键，即可看到登录页面。经测试实现了要求的功能。

 在线测试

电子活页 7–19

在线测试

单元 8
Vuex状态管理

随着业务的增加，现在的应用程序也变得越来越复杂。每个组件都有自己的数据状态，再加上组件之间的数据传递问题，一个数据的变化会影响好几个组件的连锁反应，这就增加了定位的难度。要解决这些问题，就要集中管理数据，在多个组件中共享数据状态，例如用户的登录信息或者 UI 组件的呈现状态（按钮禁用或加载数据）。

在大型 SPA 中，往往会编写许多组件，每个组件都会有自己单独的数据或状态，但也存在公共的数据或状态是多个组件共享使用的，如用户的状态、公共的页面配置等。用户需要把这些公共状态抽取出来，以一个全局单例模式在应用外部采用集中式存储进行管理，于是 Vuex 就诞生了。Vuex 是一个专为 Vue.js 应用程序开发的状态管理模式，它采用集中式存储管理应用的所有组件的状态，并以相应的规则保证状态以一种可预测的方式发生变化。Vuex 也集成到 Vue 的官方调试工具 devtools extension 中，提供了诸如零配置的 time-travel 调试、状态快照导入和导出等高级调试功能。

是否使用 Vuex 要根据项目的实际规模来决定，在简单的应用中使用 Vuex 可能会显得烦琐冗余。对于中大型的 SPA，Vuex 在状态管理方面是较好的选择。

 学习领会

8.1 Vuex 概述

8.1.1 Vuex 是什么

一份数据可以在多个组件中使用，图 8-1 所示的 E、F、I 需要同时展示 userName。它还可能被用户修改，修改之后其他组件也要去同步修改。

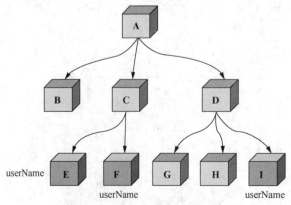

图 8-1 一份数据在多个组件中使用

微课 8-1

Vuex 概述

图 8-1 中的 userName 怎么管理？一种简单的方式是在共同的父节点中去管理这些数据，也就是图 8-2 所示的 A 节点。这种通过属性的传递的方式非常脆弱，而且成本非常高。

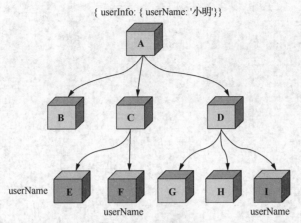

图 8-2　父节点管理方式

当状态树比较大的时候，用户就需要一个更加系统化的管理工具。该工具需要动态注册响应数据，需要管理命名空间与组织数据，还需要通过插件来记录数据的更改，方便调试，这些功能都是 Vuex 要做的事情。

用户并不需要手动去完成状态管理的工作，许多流行的框架都能帮助用户管理数据状态。Vue 的数据状态管理也有自己的官方解决方案，称作 Vuex，其作用是帮助用户集中管理数据状态以及任何组件（不需要有父子关系），也能很容易进行数据之间的交互。未使用 Vuex 与使用 Vuex 进行数据状态管理的示意图如图 8-3 所示。

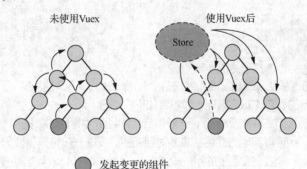

图 8-3　未使用 Vuex 与使用 Vuex 进行数据状态管理的示意图

8.1.2　什么是状态管理框架

下面首先分析一个简单的 Vue 计数程序。

【实例 8-1】使用自定义方法实现简单的 Vue 计数功能

【操作要求】

创建网页 0801.html：在 data() 函数中定义变量 count，并赋初值为 1；在 methods 中定义方法 increment()，该方法用于实现计数功能；在 template 模板中按钮的 click 事件绑定方法 increment()，并显示计数。

【实现过程】

创建网页 0801.html，在该网页中编写以下代码实现要求的功能：

```
<div id="app"></div>
<script>
    var vm = new Vue({
        el: '#app',
        // State
        data () {
            return {
                count: 1
            }
        },
        // View
        template: '
          <div><input type="button" value="单击增加 1" @click="increment()" >
                {{ count }}
          </div>
        ',
        // Actions
        methods: {
            increment () {
              this.count++
            }
        }
    })
</script>
```

对状态管理简单的理解就是统一管理和维护各个 Vue 组件的可变化状态。

Vue 是单向数据流的，它的状态管理一般包含如下几部分。

① 状态（State）：驱动应用的数据源，一般指 data()函数中返回的数据。

② 视图（View）：组件以声明方式将状态映射到视图。视图一般是指模板。

③ 行为（Actions）：响应在视图上的用户输入导致的状态变化。

Vuex 是一种状态管理模式，"状态-视图-行为"之间也是单向数据流，单向数据流示意图如图 8-4 所示。

但是，当应用遇到多个组件共享状态的时候，单向数据流可能不太满足需求。例如以下两种情况。

① 多个视图依赖于同一状态。

② 来自不同视图的行为需要变更同一状态。

由于传递参数的方法对于多层嵌套的组件将会非常烦琐，并且对于兄弟组件间的状态传递无能为力，因此也经常采用父子组件直接引用或者通过事件来变

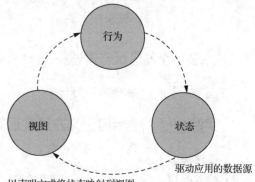

图8-4 "状态-视图-行为"之间的单向数据流示意图

更和同步状态的多份副本。以上的这些模式非常脆弱,通常会导致无法维护的代码。

为避免出现问题,可以把组件的共享状态提取出来,作为全局单例模式来管理,于是 Vuex 就诞生了。Vuex 的主要优点是解决了组件之间共享同一状态的问题。

在这种模式下,组件树构成了一个巨大的"视图",不管在树的哪个位置,任何组件都能获取状态或者触发行为。通过定义和隔离状态管理中的各种概念并通过强制规则维持视图和状态间的独立性,代码将会变得更结构化且易维护。这就是 Vuex 的基本原理。

8.1.3 Vuex 的运行机制

Vuex 是可以独立提供响应式数据的,它和组件没有强相关的关系。Vuex 通过状态提供数据驱动视图,视图通过 dispatch()方法派发行为,在行为中可以进一步完成异步操作,可以通过 AJAX 接口去后端获取想要的数据,然后通过 commit()方法,提交给 mutations()方法,由 mutations()方法来最终更改状态。这就是 Vuex 的运行机制,其示意图如图 8-5 所示。

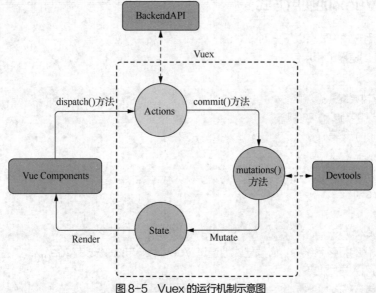

图 8-5 Vuex 的运行机制示意图

为什么要经过 mutations 呢?原因是要在 Devtools 里面记录数据的变化,即在插件中记录数据的变化,这样通过插件就可以进一步调试。所以说 mutations 需要一个同步的操作,如果有异步的操作,就需要在 Actions 中处理。

图 8-5 代表着整个 Vuex 框架的运行流程,Vuex 为 Vue Components 建立起了一个完整的生态圈,包括开发中的 API 调用一环。围绕这个生态圈,下面简要介绍一下各模块在核心流程中的主要功能。

① Vue Components:Vue 组件。它在 HTML 页面上负责接收用户操作等交互行为,执行 dispatch()方法触发对应行为进行回应。

② dispatch():操作行为触发事件处理方法,是唯一能执行行为的方法。

③ Actions:操作行为处理模块,负责定义事件回调函数,处理 Vue Components 接收到的所有交互行为,并且 Actions 是异步的。它支持多个同名方法,按照注册的顺序依次触发。向后台 API 请求的操作就在这个模块中进行,包括触发其他行为以及提交 Mutations 的操作。该模块提供了 Promise 的封装,以支持行为的链式触发。

④ commit():状态改变提交操作方法。它对 Mutations 进行提交,是唯一能执行 Mutations

的方法。

⑤ mutations()：状态改变操作方法。它是 Vuex 修改状态的唯一推荐方法，其他修改方式在严格模式下将会报错。mutations()方法只能进行同步操作，且方法名只能全局唯一。操作之中会有一些钩子函数暴露出来，以进行状态的监控等。

⑥ State：页面状态管理容器对象。它集中存储 Vue Components 中 data 对象的零散数据，全局唯一，以进行统一的状态管理。页面显示所需的数据从该对象中进行读取，利用 Vue 的细粒度数据响应机制来进行高效的状态更新。

⑦ getters()：状态对象读取方法。图中没有单独列出该方法，它被包含在了 Render 模块中，Vue Components 通过该方法读取全局状态对象。

Vue 组件接收交互行为，调用 dispatch()方法触发行为相关处理，若页面状态需要改变，则调用 commit()方法提交 mutations()修改状态，通过 getters()方法获取到状态的新值，重新渲染 Vue Components，程序界面随之更新。

8.1.4 Vuex 的使用方式

Vuex 的使用方式主要有以下 3 种。

（1）直接在浏览器下引用包

代码如下：

```
<script src="vue.js"></script>
<script src="vuex.js"></script>
```

（2）使用 npm 安装

代码如下：

```
npm install vuex –save
```

（3）使用 Yarn 安装

代码如下：

```
yarn add vuex
```

在一个模块化的打包系统中，必须显式地通过 Vue.use()方法来安装 Vuex。

入口文件的引入方式如下：

```
import Vue from 'vue';
import Vuex from 'vuex';
Vue.use(Vuex);
```

当使用全局 script 标签引用 Vuex 时，不需要以上安装过程。

8.1.5 Vue 项目结构示例

Vuex 并不限制代码结构，它规定了一些需要遵守的规则。

① 应用层级的状态应该集中到单个 store 对象中。

② 提交 mutations 是更改状态的唯一方法，并且这个过程是同步的。

③ 异步逻辑都应该封装到 Actions 里面。

只要遵守以上规则，可以随意组织代码。如果 store 文件太大，只需将 Actions、mutations 和 getters 分割到单独的文件。

对于大型应用，希望把 Vuex 相关代码分割到模块中，下面是项目结构示例：

```
├── index.html
```

```
├── main.js
├── api
│       └── ... # 抽取出 API 请求
├── components
│       ├── App.vue
│       └── ...
└── store
        ├── index.js        # 组装模块并导出 store 的地方
        ├── actions.js      # 根级别的 actions
        ├── mutations.js    # 根级别的 mutations
        └── modules         # 提供 module 对象与 module 对象树的创建功能
```

8.2 简单的 store 应用

Vuex 是一个专为 Vue 应用程序开发的状态管理模式，它采用集中式存储管理应用的所有组件的状态，并以相应的规则保证状态以一种可预测的方式发生变化。

Vuex 应用的常用场景为 Vue 多个组件之间需要共享数据或状态。

每一个 Vuex 应用的核心就是 store，store 基本上就是一个容器（数据仓库），它保存着应用程序中大部分的状态。Vuex 和单纯的全局对象有以下两点不同。

微课 8–2

简单的 store 应用

① Vuex 的状态存储是响应式的，当 Vue 组件从 store 中读取状态的时候，若 store 中的状态发生变化，那么相应的组件也会相应地得到高效更新。

② 不能直接改变 store 中的状态，改变 store 中的状态的唯一途径就是显式地提交 mutations，这样有利于跟踪每一个状态的变化。

安装完 Vuex 之后，下面来创建一个 store。创建过程直截了当，仅需要提供一个初始 state 对象和一些 mutations。

例如：

```
const store = new Vuex.Store({
        state:{
                count:0
        },
        mutations: {
                increment (state) {
                    state.count++
                }
        }
  })
```

现在，可以通过 store.state() 方法来获取状态对象，通过 store.commit() 方法触发状态变更：

```
store.commit('increment')
console.log(store.state.count) // -> 1
```

为了在 Vue 组件中访问 this.$store property，需要为 Vue 实例提供创建好的 store。Vuex 提供了一个从根组件向所有子组件，以 store 选项的方式"注入"该 store 的机制：

```
var vm=new Vue({
```

```
        el:"#app",
        store:store,
    })
```

例如：

```
var vm=new Vue({
    el: '#app',
    store
})
```

现在就可以从组件的方法中提交一个变更：

```
methods: {
        increment() {
                this.$store.commit('increment')
                console.log(this.$store.state.count)
            }
    }
```

再次强调，必须通过提交 mutations 的方式，而非直接改变 store.state.count，是因为想要更明确地追踪到状态的变化。这个简单的约定能够让用户的意图更加明显，这样在阅读代码的时候能更容易地解读应用内部的状态改变。此外，这样也让用户有机会去实现一些能记录每次状态改变，保存状态快照的调试工具。

由于 store 中的 state 是响应式的，在组件中调用 store 中的 state 简单到仅需要在计算属性中返回即可。触发变化也仅仅是在组件的 methods 中提交 mutations。

在页面中有一个变量显示数字，另有一个按钮实现数字的加一的操作。首先用纯粹的 Vue 的方式实现。

【示例】demo0801.html

代码如下：

```
<div id="app">
    <input type="button" value="单击增加 1" @click="increment()" >
    {{ count }}
</div>
<script>
    var vm=new Vue({
        el:"#app",
        data () {
                return {
                    count: 1
                }
            },
        methods: {
```

```
        increment() {
            this.count++
            console.log(this.count)
        }
    }
})
</script>
```

上述代码中，button 标签内绑定一个方法 increment()，当单击该按钮时调用对应的方法 increment()，接着会执行 Vue 中的 methods 对应的方法，然后会对 data()函数中的 count 属性值进行改变，改变后会把最新值渲染到视图中。

接下来使用 Vuex 方式实现上述功能，对比一下 Vuex 到底做了什么事情，解决了什么问题？一个最基本的 Vuex 记数应用示例如下。

【实例 8-2】使用 Vuex 实现简单的计数功能

【操作要求】

创建网页 0802.html，使用 Vuex 实现简单的计数功能，要求在页面中有一个变量显示数字，另有一个按钮实现数字的加一的操作。

【实现过程】

创建网页 0802.html，首先引入 vue.js 和 vuex.js 文件，代码如下：

```
<script src="vue.js"></script>
<script src="vuex.js"></script>
```

然后在该网页中编写代码实现要求的功能。

读者可以扫描二维码查看【电子活页 8-1】中网页 0802.html 的代码，或者从本单元配套的教学资源中打开对应的文档查看相应内容。

浏览网页 0802.html 时的初始状态如图 8-6 所示，单击【单击增加 1】按钮，该按钮右侧的数字依次增加 1。

电子活页 8-1

网页 0802.html 的代码

单击增加1　1

图 8-6　浏览网页 0802.html 时的初始状态

对比以上两种不同的实现方式，主要区别如下。

① 引用 Vuex 源代码。

② methods 的方法不变，但是方法内的逻辑不在函数内进行，而是让 store 对象去处理。

③ count 数据不再是一个 data()函数返回的对象的属性了，而是通过 store 对象内的属性返回的。

具体的调用过程如下。

首先在 View 上的元素操作单击事件，然后调用 methods 中的对应方法 increment()，再通过 store.commit()方法触发 store 中的 mutations 对应的方法来改变 state 的属性，值发生改变后，View 就得到更新。

回到 store 上来，store 是 Vuex.Store 的实例。在 store 内分别定义 state 对象和 mutations 对象，其中 state 存放的是状态，例如 count 属性就是它的状态值，而 mutations 则保存会引发状态改变的所有方法。

8.3 Vuex 的配置选项

8.3.1 state

微课 8-3

Vuex 的配置选项

state 是 Vuex 中的数据源，Vue 项目中所需要保存的数据就保存在这里，可以在页面中通过 this.$store.state 来获取定义的数据。

1. 单一状态树

Vuex 使用的是单一状态树，用一个对象就包含了全部的应用层级状态。这也意味着每个应用将仅仅包含一个 store 的实例。单一状态树能够直接地定位任一特定的状态片段，在调试的过程中也能轻易地取得整个当前应用状态的快照。

【实例 8-3】通过单一状态树实现简单的计数功能

【操作要求】

创建网页 0803.html，通过单一状态树实现简单的计数功能，要求在页面中有一个变量显示数字，另有一个按钮实现数字的加一的操作。

【实现过程】

创建网页 0803.html，在该网页中编写代码实现要求的功能。

读者可以扫描二维码查看【电子活页 8-2】中网页 0803.html 的代码，或者从本单元配套的教学资源中打开对应的文档查看相应内容。

电子活页 8-2

网页 0803.html 的代码

网页 0803.html 所示的代码要从 store 中读取一个状态，可以从 computed 中的 outputCount()方法内读取到。

state 是用来存储初始化数据的，如果要读取数据，则使用"store.state.数据变量"的格式。修改数据使用 mutations，它保存的是需要改变数据的所有方法，改变 mutations 里的数据需要使用 store.commit()方法。

2. 在 Vue 组件中获得 Vuex 状态

如何在 Vue 组件中展示状态呢？由于 Vuex 的状态存储是响应式的，从 store 实例中读取状态最简单的方法就是在计算属性中返回某个状态。

例如：

```
// 创建一个 Counter 组件
const Counter = {
    template: '<div>{{ count }}</div>',
    computed: {
        count () {
            return store.state.count
        }
    }
}
```

每当 store.state.count 变化的时候，都会重新求取计算属性，并且触发更新相关联的 DOM。然而，这种模式导致组件依赖全局状态单例。在模块化的构建系统中，在每个需要使用 state 的组件中需要频繁地导入，并且在测试组件时需要模拟状态。因此 Vuex 通过 store 选项提供了一种机制，将状态从根组件"注入"每一个子组件中。

例如：

```
const app = new Vue({
    el: '#app',
    // 把 store 对象提供给 store 选项，这可以把 store 实例注入所有的子组件
    store:store,
    components: { 'app-commponents':counter }
})
```

通过在根实例中注册 store 选项，该 store 实例会注入根组件下的所有子组件中，且子组件能通过 this.$store 访问到。

创建一个 counter 组件的代码如下：

```
const counter = {
    template: `<div>{{ count }}</div>`,
    computed: {
        count () {
            return this.$store.state.count
        }
    }
}
```

【实例 8-4】实现在 Vue 组件中获得 Vuex 状态

【操作要求】

创建网页 0804.html，实现在 Vue 组件中获得 Vuex 状态。

【实现过程】

创建网页 0804.html，在该网页中编写以下代码实现要求的功能。

读者可以扫描二维码查看【电子活页 8-3】中网页 0804.html 的代码或者从本单元配套的教学资源中打开对应的文档查看相应内容。

电子活页 8-3

网页 0804.html 的代码

3. mapState()辅助函数

当一个组件需要获取多个状态时，将这些状态都声明为计算属性会有些重复和冗余。为了解决这个问题，可以使用 mapState()辅助函数帮助生成计算属性。

【实例 8-5】使用 mapState()辅助函数帮助生成计算属性

【操作要求】

创建网页 0805.html，实现使用 mapState()辅助函数帮助生成计算属性，获取组件中的状态。

【实现过程】

创建网页 0805.html，在该网页中编写代码实现要求的功能。

读者可以扫描二维码查看【电子活页 8-4】中网页 0805.html 的代码，或者从本单元配套的教学资源中打开对应的文档查看相应内容。

电子活页 8-4

网页 0805.html 的代码

当映射的计算属性的名称与 state 的子节点名称相同时，也可以给 mapState() 函数传入一个字符串数组。

例如：

```
computed: mapState([
    // 映射 this.count 为 store.state.count
    'count'
])
```

mapState()函数返回的是一个对象。如何将它与局部计算属性混合使用呢？通常需要使用一个工具函数将多个对象合并为一个，再将最终对象传给 computed 属性。但是自从有了对象展开运算符，可以极大地简化写法，例如：

```
computed: {
    localComputed () { /* ... */ },
    // 使用对象展开运算符将此对象混入外部对象中
    ...mapState({
        // …
    })
}
```

使用 Vuex 并不意味着需要将所有的状态放入 Vuex 中。虽然将所有的状态放到 Vuex 中会使状态变化更显式、更易调试，但也会使代码变得冗长和不直观。如果有些状态严格属于单个组件，最好还是作为组件的局部状态。

8.3.2　getters

getters 相当于 Vue 中的 computed（计算）属性，getters 的返回值会根据它的依赖被缓存起来，且只有当它的依赖值发生了改变时才会被重新计算。

getters 可以用于监听 state 中的值的变化，返回计算后的结果。可以通过 this.$store.getters.getCount 来获取 state 中的数据。

有时候需要从 store 中的 state 中派生出一些状态，例如对列表进行过滤并计数：

```
computed: {
    doneTodosCount () {
        return this.$store.state.todos.filter(todo => todo.done).length
    }
}
```

如果有多个组件需要用到此属性，那么要么复制这个函数，要么抽取到一个共享函数后在多处导入它，但无论哪种方式都不是很理想。

Vuex 允许在 store 中定义 getters（可以认为是 store 的计算属性），就像计算属性一样，getters 的返回值会根据它的依赖被缓存起来，且只有当它的依赖值发生了改变时才会被重新计算。

getters 接受 state 作为其第一个参数，例如：

```
const store = new Vuex.Store({
    state: {
        todos: [
            { id: 1, text: '内容 1', done: true },
            { id: 2, text: '内容 2', done: false }
        ]
    },
```

```
getters: {
    // 定义 doneTodos()方法，该方法接收 state 参数
    doneTodos: state => {
    // 使用 filter()方法对 todos 数组进行处理，filter()方法接收的参数为箭头函数
    // 箭头函数的参数 todo 表示数组中的每个对象，使用 todo.done 作为返回值返回
    // 如果返回值为 true，就会在 filter()方法返回的数组中添加 todo
        return state.todos.filter(todo => todo.done)
    }
  }
})
```

getters 会暴露为 store.getters 对象：

```
store.getters.doneTodos        // -> [{ id: 1, text: '内容 1', done: true }]
```

getters 也可以接受其他 getters 作为第二个参数：

```
getters: {
  // ...
  doneTodosCount: (state, getters) => {
      return getters.doneTodos.length
  }
}
store.getters.doneTodosCount // -> 1
```

【示例】demo0802.html

读者可以扫描二维码查看【电子活页 8-5】中网页 demo0802.html 的代码，或者从本单元配套的教学资源中打开对应的文档查看相应内容。

可以很容易地在任何组件中使用 doneTodosCount ()：

电子活页 8-5

网页 demo0802.
html 的代码

```
computed: {
    doneTodosCount () {
        return this.$store.getters.doneTodosCount
    }
}
```

也可以通过让 getters 返回一个函数来实现给 getters 传递参数。这在对 store 里的数组进行查询时非常有用。

例如：

```
getters: {
  getTodoById: (state, getters) => (id) => {
    return state.todos.find(todo => todo.id === id)
  }
}
store.getters.getTodoById(2) // -> { id: 2, text: '...', done: false }
```

如果箭头函数不好理解，也可以写成普通函数形式，代码如下：

```
var getTodoById = function(state,getters){
  return function(id){
    return state.todos.find(function(todo){
```

```
            return todo.id === id
        })
    }
}
store.getters.getTodoById(2) // -> { id: 2, text: '...', done: false }
```

mapGetters()辅助函数仅将 store 中的 getters 映射到局部计算属性，代码如下：

```
import { mapGetters } from 'vuex'
export default {
    // ...
    computed: {
    // 使用对象展开运算符将 getters 混入 computed 对象中
        ...mapGetters([
        'doneTodosCount',
        'anotherGetter',
        ])
    }
}
```

如果想给一个 getters 属性另取一个名字，可以使用对象形式，代码如下：

```
mapGetters({
    // 映射 this.doneCount 为 store.getters.doneTodosCount
    doneCount: 'doneTodosCount'
})
```

8.3.3　mutations

更改 Vuex 的 store 中的 state 的唯一方法是提交 mutations。Vuex 中的 mutations 非常类似于事件：每个 mutations 都有一个字符串的事件类型和一个回调函数，这个回调函数就是实际进行状态更改的地方，并且它会接受 state 作为第一个参数。

例如：

```
const store = new Vuex.Store({
    state: {
        count: 1
    },
    mutations: {
        increment (state) {
            // 变更状态
            state.count++
        }
    }
})
```

不能直接调用一个 mutation handler，这个选项更像是事件注册：当触发一个类型为 increment 的 mutations 时，调用此函数。要唤醒一个 mutation handler，需要以相应的 type 调用 store.commit()

方法，代码如下：

```
store.commit('increment')
```

可以向 store.commit()方法传入额外的参数，即 mutations 的载荷（Payload），代码如下：

```
mutations: {
  increment (state, n) {
    state.count = n
  }
}
store.commit('increment', 10)
```

在大多数情况下，载荷应该是一个对象，这样可以包含多个字段并且记录的 mutations 会更易读。当使用对象风格的提交方式时，整个对象都作为载荷传给 mutations，因此 handler 保持不变。

例如：

```
mutations: {
  increment (state, payload) {
    state.count += payload.amount
  }
}
store.commit('increment', {
  amount: 10
})
```

提交 mutations 的另一种方式是直接使用包含 type 属性的对象，代码如下：

```
store.commit({
  type: 'increment',
  amount: 10
})
```

既然 Vuex 的 store 中的状态是响应式的，那么当变更状态时，监视状态的 Vue 组件也会自动更新。这也意味着 Vuex 中的 mutations 也需要与使用 Vue 一样遵守一些注意事项。

① 最好提前在 store 中初始化好所有所需属性。

② 当需要在对象上添加新属性时，应该使用 Vue.set(obj, 'newProp', 123)，或者以新对象替换老对象。例如，利用对象展开运算符可以这样写：

```
state.obj = { ...state.obj, newProp: 123 }
```

8.3.4　actions

在 mutations 中混合异步调用会导致程序很难调试，例如，当调用了两个包含异步回调函数的 mutations 来改变状态时，怎么知道什么时候回调和哪个先回调呢？这就是为什么要区分这两个概念。在 Vuex 中，mutations 都是同步事务。

actions 类似于 mutations，不同之处如下。

① actions 提交的是 mutations，而不是直接变更状态。

② actions 可以包含任意异步操作。

以下代码注册一个简单的 actions：

```
const store = new Vuex.Store({
  state: {
```

```
    count: 0
  },
  mutations: {
    increment (state) {
      state.count++
    }
  },
  actions: {
    increment (context) {
      context.commit('increment')
    }
  }
})
```

actions 接受一个与 store 实例具有相同方法和属性的 context 对象，因此可以调用 context.commit() 方法提交一个 mutations，或者通过 context.state()方法和 context.getters()方法来获取 state 和 getters。

实际应用中，会经常用到 ES2015 的参数解构来简化代码，特别是需要调用 commit()方法很多次的时候，例如：

```
actions: {
  increment ({ commit }) {
    commit('increment')
  }
}
```

1. 分发 actions

actions 通过 store.dispatch()方法触发，代码如下：

```
store.dispatch('increment')
```

乍一眼看上去感觉多此一举，直接分发 mutations 岂不更方便？实际上并非如此，mutations 必须同步执行这个限制，而 actions 就不受约束，可以在 actions 内部执行异步操作，例如：

```
actions: {
  incrementAsync ({ commit }) {
    setTimeout(() => {
      commit('increment')
    }, 1000)
  }
}
```

actions 支持以同样的载荷方式和对象方式进行分发，例如：

```
// 以载荷形式分发
store.dispatch('incrementAsync', {
  amount: 10
})
// 以对象形式分发
store.dispatch({
```

```
        type: 'incrementAsync',
        amount: 10
})
```

2. 在组件中分发 actions

在组件中使用 this.$store.dispatch('xxx')分发 actions，或者使用 mapActions()辅助函数将组件的 methods 映射为 store.dispatch 调用（需要先在根节点注入 store），例如：

```
import { mapActions } from 'vuex'
export default {
  methods: {
    ...mapActions([
      'increment',    // 将 this.increment()映射为 this.$store.dispatch('increment')
      // mapActions 也支持载荷：
      // 将 this.incrementBy(amount)映射为
      // this.$store.dispatch('incrementBy', amount)
      'incrementBy'
    ]),
    ...mapActions({
      add: 'increment' // 将 this.add()映射为 this.$store.dispatch('increment')
    })
  }
}
```

3. 组合 actions

actions 通常是异步的，那么如何知道 actions 什么时候结束呢？更重要的是，如何才能组合 actions，以处理更加复杂的异步流程？

首先，需要明白 store.dispatch()方法可以处理被触发的 actions 的处理函数返回的 Promise，并且 store.dispatch()方法仍旧返回 Promise，例如：

```
actions: {
  actionA ({ commit }) {
    return new Promise((resolve, reject) => {
      setTimeout(() => {
        commit('someMutation')
        resolve()
      }, 1000)
    })
  }
}
```

现在可以改为：

```
store.dispatch('actionA').then(() => {
  // ...
})
```

在另外一个 actions 中也可以：

```
actions: {
```

```
    actionB ({ dispatch, commit }) {
        return dispatch('actionA').then(() => {
            commit('someOtherMutation')
        })
    }
}
```

最后，如果利用 async/await 这个 JavaScript 新特性，可以像这样组合 actions：

```
// 假设 getData()方法和 getOtherData()方法返回的是 Promise
actions: {
    async actionA ({ commit }) {
        commit('gotData', await getData())
    },
    async actionB ({ dispatch, commit }) {
        await dispatch('actionA')        // 等待 actionA 完成
        commit('gotOtherData', await getOtherData())
    }
}
```

一个 store.dispatch()方法在不同模块中可以触发多个 actions。在这种情况下，只有当所有触发函数完成后，返回的 Promise 才会执行。

8.3.5　modules

由于使用单一状态树，应用的所有状态会集中到一个比较大的对象中。当应用变得非常复杂时，store对象就有可能变得相当臃肿。为了解决这个问题，Vuex 允许将 store 分割成模块（module）。modules用来在 store 实例中定义模块对象，每个模块拥有自己的 state、mutations、actions、getters，甚至是嵌套子模块也可以从上至下进行同样方式的分割，例如：

```
const moduleA = {
    state: { ... },
    mutations: { ... },
    actions: { ... },
    getters: { ... }
}
const moduleB = {
    state: { ... },
    mutations: { ... },
    actions: { ... }
}
const store = new Vuex.Store({
    modules: {
        a: moduleA,
        b: moduleB
    }
```

```
})
store.state.a    // -> moduleA 的状态
store.state.b    // -> moduleB 的状态
```

上述代码中，moduleA、moduleB 表示模块名称，可以自定义，主要通过对象中的属性描述模块的功能，这与 store 中的参数是相同的。

【示例】demo0803.html

读者可以扫描二维码查看【电子活页 8-6】中网页 demo0803.html 的代码，或者从本单元配套的教学资源中打开对应的文档查看相应内容。

电子活页 8-6

网页 demo0803.html 的代码

📝 **拓展提升**

8.4 Vuex 的 API

每个 Vuex 应用的核心就是 store，即响应式容器，创建实时对象 store 的代码如下：

```
const store = new Vuex.Store({ ...options })
```

1. Vuex 的构造器选项

（1）state

state 是 Vuex store 实例的根对象。

（2）mutations

在 store 上注册 mutations，处理函数总是接受 state 作为第一个参数（如果定义在模块中，则为模块的局部状态），payload 作为第二个参数（可选）。

（3）actions

在 store 上注册 actions，处理函数接受一个 context 对象，包含以下属性：

```
{
    state,          // 等同于 store.state，若在模块中则为局部状态
    rootState,      // 等同于 store.state，只存在于模块中
    commit,         // 等同于 store.commit
    dispatch,       // 等同于 store.dispatch
    getters         // 等同于 store.getters
}
```

（4）getters

在 store 上注册 getters，getters()方法接受以下参数：

```
state,          // 如果在模块中定义，则为模块的局部状态
getters,        // 等同于 store.getters
```

当定义在一个模块里时会有些特别。

```
state,          // 如果在模块中定义，则为模块的局部状态
getters,        // 等同于 store.getters
rootState       // 等同于 store.state
rootGetters     // 所有 getters
```

注册的 getters 暴露为 store.getters。

（5）modules

modules 包含了子模块的对象，会被合并到 store 中。

与根模块的选项一样，每个模块也包含 state 和 mutations 选项。模块的状态使用 key 关联到 store 的根状态。模块的 mutations 和 getters 只会接收 modules 的局部状态作为第一个参数，而不是根状态，并且模块 actions 的 context.state() 方法同样指向局部状态。

（6）plugins

Vuex 中的插件配置选项为 plugins，插件本身为函数。这些插件直接接收 store 对象作为唯一参数，可以监听 mutations 或者提交 mutations。

例如：

```
const appPlugin = store => {
  // 当 store 初始化后调用
  store.subscribe((mutation, state) => {
    // 每次 mutation 之后调用
    // mutation 的格式为 { type, payload }
  })
}
```

然后像这样使用：

```
const store = new Vuex.Store({
  // ...
  plugins: [appPlugin]
})
```

【示例】demo0804.html

读者可以扫描二维码查看【电子活页 8-7】中网页 demo0804.html 的代码，或者从本单元配套的教学资源中打开对应的文档查看相应内容。

（7）strict

使 Vuex store 进入严格模式，在严格模式下，任何在 mutations 处理函数以外修改 Vuex state 都会抛出错误。

电子活页 8-7

网页 demo0804.html 的代码

2. Vuex 的实例属性

（1）state

根状态，只读。

（2）getters

暴露出注册的 getters，只读。

3. Vuex 的实例方法

读者可以扫描二维码查看【电子活页 8-8】中 Vuex 的实例方法，或者从本单元配套的教学资源中打开对应的文档查看相应内容。

① commit() 方法。

② dispatch() 方法。

③ replaceState() 方法。

④ watch() 方法。

⑤ subscribe() 方法。

⑥ registerModule() 方法。

⑦ unregisterModule() 方法。

电子活页 8-8

Vuex 的实例方法

⑧ hotUpdate()方法。

4. Vuex 的辅助函数

读者可以扫描二维码查看【电子活页 8-9】中 Vuex 的辅助函数，或者从本单元配套的教学资源中打开对应的文档查看相应内容。

电子活页 8-9

Vuex 的辅助函数

① mapState()函数。

② mapGetters()函数。

③ mapActions()函数。

④ mapMutations()函数。

⑤ createNamespacedHelpers()函数。

应用实战

【任务 8-1】使用 Vuex 在单个 HTML 文件中实现计数器功能

【任务描述】

编写 JavaScript 程序代码，实现以下功能。

① 在页面中使用一个标签显示数字，使用两个按钮分别显示 "+" 与 "-"。

② 借助 Vuex 实现单击【+】按钮增 1 操作，单击【-】按钮减 1 操作。

【任务实施】

1. 准备项目环境

将 vue.js、vuex.js 两个文件复制到指定文件夹中待用。

2. 创建 HTML 文件

在指定文件夹中创建 HTML 文件 case01-incDecNumber.html，在该文件的</head>之前输入以下代码，分别引入 Vue 库和 Vuex 库：

```
<script src="vue.js"></script>
<script src="vuex.js"></script>
```

在<body></body>之间输入代码，使用 Vuex 的方式来实现计数器功能。

读者可以扫描二维码查看【电子活页 8-10】中网页 case01-incDecNumber.html 的代码，或者从本单元配套的教学资源中打开对应的文档查看相应内容。

电子活页 8-10

网页 case01-
incDecNumber.html
的代码

3. 浏览 case01-incDecNumber.html

网页 case01-incDecNumber.html 的初始浏览效果如图 8-7 所示。

图 8-7　网页 case01-incDecNumber.html 的初始浏览效果

单击【+】按钮会使数字标签依次增加 1，单击【-】按钮会使数字标签依次减少 1，也会出现负数。

【任务 8-2】使用 Vuex 的属性与方法实现人员列表查询功能

【任务描述】

编写程序，实现使用 Vuex 的属性与方法从人员数据列表中查询指定人员的功能。

【任务实施】

1. 准备项目环境

将 vue.js、vuex.js 两个文件复制到指定文件夹中待用。

2. 创建 HTML 文件

在指定文件夹中创建 HTML 文件 case02-search.html，在该文件的</head>之前输入以下代码，分别引入 Vue 库和 Vuex 库：

```
<script src="vue.js"></script>
<script src="vuex.js"></script>
```

在<body></body>之间输入以下 HTML 代码，显示一个输入框、一个查询按钮、多行人员列表数据：

```
<div id="app">
    <h3>人员列表查询</h3>
    // 在 input 表单元素上通过 v-model 绑定 data 中的 text
    <input type="text" v-model="text">
    // 绑定单击事件
    <button @click="search">查询</button>
    <p>查询结果：{{ this.$store.getters.search }}</p>
    <ul>
        // 通过 v-for 指令绑定 state 中的 peopleList 数据进行列表渲染
        <li v-for="item in this.$store.state.peopleList">{{ item }}</li>
    </ul>
</div>
```

输入 JavaScript 代码，实现使用 Vuex 的属性与方法从人员数据列表中查询指定人员的功能。

读者可以扫描二维码查看【电子活页 8-11】中网页 case02-search.html 的 JavaScript 代码，或者从本单元配套的教学资源中打开对应的文档查看相应内容。

电子活页 8-11

网页 case02-search.html 的 JavaScript 代码

3. 浏览 case02-search.html

网页 case02-search.html 的初始浏览效果如图 8-8 所示，默认的查询结果为：{ id: 1, name: '张珊' }。

在"姓名"输入框中输入待查询人员的姓名，这里输入"王武"，单击【查询】按钮，查询结果如图 8-9 所示。

人员列表查询

查询结果：[{ "id": 1, "name": "张珊" }]

- { "id": 1, "name": "张珊" }
- { "id": 2, "name": "李斯" }
- { "id": 3, "name": "王武" }
- { "id": 4, "name": "赵顺" }

人员列表查询

王武　　　　　查询

查询结果：[{ "id": 3, "name": "王武" }]

图 8-8　网页 case02-search.html 的初始浏览效果　　图 8-9　在网页 case02-search.html 中查询"王武"的结果

【任务 8-3】使用 Vuex 结合 vue-cli 实现计数器功能

【任务描述】

① 创建组件 slideShow.vue，在该组件中编写代码新建实现图片轮换的页面模块和方法。

② 创建父组件 index.vue，在该组件中引用组件 slideShow.vue，并在父组件 index.vue 中设置图片路径和标题。

③ 在文件 main.js 中引用父组件 index.vue，并在网页 index.html 中展示图片轮播效果。

【任务实施】

1. 开始创建 vue-cli 项目

在命令行中执行以下命令创建 Vue 项目：

```
vue init webpack case03-incDecNumber
```

在命令行中执行以下命令改变当前文件夹：

```
cd case03-incDecNumber
```

2. 准备项目环境

使用以下 npm 命令安装 Vuex：

```
npm install vuex –save
```

安装完之后，再在 package.json 文件中查看是否安装成功。

3. 新建 mystore.js 文件

在 src 文件夹下新建一个 vuex 文件夹，在该文件夹下新建 mystore.js 文件，该文件的代码如下：

```
import Vue from 'vue';
import Vuex from 'vuex';
Vue.use(Vuex);
export default new Vuex.Store({
    state: {
        count: 1
    },
    //使用$store.commit()方法修改 stats 数据
    mutations: {
        add(state) {
            return state.count++;
        },
        reduce(state) {
            return state.count--;
        }
    }
});
```

4. 新建 count.vue 文件

在 src/views 文件夹下新建 count.vue 文件，在该文件中编写代码实现要求的功能。

读者可以扫描二维码查看【电子活页 8-12】中文件夹 src/views 下 count.vue 文件的代码，或者从本单元配套的教学资源中打开对应的文档查看相应内容。

电子活页 8-12

文件夹 src/views 下 count.vue 文件的代码

5. 配置 count.vue 的路由

在 src/router/index.js 路由配置文件中配置 count.vue 的路由，代码如下：

```
import Vue from 'vue';
import Router from 'vue-router';
Vue.use(Router);
```

225

```
const router = new Router({
    mode: 'history',
    routes: [
        {
            path: '/count',
            name: 'count',
            component: resolve => require(['@/views/count'], resolve)    //使用懒加载
        }
    ]
});
export default router;
```

6. 完善 main.js 文件

将 src 文件夹中 main.js 文件的代码完善如下：

```
import Vue from "vue";
import App from "./App.vue";
import router from "./router";
Vue.config.productionTip = false;
console.log(process.env.Vue_APP_BASE_API)
new Vue({
    router,
    render: (h) => h(App)
}).$mount("#app");
```

7. 完善 App.vue 文件

将 src 文件夹中 App.vue 文件的代码完善如下：

```
<template>
    <div id="app">
        <router-view />
    </div>
</template>
```

8. 运行项目 case03-incDecNumber

在命令行中执行以下命令运行项目 case03-incDecNumber：

```
npm run serve
```

出现以下提示信息表示项目启动成功：

```
DONE   Compiled successfully in 2861ms

    App running at:
    - Local:    http://localhost:8080/
    - Network: http://localhost:8080/
```

打开浏览器，在地址栏中输入"http://localhost:8080/count"，按【Enter】键，页面展示效果如图 8-10 所示。

图 8-10　页面展示效果

单击【＋】按钮会使数字标签依次增加 1，单击【－】按钮会使数字标签依次减少 1，也会出现负数。

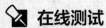 **在线测试**

电子活页 8-13

在线测试

服务器端渲染（Server Side Rendering，SSR）指把 Vue 组件在服务器端渲染为组装好的 HTML 字符串，然后将它们直接发送到浏览器，最后需要将这些静态标记混合在客户端上完全可交互的应用程序中。由于传统的 SPA 数据都是异步加载的，爬虫引擎无法加载，利用服务器端渲染可以将数据直接渲染在页面源代码中，能很好地满足 SEO 需求，有更快的内容达到时间（Time-to-content）。当请求页面的时候，服务器端渲染完数据之后，把渲染好的页面直接发送给浏览器，并进行渲染。浏览器只需要解析 HTML 而不需要解析 JavaScript，首屏时间更短。

 学习领会

9.1 区分服务器端渲染和客户端渲染

为了更好地理解服务器端渲染，下面介绍几个常用的概念。

① 数据。通常来自数据库或者第三方服务等，例如用户的信息、订单详情等。数据使用某些数据格式来存储和传输，例如 JSON、XML、数组、MAP 等。

② 模板。一个页面的基本轮廓和展示，模板定义了某个元素显示在什么位置。例如，PHP/JSP 就是模板语言，还有很多的模板引擎，包括 Smarty、Jad、JSX 等。

③ 页面。为了简化后面的说明，把页面狭义地定义为 HTML。

再引入一个公式：页面 = 模板 + 数据。

上面加号的意思并不是加法，而是渲染（Render），渲染就是将模板和数据拼装成 HTML 页面。

④ 服务器端渲染。渲染过程在服务器端完成，最终的渲染结果 HTML 字符串通过 HTTP 发送给客户端。对于客户端而言，只是看到了最终的 HTML 页面，看不到数据，也看不到模板。服务器端先调用数据库，获得数据之后，将数据和页面元素进行拼装，组合成完整的 HTML 页面，再直接返回给浏览器，以便用户浏览。

⑤ 客户端渲染。客户端请求页面时，服务器端把模板和数据发送给客户端，通过请求 JavaScript、CSS 等，在客户端进行渲染。

Vue 是构建客户端应用程序的框架。默认情况下，可以在浏览器中输出 Vue 组件，以生成 DOM 和操作 DOM。也可以将同一个组件渲染为服务器端的 HTML 字符串，将它们直接发送到浏览器，最后将这些静态标记混合在客户端上完全可交互的应用程序中。

9.1.1 熟知基本概念

在互联网早期，前端页面都是一些简单的页面。前端页面都是后端将 HTML 拼接好，然后将它返回给前端完整的 HTML 文件。浏览器获取这个 HTML 文件之后

微课 9-1

熟知基本概念

就可以直接显示了，这就是所谓的服务器端渲染。典型的有通过"Java + Velocity""Node + Jade"进行 HTML 模板拼接及渲染。随着前端页面的复杂性越来越高，前端的作用就不仅是页面展现了，还有可能需要添加更多有复杂功能的组件。

随着 AJAX 的兴起，逐渐出现前端开发这个行业，前后端分离变得越来越重要。这个时候，后端就不提供完整的 HTML 页面，而是提供一些 API 接口，返回一些 JSON 数据，前端拿到该 JSON 数据之后再使用 HTML 对数据进行拼接，然后展现在浏览器中，这种方式就是客户端渲染。由此可见，前端专注于 UI 的开发，后端专注于逻辑的开发。

1. 同构

服务器端渲染的 Vue 应用程序也可以被认为是"同构"或"通用"，因为应用程序的大部分代码都可以在服务器端和客户端上运行，即同一套代码既可以在服务器端渲染，也可以在客户端渲染。当首次访问时，换言之，当访问首屏页面时，使用服务器端渲染，返回已经渲染完成的最终 HTML 页面，这样就同时解决了首屏白屏问题和 SEO 问题。首屏页面访问完成后，当再进行交互时，则使用客户端渲染，HTML、CSS、JavaScript 等资源都不需要再重新请求，只需要通过 AJAX、WebSocket 等途径获取数据，在客户端完成渲染过程。

一个服务器端渲染的同构 Web 应用架构示意图如图 9-1 所示。得益于 Node.js 的发展与流行，JavaScript 成为一门同构语言，这意味着只需要编写一套代码，就可以同时在客户端与服务器端执行。

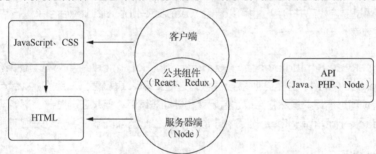

图 9-1　一个服务器端渲染的同构 Web 应用架构示意图

2. 前端渲染

前端渲染的方式起源于 JavaScript 的兴起，AJAX 更是让前端渲染更加成熟，前端渲染真正意义上实现了前后端分离，前端只专注于 UI 的开发，后端只专注于逻辑的开发。前后端交互只通过约定好的 API 来交互，后端提供 JSON 数据，前端循环 JSON 生成 DOM 插入页面中去。

下面以 Vue 为例进行说明。生产环境的页面的 HTML 源代码如下：

```html
<!DOCTYPE html>
<html lang="en">
<head>
  <meta charset="UTF-8">
  <title>Vue</title>
</head>
<body>
  <div id="app"></div>
    <script type="text/javascript" src="xxx.js"></script>
    <script type="text/javascript" src="yyy.js"></script>
    <script type="text/javascript" src="zzz.js"></script>
</body>
</html>
```

这个就是浏览器从服务器端获取到的 HTML 文件。这里只有<div id="app"></div>入口，以及引入一系列的 JavaScript 文件。其实，用户看到的页面就是由这些 JavaScript 代码渲染出来的，这就是前端渲染。

3. 客户端渲染

客户端渲染（Client Side Render，CSR）即传统的 SPA 模式，Vue 构建的应用程序默认情况下是一个 HTML 模板页面，只有一个 id 为 app 的<div>根容器，然后通过 webpack 打包生成 CSS、JavaScript 等资源文件，浏览器再加载、解析来渲染 HTML。

客户端渲染的数据是由浏览器通过 AJAX 请求动态取得的，再通过 JavaScript 文件将数据填充到 DOM 元素并最终展示到网页中。页面上的内容是加载的 JavaScript 文件渲染出来的，JavaScript 文件运行在浏览器上面，服务器端只返回一个 HTML 模板。

① 客户端渲染模式下，服务器端把渲染的静态文件发送给客户端，客户端获取服务器端发送过来的文件后再运行一遍 JavaScript 代码，根据 JavaScript 代码的运行结果，生成相应 DOM，然后渲染给用户。

② HTML 仅作为静态文件，客户端在请求时，服务器端不做任何处理，直接以原文件的形式返回给客户端，然后根据 HTML 上的 JavaScript 文件生成 DOM 插入 HTML。

客户端渲染模式下一般使用的是 webpack-dev-server 插件，它可以帮助用户自动开启一个服务器端，其主要作用是监控代码并打包，也可以配合 webpack-hot-middleware 来进行热更替（HMR），这样能提高开发效率。

注意 webpack-dev-middleware 一般和 wbpack-hot-middleware 配套使用，前者是一个 express 中间件，主要实现两种效果，一是提交编译读取速度，二是监听 watch()方法变化，完成动态编译。虽然它完成了监听变化并动态编译，但是在浏览器上不能动态刷新。webpack-hot-middleware 弥补了这一不足之处，实现了浏览器的动态刷新。

4. 服务器端渲染

服务器端渲染顾名思义就是将页面或者组件通过服务器生成 HTML 字符串，然后将它们直接发送到浏览器，最后将静态标记"混合"到客户端上完全可交互的应用程序中。整个渲染过程是在服务器端执行的，浏览器只负责展示，即页面上的内容是通过服务器端渲染生成的，浏览器直接显示服务器端返回的 HTML 就可以了。也就是说，网页的 HTML 一般是后端服务器通过模板引擎渲染好后再交给前端的。

服务器端渲染的模式下，当用户第一次请求页面时，由服务器把需要的组件或页面渲染成 HTML 字符串，然后把它返回给客户端。客户端获取的内容是可以直接渲染然后呈现给用户的 HTML 内容，不需要为了生成 DOM 内容自己再去运行一遍 JavaScript 代码。使用服务器端渲染的网站，可以说是"所见即所得"，页面上呈现的内容在 HTML 源文件里也能找到。

Vue-SSR 利用 Node.js 搭建页面渲染服务，在服务器端完成页面的渲染（把以前需要在客户端完成的页面渲染放在服务器端来完成），便于输出 SEO 更友好的页面。

Vue 进行服务器端渲染时，需要利用 Node.js 搭建一个服务器，并添加服务器端渲染的代码逻辑。它使用 webpack-dev-middleware 中间件对更改的文件进行监控，使用 wbpack-hot-middleware 中间件进行页面的热更新，使用 vue-server-rendrere 插件来渲染服务器端打包的 bundle 文件到客户端。

5. 服务器端渲染和客户端渲染的区别

服务器端渲染和客户端的渲染的本质区别是谁来渲染 HTML 页面，如果 HTML 页面在服务器端那边拼接完成，那么它就是服务器端渲染，而如果是前端做的 HTML 拼接及渲染的话，那么它就属于客户端渲染的。

其实前后端的渲染本质是一样的，都是字符串的拼接，将数据渲染进一些固定格式的 HTML 代码中，形成最终的 HTML 代码展示在用户页面上。因为字符串的拼接必然会损耗一些资源，如果在服务器端渲染，那么消耗的就是服务器端的资源。如果是在客户端渲染，常见的手段是直接生成 DOM 插入 HTML 中，或者是使用一些前端的模板引擎等。它们初次渲染的原理大多是将原 HTML 中的数据标记（例如 {{text}}）替换掉。

在前后端分离的项目中，前端部分需要先加载静态资源，再采用异步的方式去获取数据，最后来渲染页面。其中，在获取静态资源和异步获取数据阶段，页面上是没有数据的，这将会影响首屏的渲染速度和用户体验。

服务器端渲染解析 HTML 模板的工作是交给服务器完成的，客户端只需要解析标准的 HTML 页面即可，这样客户端占用的资源会变少。

6. 对比服务器端渲染和客户端渲染的优缺点

服务器端渲染和客户端渲染的优缺点比较如表 9-1 所示。

表 9-1　服务器端渲染和客户端渲染的优缺点比较

比较内容	服务器端渲染	客户端渲染
优点	• 有利于 SEO，后端直接返回 HTML 文件，爬虫可以获取信息 • 前端耗时少、首屏渲染快、加载快、性能更好，因为页面是服务器端输出的，前端不需要通过 AJAX 去动态加载，只需加载 HTML • 不需要占用较多的客户端资源 • 后端生成静态文件，即生成缓存片段，这样就可以减少数据库查询的时间 • 相比加载 SPA，只需要加载当前页面的内容，而不需要像 React 或者 Vue 一样加载全部的 JavaScript 文件 • 对安全性要求高的页面采用服务器端渲染更保险 • 节能（对比客户端渲染）	• 节省服务器资源，很大程度上缓解了服务器压力 • 无须每次都请求完整的页面，局部刷新页面，网络传输数据量小，可以做到无缝的页面切换体验 • JavaScript 动态生成页面，部署简单 • 多端渲染 • 前后端分离，前端只专注于 UI 开发，后端只专注于 API 开发 • 交互好，可实现各种效果 • 用户体验更好，例如前端页面可以做成 SPA 页面，体验可以更接近原生的 App
缺点	• 渲染过程在后端完成，会增加服务器资源的消耗，即使局部页面的变化也需要重新发送整个页面 通常前端改了部分 HTML 或者 CSS，后端也需要修改 • 用户体验差，项目不利于维护 • 耦合性太强，不利于前后端分离，开发效率比较低 • 切换页面出现白屏	• 前端耗时多，响应比较慢，因为 HTML 模板页面放在前端通过 DOM 去拼接及加载，需要额外的耗时，没有服务器端渲染快 • 首屏渲染慢，渲染前需要下载 CSS 和 JavaScript 资源 • 不利于 SEO，爬虫看不到完整的程序源代码，因为 HTML 页面都是通过"JavaScript+DOM"异步动态拼接加载的，当使用爬虫获取的时候，由于 JavaScript 文件异步加载，所以爬虫抓取不到内容。或者说爬虫无法对 JavaScript 代码进行爬取 • 首屏可能会出现白屏

7. 何时使用服务器端渲染、何时使用客户端渲染

对于常见的后端系统页面，交互性强，不需要考虑 SEO，所以只需要客户端渲染。

对于一些企业网站，没有很多复杂的交互型功能，并且需要很好的 SEO（因为这些企业通常需要通过百度搜索到官网），因此需要服务器端渲染。服务器端渲染对于 SEO 性能是非常友好的，爬虫抓取工具可以直接查看完全渲染的页面，服务器端渲染具有更快的内容到达时间，因为无须等待所有的 JavaScript 都完成下载并执行，才显示服务器端渲染的标记，所以用户将会更快速地看到完整渲染的页面。通常对于那些"内容到达时间"要求是绝对关键指标的应用程序而言，服务器端渲染至关重要，可以用服务器端渲染来实现最佳的初始加载性能。

另外还需要考虑的是（如 App 里面的功能）首页性能，例如淘宝官网等这些都是需要使用服务器端渲染的。

在对应用程序使用服务器端渲染之前，应该问的第一个问题是否真的需要它。这主要取决于内容到达时间对应用程序的重要程度。例如，如果正在构建一个内部仪表盘，初始加载时的额外几百毫秒并不重要，这种情况下去使用服务器端渲染将是一个小题大做之举。然而，在内容到达时间要求是绝对关键的指标的情况下，服务器端渲染可以帮助用户实现较佳的初始加载性能。如果网站对 SEO 要求比较高，页面又是通过异步来获取内容的，则需要使用服务器端渲染来解决此问题。

8. 怎么判断一个网站是不是服务器端渲染

打开一个网站的首页，然后查看网页源代码，可以看到与网页内容相关的 HTML 代码，则就是服务器端渲染的。例如 Vue 官网（网址为 https://cn.vuejs.org/）就属于服务器端渲染，HTML 内容都是服务器端拼接完成后返回到客户端的。

能看到与网页内容相关的 HTML 代码，且大部分代码加载的是 JavaScript 文件则就是客户端渲染，例如 http://h5.ele.me/msite/这个网站就是客户端渲染，页面内容都是由 JavaScript 动态渲染的。

9. 使用服务器端渲染需要权衡之处

使用服务器端渲染时还需要考虑以下问题。

（1）开发条件所限

一些浏览器特定的代码只能在某些生命周期钩子函数中使用；一些外部扩展库（External Library）可能需要特殊处理，才能在服务器端渲染应用程序中运行。

（2）涉及构建和部署的更多要求

与可以部署在任何静态文件服务器上的完全静态 SPA 程序不同，服务器端渲染应用程序需要处于 Node.js Server 运行环境中。

（3）更多的服务器端负载

在 Node.js 中渲染完整的应用程序显然比仅提供静态文件的 Server 更加占用 CPU 资源，因此如果能预料在高流量环境下使用，则需准备相应的服务器端负载，并明智地采用缓存策略。

10. 预渲染（Prerendering）

如果使用服务器端渲染只是用来改善少数营销页面（例如关于我们页面、联系我们页面等）的 SEO，那么使用预渲染就可以了。无须使用 Web 服务器实时动态编译 HTML，而是使用预渲染方式，在构建时简单地生成针对特定路由的静态 HTML 文件。这样做的优点是设置预渲染更简单，并可以将前端作为一个完全静态的站点。

如果使用 webpack，可以使用 prerender-spa-plugin 轻松地添加预渲染，它已经被 Vue 应用程序广泛应用。

9.1.2　认知 vue-router（前端路由）的两种路由模式

vue-router 有 hash 模式和 history 模式两种路由模式，默认是 hash 模式。

1. hash 模式

hash 也称为锚点，其本身是用来做页面定位的，它可以使对应的 id 元素显示在可视区域。hash 模式是指 URL 中会自带#号，例如 http://localhost/#/login。其中#/login 就是 hash 值，虽然#出现在 URL 中，但不会被包括在 http 请求中，对后端完全没有影响，因此改变 hash 不会被重新加载页面。

hash 值的变化不会导致浏览器向服务器发出请求，而 hash 改变（只改变#后面的 URL 片段）则会触发 hashchange 事件。hash 发生变化都会被浏览器记录下来，从而可以使用浏览器的前进和后退按钮。

2. history 模式

history 模式是指 URL 中不会自带#号，看起来比较美观一些，例如 http://localhost/login。history

模式利用 history.pushState 来完成 URL 跳转而无须重新加载页面。由于 hash 模式路由属于前端路由，无法提交到服务器，因此服务器端渲染的路由需要使用 history 模式。

9.2 手动搭建项目实现简单的服务器端渲染

微课 9-2

手动搭建项目实现
简单的服务器端渲染

本节借助 vue-server-renderer 模块手动搭建项目实现简单的服务器端渲染。

9.2.1 了解 vue-server-renderer 的作用及基本语法

在 Vue 中使用服务器端渲染，需要借助 Vue 的扩展模块 vue-server-renderer，执行以下命令安装 vue-server-renderer 模块：

```
npm install vue-server-renderer vue --save
```

执行以下命令也可以安装指定版本的 vue-server-renderer 模块：

```
npm install vue-server-renderer@2.6.x --save
```

vue-server-renderer 模块的主要功能是处理服务器加载，给 Vue 提供在 Node.js 服务器端渲染的功能。

> **注意** vue-server-renderer 和 vue 必须匹配版本。vue-server-renderer 依赖一些 Node.js 原生模块，因此只能在 Node.js 中使用。

1. createRenderer()方法

该方法用于创建一个 renderer 实例，例如：

```
const renderer = require('vue-server-renderer').createRenderer();
```

2. renderer.renderToString(vm, cb)方法

该方法的作用是将 Vue 实例呈现为字符串，该方法的回调函数是一个标准的 Node.js 回调函数，它接收错误作为第一个参数。示例代码如下。

电子活页 9-1

renderer.js 文件的
代码

【示例】demo01-vue-ssr

在文件夹 demo01-vue-ssr 中创建 renderer.js 文件并编写代码。

读者可以扫描二维码查看【电子活页 9-1】中 renderer.js 文件的代码，或者从本单元配套的教学资源中打开对应的文档查看相应内容。

保存文件 renderer.js，然后在命令行中执行 node renderer.js 命令，输出结果如下：

```
<div data-server-rendered="true">Good luck</div>
<div data-server-rendered="true">Good luck</div>
```

可以看到，在 div 中有一个特殊的属性 data-server-rendered，该属性的作用是告诉 Vue 这是服务器端渲染的元素，并且应该以激活的模式进行挂载。

3. createBundleRenderer(code, [rendererOptions])方法

Vue-SSR 依赖包 vue-server-render，它的调用支持两种格式：createRenderer()方法和 createBundleRenderer()方法 createRenderer()方法是以 vue 组件为入口的，而 createBundleRenderer()方法以打包后的 JavaScript 文件或 JSON 文件为入口。所以 createBundleRenderer()方法的作用和 createRenderer()方法的作用是一样的，无非就是支持的入口文件不一样而已。

下面的代码是 createBundleRenderer()方法的使用实例。

【示例】demo02-vue-ssr

项目文件夹 demo02-vue-ssr 中的 renderer.js 文件的代码如下：

```
const createBundleRenderer = require('vue-server-renderer').createBundleRenderer;
// 绝对文件路径
let renderer = createBundleRenderer('./package.json');
console.log(renderer);
```

将以上代码保存为 renderer.js 文件，在命令行中执行 node renderer.js 命令，输出结果如下：

```
{
    renderToString: [Function: renderToString],
    renderToStream: [Function: renderToStream]
}
```

可以看到，该方法也同样有 renderToString()和 renderToStream()两个方法。

9.2.2　直接编写代码将 Vue 实例渲染为 HTML

【实例 9-1】在 vue-ssr 项目中编写代码将 Vue 实例渲染为 HTML

【操作要求】

创建 vue-ssr 项目 01-vue-ssr，在该项目中直接编写代码将 Vue 实例渲染为 HTML。

【实现过程】

1. 创建 vue-ssr 项目

在指定文件夹下，在命令行中执行以下命令创建一个 vue-ssr 项目 01-vue-ssr：

```
mkdir 01-vue-ssr
cd 01-vue-ssr
```

2. 项目初始化

在命令行中执行以下命令：

```
npm init -y
```

成功执行上述命令后，会在文件夹 01-vue-ssr 中生成一个 package.json 文件。

3. 创建服务器脚本文件 server.js

vue-server-renderer 成功安装后，创建服务器脚本文件 server.js，实现将 Vue 实例的渲染结果输出到控制台界面中。

（1）创建一个 Vue 实例

```
const Vue = require('vue')
const app = new Vue({
    template: '<div>Good luck</div>'
})
```

（2）创建一个 renderer

```
const renderer = require('vue-server-renderer').createRenderer()
```

（3）将 Vue 实例渲染为 HTML

```
renderer.renderToString(app, (err, html) => {
    if (err) throw err
    console.log(html)
```

```
})
```

4. 执行运行脚本文件的命令

在命令行中执行以下命令:

```
node server.js
```

成功执行该命令后,命令行中输出以下内容:

```
<div data-server-rendered="true">Good luck</div>
```

从输出结果可以看出,在<dir>标签中添加了一个特殊的属性 data-server-rendered,该属性告诉客户端的 Vue 标签是由服务器端渲染的。vue-server-renderer 的作用是将 Vue 实例渲染成 HTML 结构。

9.2.3　使用 Express 框架搭建服务器端渲染

Express 是一个基于 Node.js 平台的 Web 应用开发框架,用来快速开发 Web 应用程序。

【实例 9-2】在 vue-ssr 项目中使用 Express 框架搭建服务器端渲染

【操作要求】
创建 vue-ssr 项目 02-vue-ssr,在该项目中使用 Express 框架搭建服务器端渲染。

【实现过程】

1. 创建 vue-ssr 项目

在指定文件夹下,在命令行中执行以下命令创建一个 vue-ssr 项目 02-vue-ssr:

```
mkdir 02-vue-ssr
cd 02-vue-ssr
```

2. 项目初始化

在命令行中执行以下命令:

```
npm init -y
```

成功执行上述命令后,会在文件夹 02-vue-ssr 中生成一个 package.json 文件。

3. 创建 template.html 文件

在刚创建的 Vue 项目中创建 template.html 文件,编写模块页面。template.html 文件的代码如下:

```
<!DOCTYPE html>
<html>
  <head><title>输出当前位置</title></head>
  <body>
    <!--vue-ssr-outlet-->
  </body>
</html>
```

上述代码中,注释<!--vue-ssr-outlet-->是 HTML 注入的位置,该注释不能删除,否则会报错。

4. 使用 Express 框架实现服务器端渲染

(1)在 vue-ssr 项目中安装 Express 框架

在命令行中执行以下命令安装 Express 框架:

```
npm install express –save
```

在命令行中执行以下命令安装指定版本的 Express 框架:

```
npm install express@4.17.x --save
```

（2）创建 server.js 文件

在项目根文件夹 02-vue-ssr 中创建 server.js 文件，在该文件中编写表 9-2 所示的代码。

表 9-2　项目根文件夹 02-vue-ssr 中 server.js 文件的代码

序号	代码
01	// 创建 Vue 实例
02	const Vue = require('vue')
03	const server = require('express')()
04	// 读取模板
05	const renderer = require('vue-server-renderer').createRenderer({
06	template: require('fs').readFileSync('./template.html', 'utf-8')
07	})
08	const context = {
09	title: 'vue ssr',
10	metas: `
11	<meta name="keyword" content="vue,ssr">
12	<meta name="description" content="vue srr demo">
13	`,
14	}
15	// 处理 GET 方式请求
16	server.get('*', (req, res) => {
17	res.set({'Content-Type': 'text/html; charset=utf-8'})
18	const vm = new Vue({
19	data: {
20	url: req.url
21	},
22	//使用两对大括号进行 HTML 转义插值
23	template: `<div>当前访问的 URL 是：{{ url }}</div>`,
24	})
25	// 将 Vue 实例渲染为 HTML 后输出
26	renderer.renderToString(vm,context, (err, html) => {
27	if (err) {
28	res.status(500).end('err: ' + err)
29	return
30	}
31	res.end(html)
32	})
33	})
34	server.listen(3000, function () {
35	console.log('server started at localhost:3000')
36	})

代码第 06 行使用了一个页面模板 template.html，当渲染 Vue 应用程序时，renderer 只从应用程序生成 HTML 标记（Markup）。本示例中，必须用一个额外的 HTML 页面包裹容器来包裹生成的 HTML 标记。为了简化这些，可以直接在创建 renderer 时提供一个页面模板。大多数时候，会将页面模板放在特有的文件中，例如 template.html，该页面模板的代码如前所述。

注意

这里的注释 `<!--vue-ssr-outlet-->` 将是应用程序 HTML 标记注入的地方。

表 9-2 的第 26 行代码通过传入一个"渲染上下文对象",作为 renderToString() 函数的第 2 个参数来提供插值数据。也可以与 Vue 应用程序实例共享 context 对象,允许模板插值中的组件动态地注册数据。

(3)执行启动服务器的命令

在命令行中执行以下命令启动服务器:

```
node server.js
```

成功执行上述命令后,打开浏览器,在地址栏中输入"http://localhost:3000/",按【Enter】键,页面显示"当前位置:/"。

在浏览器中查看源代码如下:

```
<!DOCTYPE html>
<html>
  <head><title>输出当前位置</title></head>
  <body>
    <div data-server-rendered="true">当前位置: /</div>
  </body>
</html>
```

从以上代码可以看出,data-server-rendered 属性的值为 true,说明当前页面是服务器端渲染后的结果。

9.2.4 使用 Koa 框架搭建服务器端渲染

Koa 是一个基于 Node.js 平台的 Web 开发框架,Koa 框架能帮助开发者快速地编写服务器应用程序,通过 async() 函数很好地处理异步的逻辑,有力地增加错误处理能力。

【实例 9-3】在 vue-ssr 项目中使用 Koa 框架搭建服务器端渲染

【操作要求】
创建 vue-ssr 项目 03-vue-ssr,在该项目中使用 Koa 框架搭建服务器端渲染。

【实现过程】
1. 创建 vue-ssr 项目
在指定文件夹下,在命令行中执行以下命令创建一个 vue-ssr 项目 03-vue-ssr:

```
mkdir 03-vue-ssr
cd 03-vue-ssr
```

2. 项目初始化
在命令行中执行以下命令:

```
npm init -y
```

成功执行上述命令后,会在文件夹 03-vue-ssr 中生成一个 package.json 文件。

3. 创建 template.html 文件
在刚创建的 Vue 项目中创建 template.html 文件,编写模块页面。template.html 文件的代码如下:

```
<!DOCTYPE html>
<html>
  <head><title>输出当前位置</title></head>
  <body>
    <!--vue-ssr-outlet-->
```

```
    </body>
    </html>
```

上述代码中，注释<!--vue-ssr-outlet-->是 HTML 注入的位置，该注释不能删除，否则会报错。

4. 使用 Koa 框架实现服务器端渲染

使用 Koa 框架实现服务器端渲染的过程与代码编写如下：

（1）在 vue-ssr 项目中安装 Koa 框架

在命令行中执行以下命令安装 Koa 框架：

```
npm install koa@2.8.x --save
```

（2）创建 server.js 文件

在 vue-ssr 项目中创建 server.js 文件，并编写代码。

读者可以扫描二维码查看【电子活页 9-2】中 server.js 文件的代码，或者从本单元配套的教学资源中打开对应的文档查看相应内容。

（3）执行启动服务器的命令

在命令行中执行以下命令启动服务器：

```
node server.js
```

成功执行上述命令后，打开浏览器，在地址栏中输入"http://localhost:8080/"，按【Enter】键，页面显示"当前位置：/"。

电子活页 9-2

server.js 文件的代码

9.3　使用 Nuxt.js 框架实现服务器端渲染

Nuxt.js 是一个基于 Vue.js 的轻量级服务器端渲染框架，可以用来创建服务器端渲染应用，也可以充当静态站点引擎生成静态站点应用，具有优雅的代码结构和热加载等特性。

微课 9-3

使用 Nuxt.js 框架
实现服务器端渲染

9.3.1　页面和路由

在项目中，pages 文件夹用来存放应用的路由及页面文件，Nuxt.js 项目创建时该文件夹下默认会有两个文件，分别是 index.vue 和 README.md，当直接访问根路径/的时候，默认打开的是 index.vue 文件。

Nuxt.js 会根据文件夹结构自动生成对应的路由配置，将请求路径和 pages 文件夹下的文件名映射，例如，访问/test 就表示访问 test.vue 文件，如果文件不存在，就会输出"This page could not be found"（该页面未找到）错误提示信息。

Nuxt.js 提供了非常方便的自动路由机制，当它检测到 pages 文件夹下的文件发生变更时，就会自动更新路由。通过查看.nuxt\router.js 路由文件，可以看到 Nuxt.js 自动生成的代码。只要编写.vue 文件，Nuxt.js 就会自动生成路由文件，然后到浏览器就可以直接访问。

1. 一级路由

pages 文件夹下的所有一级.vue 文件或者是一级文件夹下的 index.vue 文件都是一级路由，pages 文件夹下的子文件夹以及.vue 文件的结构如下。

```
pages
    ├── about
    │       ├── _id.vue
    │       └── index.vue
    ├── index.vue
    └── news.vue
```

pages 文件夹下的 index.vue、news.vue 属于一级路由，只是直接放在了 pages 文件夹下，Nuxt.js 会自动检测 pages 文件夹下的所有 .vue 文件，并自动生成路由，不需要编写代码进行配置，因此如非必要，pages 文件夹的名称不要随意改动。通常访问路径为 http://localhost:3000/index 或 http://localhost:3000/news，分别对应着首页（index.vue）和新闻页（news.vue）。

about 文件夹下的 index.vue 文件也属于一级路由，只不过是放在了 about 文件夹下。当访问 about 路由时，会查找有没有一级节路由 about.vue，如果没有就查找 about 文件夹并且默认会查找 index.vue 文件。不管是哪种方式，访问路径都为 http://localhost:3000/about。

2. 二级路由

所谓二级路由就是建立一个与一级路由同名的文件夹，这个文件夹下的 .vue 文件就是二级路由。例如 news.vue 需要建立一个 news 文件夹来存放 news 的二级路由，结构如下。

```
pages
├── about
│      ├── _id.vue
│      ├── aboutChild.vue
│      └── index.vue
├── news
│      └── newsChild.vue
├── index.vue
└── news.vue
```

访问路径分别为 http://localhost:3000/about/aboutChild 与 http://localhost:3000/news/newsChild。一级路由里写一个可以存放二级路由的标签 <nuxt-child />。

3. 动态路由

对于以下的结构。

```
pages
├── about
│      ├── _id.vue
│      └── index.vue
├── index.vue
└── news.vue
```

如果要跳转到 about 文件夹中的 index.vue 页面，可以这么写：

```
<nuxt-link :to="{name: 'about'}"> about </nuxt-link>
```

如果需要传递参数，则可以这么写：

```
<nuxt-link :to="{name: 'about/123456'}"> about </nuxt-link>
```

如果传递的是 id，则需要先建立一个 _id.vue 的文件作为接收参数的页面，注意必须这么建，这是一个 Nuxt 的约定。

9.3.2 页面跳转

Nuxt.js 中使用 <nuxt-link> 组件来完成页面中路由的跳转，它类似于 Vue 中的路由组件 <router-link>，它们具有相同的属性，并且使用方式也相同。需要注意的是，在 Nuxt.js 项目中不要直接使用 <a> 标签来进行页面的跳转，因为 <a> 标签是重新获取一个新的页面，而 <nuxt-link> 更符合 SPA 的开发模式。

页面跳转的语法格式如下：

```
<nuxt-link :to="{name: '.vue 文件名称'}">页面名称</nuxt-link>
```

例如：

```
<nuxt-link :to="{name: 'details'}">查看详情页</nuxt-link>
```

页面跳转时，参数传递的语法格式如下：

```
<nuxt-link :to="{name: '.vue 文件名称', params:{参数名: 参数值}}">页面名称</nuxt-link>
<nuxt-link :to="{name: '.vue 文件名称', query:{参数名: 参数值}}">页面名称</nuxt-link>
```

例如：

```
<nuxt-link :to="{name: 'details', params:{id: '123456'}}">查看详情页</nuxt-link>
<nuxt-link :to="{name: 'details', query:{id: '123456'}}">查看详情页</nuxt-link>
```

1. 声明式路由与编程式路由

声明式路由与编程式路由是 Nuxt.js 中页面跳转的两种方式。

（1）声明式路由

在页面中使用<nuxt-link>标签实现声明式路由跳转。以 pages\test.vue 页面为例，实现代码如下：

```
<template>
  <div>
    <div>
      <nuxt-link to="/sub/test">跳转到 sub/test</nuxt-link>
    </div>
    <div>test</div>
  </div>
</template>
```

（2）编程式路由

编程式路由就是在 JavaScript 代码中通过程序代码实现路由的跳转。以 pages\sub\test.vue 页面为例，实现代码如下：

```
<template>
  <div>
    <button @click="jumpTo">跳转到 test</button>
    <div>sub/test</div>
  </div>
</template>

<script>
export default {
  methods: {
    jumpTo () {
      this.$router.push('/test')
    }
  }
}
</script>
```

Button 组件绑定 jumpTo()方法，然后在 methods 中加入 jumpTo()方法，该方法中使用 this.$router.push('/test')导航到 test 页面，实现了路由跳转功能。

2. 同级文件夹路由跳转与嵌套路由跳转

假设在文件夹 pages 中有 1 个子文件夹 home 和两个.vue 文件（index.vue、home.vue），子文件夹 home 中也有两个.vue 文件（title.vue、xxx.vue），文件夹与文件的结构如下。

```
pages
├── home
│      ├── title.vue
│      └── xxx.vue
├── index.vue
└── home.vue
```

（1）同级文件夹路由跳转

从当前文件夹中的 index.vue 跳转到同级文件夹下的 home.vue 路由下，这种方式很简单，代码如下：

```
<nuxt-link to='/home'> HOME page </nuxt-link>
```

也可以写成以下形式，to 前面有半角冒号：:

```
<nuxt-link :to="{name:'home.vue'}">HOME page</nuxt-link>
```

（2）嵌套路由跳转

如果需要从当前文件夹中的 home.vue 跳转到同级文件夹 home 中的 title.vue，由于在 pages 文件夹下有一个和 home 子文件夹同名的 home.vue，在 home.vue 中添加以下代码即可切换到 title.vue 中：

```
<nuxt-link to="/home/title">home/title</nuxt-link>
<nuxt-child></nuxt-child>
```

如果需要从当前文件夹中的 index.vue 跳转到同级文件夹 home 中的 title.vue，可以通过动态添加路由的方法实现，在 index.vue 中添加以下代码即可：

```
<nuxt-link :to="{name:'home-title',params:{id:'title'}}">title</nuxt-link>
```

关键点是要把 title.vue 的名字修改为_title.vue，其中 id:'title'的目的是使 path 为/home/title，这样就实现了嵌套路由跳转。

如果需要在_title.vue 中跳转到同级文件夹下的 xxx.vue 中，在_title.vue 中添加以下代码即可：

```
<nuxt-link to='/home/xxx'>xxx</nuxt-link>
```

【实例 9-4】创建 Nuxt.js 项目搭建服务器端渲染

【操作要求】

创建 Nuxt.js 项目 04-nuxt-ssr，在该项目中搭建服务器端渲染。

【实现过程】

1. 全局安装 create-nuxt-app 脚手架工具

在命令行中执行以下命令，完成 create-nuxt-app 脚手架工具的全局安装：

```
npm install create-nuxt-app -g
```

执行以下命令，可以安装指定版本的 create-nuxt-app 脚手架工具：

```
npm install create-nuxt-app@2.9.x -g
```

2. 创建 Nuxt.js 项目

在指定文件夹下执行以下命令，创建 Nuxt.js 项目：

```
create-nuxt-app 04-nuxt-ssr
```

命令启动后，会有一些选项需要进行选择，例如项目名称选择 04-nuxt-ssr，程序开发语言选择"JavaScript"，包管理器选择"Npm"，渲染模式（Rendering mode）选择"Universal (SSR / SSG)"

选项等。各个选项的选择结果如下：

```
create-nuxt-app v3.7.1
✦  Generating Nuxt.js project in 04-nuxt-ssr
? Project name: 04-nuxt-ssr
? Programming language: JavaScript
? Package manager: Npm
? UI framework: None
? Nuxt.js modules: (Press <space> to select, <a> to toggle all, <i> to invert selection)
? Linting tools: (Press <space> to select, <a> to toggle all, <i> to invert selection)
? Testing framework: None
? Rendering mode: Universal (SSR / SSG)
? Deployment target: Server (Node.js hosting)
? Development tools: (Press <space> to select, <a> to toggle all, <i> to invert selection)
? What is your GitHub username?
? Version control system: None
```

成功创建 Nuxt.js 项目后，命令行中会显示以下信息：

```
Successfully created project 04-nuxt-ssr
    To get started:
            cd 04-nuxt-ssr
            npm run dev
    To build & start for production:
            cd 04-nuxt-ssr
            npm run build
            npm run start
```

3. 启动 Nuxt.js 项目

在命令行中执行以下命令，启动 Nuxt.js 项目：

```
cd 04-nuxt-ssr
npm run dev
```

在 Nuxt.js 项目 04-nuxt-ssr 的启动过程中，命令行中会出现图 9-2 所示的提示信息。

打开浏览器，在地址栏中输入"http://localhost:3000/"，按【Enter】键后，04-nuxt-ssr 首页的浏览结果如图 9-3 所示。

图 9-2　Nuxt.js 项目 04-nuxt-ssr 启动过程中
命令行的提示信息

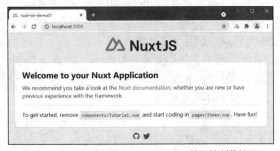

图 9-3　Nuxt.js 项目 04-nuxt-ssr 首页的浏览结果 1

4. 查看创建 Nuxt.js 项目默认生成的文件

（1）查看 package.json 文件中的代码

读者可以扫描二维码查看【电子活页 9-3】中 package.
json 文件默认生成的代码，或者从本单元配套的教学资源中打
开对应的文档查看相应内容。

（2）查看 nuxt.config.js 文件中的代码

读者可以扫描二维码查看【电子活页 9-4】中 nuxt.config.
js 文件默认生成的代码，或者从本单元配套的教学资源中打开
对应的文档查看相应内容。

（3）查看文件夹.nuxt 下 router.js 文件中的代码

在 Nuxt.js 项目新建页面时，Nuxt.js 会自动在.nuxt/router.js 文件中注册好路
由，访问的默认文件是 index.vue。

读者可以扫描二维码查看【电子活页 9-5】中文件夹.nuxt 下 router.js 文件默
认生成的代码，或者从本单元配套的教学资源中打开对应的文档查看相应内容。

电子活页 9-3

package.json 文件
默认生成的代码

电子活页 9-4

nuxt.config.js 文件
默认生成的代码

电子活页 9-5

文件夹.nuxt 下
router.js 文件中的
代码

5. 创建新的.vue 文件实现所需功能

（1）在 pages 文件夹中的 index.vue 文件中编写代码

将图片文件 t01.jpg 复制到 static 文件夹中，然后在 index.vue 文件中添加以
下代码：

```
<template>
    <img src="~/static/t01.jpg" alt="" >
</template>
<script>
    export default {}
</script>
```

对新添加的代码予以保存。

打开浏览器，在地址栏中输入"http://localhost:3000/"，按【Enter】键后，首页的浏览结果如
图 9-4 所示。

图 9-4　Nuxt.js 项目 04-nuxt-ssr 首页的浏览结果 2

（2）在 Nuxt.js 项目中创建与使用组件

在文件夹 components 中创建 User.vue 文件，打开 User.vue 文件，添加以下代码：

```
<template>
  <p>欢迎登录</p>
</template>
```

在 pages 文件夹中的 index.vue 添加以下代码：

```
<template>
  <div>
    <User></User>
  </div>
</template>
<script>
  import User from '~/components/User.vue'
  export default {
    components: {
      User
    }
  }
</script>
```

重新浏览 index.vue 页面，首页的浏览结果如图 9-5 所示。

图 9-5　Nuxt.js 项目 04-nuxt-ssr 首页的浏览结果 3

（3）在 Nuxt.js 项目中使用布局

在文件夹 04-nuxt-ssr 中创建子文件夹 layouts，在该子文件夹中创建 myNav.vue 文件，再在该文件中输入以下代码：

```
<template>
  <div>
    <ul>
      <li>登录</li>
      <li>注册</li>
    </ul>
    <nuxt/>
  </div>
</template>
```

代码中的<nuxt/>与 vue-route 的<router-view />作用类似。

在 pages 文件夹中的 index.vue 文件中添加以下代码：

```
<template>   </template>
<script>
    export default {
        layout: 'myNav'
```

```
    }
</script>
```

重新浏览 index.vue 页面，首页的浏览结果如图 9-6 所示。

图 9-6　Nuxt.js 项目 04-nuxt-ssr 首页的浏览结果 4

（4）在 Nuxt.js 项目中使用中间件

在文件夹 04-nuxt-ssr 中创建子文件夹 middleware，在该子文件夹中创建 JavaScript 文件 myMiddleWare.js，再在该文件中编写以下代码：

```
export default function ({ store, redirect }) {
    //store 的 Vuex
    let is_login = true;
    if (! is_login)
        return redirect('/login')   //跳转到/login   去登录
}
```

在文件夹 pages 中创建 login.vue 文件，在该文件中添加以下代码：

```
<template>
  <div>
    <p>打开登录页面进行登录</p>
    <nuxt/>
  </div>
</template>
```

在 pages 文件夹中的 index.vue 文件中添加以下代码：

```
<template>   </template>
<script>
    export default {
        middleware: 'myMiddleWare',
    }
</script>
```

打开浏览器，在地址栏中输入"http://localhost:3000/login"，按【Enter】键后，首页的浏览结果如图 9-7 所示。

（5）创建与访问二级页面 index.vue

在文件夹 pages 中创建子文件夹 product，在该子文件夹中创建二级页面 index.vue，再在 index.vue 文件中输入以下代码：

```
<template>
  <p>欢迎浏览商品详情页面</p>
</template>
```

打开浏览器，在地址栏中输入"http://localhost:3000/product"，按【Enter】键后，product 文件夹中二级页面 index.vue 的浏览结果如图 9-8 所示。

图9-7　Nuxt.js 项目 04-nuxt-ssr 首页的浏览结果 5　　图9-8　product 文件夹中二级页面 index.vue 的浏览结果 1

（6）向二级页面 index.vue 中传递参数

在子文件夹 product 中创建二级页面 _id.vue，在该页面中输入以下代码：

```
<template>
    <p>productId: {{ $route.params.id }}</p>
</template>
```

打开浏览器，在地址栏中输入"http://localhost:3000/product/5"，按【Enter】键后，二级页面的浏览结果如图 9-9 所示。

（7）在 Nuxt.js 项目中使用插件

在文件夹 04-nuxt-ssr 中创建子文件夹 plugins，插件一般都写在该文件夹中。当然，Axios 也写在这里。

读者可以扫描二维码查看【电子活页 9-6】中引入 element 插件的过程，或者从本单元配套的教学资源中打开对应的文档查看相应内容。

打开浏览器，在地址栏中输入"http://localhost:3000"，按【Enter】键后，首页的浏览结果如图 9-10 所示。

电子活页 9-6

引入 element 插件的过程

图9-9　product 文件夹中二级页面 index.vue 的浏览结果 2　　图9-10　Nuxt.js 项目 04-nuxt-ssr 首页的浏览结果 6

（8）在 Nuxt.js 项目中使用 store

在文件夹 store 中创建 shoppingCart.js 文件，在该文件中输入以下代码：

```
export const state = () => ({
    counter: 1
})
export const mutations = {
    increment (state) {
        state.counter++
    }
}
```

在 pages 文件夹中的 index.vue 文件中添加以下代码：

```
<template>
    <div>
        <p>数量: {{ $store.state.shoppingCart.counter }}</p>
    </div>
</template>
```

打开浏览器，在地址栏中输入"http://localhost:3000"，按【Enter】键后，首页的浏览结果如图 9-11 所示。

图 9-11　Nuxt.js 项目 04-nuxt-ssr 首页的浏览结果 7

（9）在 Nuxt.js 项目中使用声明式路由实现页面跳转

在文件夹 layouts 中创建 navigate01.vue 文件，在该文件中输入以下代码：

```
<template>
  <div>
    <nuxt-link to="login">跳转到登录页面</nuxt-link>
    <nuxt-link to="register">跳转到注册页面</nuxt-link><br/><br/>
  </div>
</template>
```

文件夹 pages 中的 login.vue 文件中的代码如前所述，没有变化。

在文件夹 pages 中创建 register.vue 文件，在该文件中输入以下代码：

```
<template>
  <div>
    <p>打开注册页面进行注册</p>
    <nuxt/>
  </div>
</template>
```

在 pages 文件夹中的 index.vue 文件中添加以下代码：

```
<template>    </template>
<script>
    export default {
        layout: 'navigate01',
    }
</script>
```

打开浏览器，在地址栏中输入"http://localhost:3000"，按【Enter】键后，首页的浏览结果如图 9-12 所示。

图 9-12　Nuxt.js 项目 04-nuxt-ssr 首页的浏览结果 8

在显示的页面中单击【跳转到登录页面】超链接，会跳转到"登录页面"；单击【跳转到注册页面】超链接，会跳转到"注册页面"。

（10）在 Nuxt.js 项目中使用编程式路由实现页面跳转

在文件夹 layouts 中创建 navigate01.vue 文件，在该文件中输入代码。

读者可以扫描二维码查看【电子活页 9-7】中文件夹 layouts 下 navigate01.vue 文件的代码，或者从本单元配套的教学资源中打开对应的文档查看相应内容。

在 pages 文件夹中的 index.vue 文件中添加以下代码：

```
<script>
    export default {
        layout: 'navigate01',
    }
</script>
```

文件夹 pages 中的 login.vue、register.vue 两个文件中的代码如前所述，没有变化。

文件夹 pages 中首页的浏览结果如图 9-13 所示。

图 9-13　Nuxt.js 项目 04-nuxt-ssr 首页的浏览结果 9

📝 拓展提升

9.4　Vue-SSR 的工作原理

Vue-SSR 的工作原理示意图如图 9-14 所示。

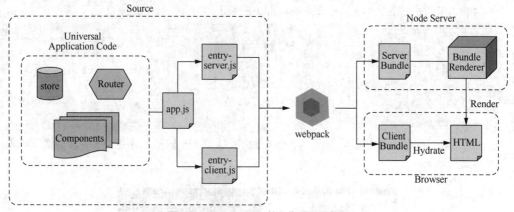

图 9-14　Vue-SSR 的工作原理示意图

从图 9-14 可以看到，左侧 Source 部分就是编写的源代码，所有代码有一个公共入口 app.js，紧接着就是服务器端的入口（entry-server.js）和客户端的入口（entry-client.js）。当完成所有源代码的编写之后，通过 webpack 的构建，打包出两个 Bundle，分别是 Server Bundle 和 Client Bundle。当用户进行页面访问的时候，先是经过服务器端的入口，将 Vue 组件组装为 HTML 字符串，并混入客户端所访问的 HTML 模板中，最终就完成了整个服务器端渲染的过程。

应用实战

【任务 9-1】创建一个简单的 vue-ssr 服务器端渲染项目

【任务描述】

创建一个简单的服务器端渲染项目 case01-vue-ssr，实现以下功能。

① 创建一个 node 服务。

在项目根文件夹下新建一个 server.js 文件，搭建 node 服务。

② 实现由 Vue-SSR 渲染的完整 HTML 页面。

③ 创建一个 src 文件夹，在该文件夹中创建一个 router 子文件夹，在 router 文件夹中创建一个 index.js 文件，该文件用作路由；在 src 文件夹下创建一个 app.js 文件，该文件用作 Vue 的入口。

④ 实现服务器端控制页面路由。

在 src 文件夹中创建一个 entry-server.js 文件，该文件为服务器端入口文件，接收 app 和 router 实例。在 src 文件夹中再创建一个 entry-client.js 文件，该文件为客户端入口文件，负责将路由挂载到 app 里面。

⑤ 修改 app.js 文件，将 router 和 vue 实例暴露出去。

⑥ 修改 entry-server.js 文件，进行同步或者异步获取数据。

⑦ 修改 app.js 文件，接收数据并渲染，以保证无论是同步还是异步获取的数据，都能成功地通过服务器端渲染，展示在页面源代码中。

项目 case01-vue-ssr 成功启动后，其在浏览器中浏览的效果如图 9-15 左侧所示，通过服务器端渲染展示在页面源代码中的 HTML 代码如图 9-15 右侧所示。

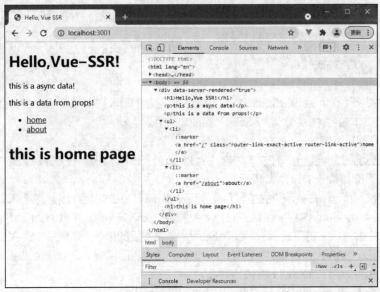

图 9-15　case01-vue-ssr 项目在浏览器中浏览的效果与服务器端渲染的代码

【任务实施】

1. 创建一个文件夹并初始化

在命令行中执行以下命令，创建一个文件夹：

```
mkdir case01-vue-ssr
cd case01-vue-ssr
```

在命令行中执行以下命令，创建一个 package.json 文件：

```
npm init
```

在对各个选项进行选择时，可以直接按【Enter】键，取其默认配置值。初始化完成之后可以看到文件夹里面有一个 package.json 文件，这就是配置表。

2. 安装项目依赖

该项目需要 4 个依赖项，在命令行中依次执行以下命令进行依赖项安装：

```
npm install express
npm install vue
npm install vue-router
npm install vue-server-renderer
```

其中，express 是一个 Node.js Web 应用框架；vue 用于创建 Vue 实例；vue-router 则用于实现路由控制；vue-server-renderer 尤为关键，实现的 vue-ssr 依靠于这个库提供的 API。

在安装依赖完毕之后，可以看到 package.json 文件中已经包含了 4 个依赖 express、vue、vue-router、vue-server-renderer 的版本代码。

3. 创建一个 node 服务

在根文件夹下新建一个 server01.js 文件，该文件用于搭建 node 服务，在该文件中输入以下初始代码：

```
const express = require("express");
const app = express();
app.get('*', (request, response) => {
    response.end('hello, Vue-SSR');
})
app.listen(3001, () => {
    console.log('服务已开启')
})
```

在命令行中执行 node server01.js 命令，然后在浏览器的地址栏中输入"localhost:3001"，便可以看到页面中的文本内容"hello, Vue-SSR"被成功渲染。

4. 渲染 HTML 页面

在上一步已经能成功渲染出一段文本内容"hello, Vue-SSR"，但是服务器端渲染并不是主要为了渲染文本内容，而是渲染一个 HTML 模板。

接下来得得告知浏览器，需要渲染的是 HTML 模板，而不只是文本内容，因此需要修改响应头。同时，引入 vue-server-renderer 中的 createRenderer 对象，该对象中有一个 renderToString()方法，可以将 Vue 实例转成 HTML 的形式。renderToString()方法接受的第一个参数是 Vue 的实例，第二个参数是一个回调函数，如果不想使用回调函数的话，这个方法也返回了一个 Promise 对象，当方法执行成功之后，会在 then()函数里面返回 HTML 结构。

在根文件夹下新建一个 server.js 文件，该文件的程序代码如下：

```
const express = require("express");
const app = express();
const Vue = require("vue");
const vueServerRender = require("vue-server-renderer").createRenderer();
```

```
app.get('*', (request, response) => {
    const vueApp = new Vue({
        data:{
            message: "hello, Vue SSR"
        },
        template: '<h1>{{message}}</h1>'
    });
    response.status(200);
    response.setHeader("Content-type", "text/html;charset-utf-8");
    vueServerRender.renderToString(vueApp).then((html) => {
        response.end(html);
    }).catch(err => console.log(err))
})
app.listen(3001, () => {
    console.log('服务已开启')
})
```

保存新添加的代码，在命令行中执行 node server.js 命令，重启服务，然后重新刷新页面。可以发现，页面好像没什么不同，就是字体变粗了而已。其实并不是，可以尝试查看页面源代码，可以发现在源代码中，已经存在一个标签对 h1，这就是 HTML 模板的雏形。同时还可以发现，h1 上面有一个属性 data-server-rendered="true"，这个属性是干什么的呢？它是一个标记，表明这个页面是由 Vue-SSR 渲染而来的。可以打开一些 SEO 页面或者一些公司的网站，查看源代码就会发现，也是有这个标记的。

虽然 h1 标签对被成功渲染，但是可以发现这个 HTML 页面并不完整，它缺少了文档声明、html 标签、body 标签、title 标签等。

5. 将 Vue 实例挂载进 HTML 模板中

在项目根文件夹中创建一个 index.html 文件，该文件用于挂载 Vue 实例，其代码如下：

```
<!DOCTYPE html>
<html lang="en">
<head>
<meta charset="UTF-8">
<meta name="viewport" content="width=device-width, initial-scale=1.0">
<meta http-equiv="X-UA-Compatible" content="ie=edge">
<title>Hello, Vue SSR</title>
</head>
<body>
    <!--vue-ssr-outlet-->
</body>
</html>
```

> **注意**
>
> 这里的 body 中的注释<!--vue-ssr-outlet-->不能去掉，这是 Vue 挂载的占位符。

在根文件夹下新建一个 server.js 文件，在该文件中编写程序代码，将 HTML 模板引进去。

251

createRenderer()方法可以接收一个对象作为配置参数。配置参数中有一项为template，该项配置的就是即将使用的 HTML 模板。其接收的不是一个单纯的路径，因此需要使用 fs 模块将 HTML 模板读取出来。

读者可以扫描二维码查看【电子活页 9-8】中根文件夹下 server.js 文件的代码，或者从本单元配套的教学资源中打开对应的文档查看相应内容。

电子活页 9-8

根文件夹下 server.js
文件的代码

保存 server.js 文件中新添加的代码，在命令行中执行 node server.js 命令，重启服务，然后重新刷新页面。查看源代码可以发现，已经能成功渲染出一个完整的页面了。

6. 创建一个 Vue 项目的开发文件夹

在项目根文件夹中创建一个 src 文件夹，在该文件夹中创建一个 router 子文件夹。在 router 文件夹中创建一个 index.js 文件，该文件用作路由。在 src 文件夹下创建一个 app.js 文件，该文件用作 Vue 的入口。

项目 case01-vue-ssr 的文件夹与文件结构如图 9-16 所示。

7. 在文件夹 src 下创建 app01.js 文件与编写程序代码

在文件夹 src 下创建 app01.js 文件，并在该文件中编写程序代码。

读者可以扫描二维码查看【电子活页 9-9】中文件夹 src 下 app01.js 文件的代码，或者从本单元配套的教学资源中打开对应的文档查看相应内容。

电子活页 9-9

文件夹 src 下
app01.js 文件的代码

图 9-16　项目 case01-vue-ssr
的文件夹与文件结构

8. 在根文件夹下新建一个 server04.js 文件与编写程序代码

在根文件夹下新建一个 server04.js 文件，在该文件中编写程序代码，将 app01.js 引入，该文件完整的代码如下：

```
const express = require("express");
const app = express();
const vueApp = require('./src/app01.js');
let path = require("path");
const vueServerRender = require("vue-server-renderer").createRenderer({
    template:require("fs").readFileSync(path.join(__dirname,"./index.html"),"utf-8")
});
app.get('*', (request, response) => {
    let vm = vueApp({});
    response.status(200);
    response.setHeader("Content-type", "text/html;charset-utf-8");
    vueServerRender.renderToString(vm).then((html) => {
        response.end(html);
    }).catch(err => console.log(err))
})
app.listen(3001, () => {
    console.log('服务已开启')
})
```

保存代码，在命令行中执行 node server04.js 命令，重启服务，然后重新刷新页面。可以看到浏览器的路由已经被成功渲染了，页面浏览效果如图 9-17 所示。但是无论怎么单击超链接都没反应，虽然浏览器的 URL 有更改，但是页面内容不变。

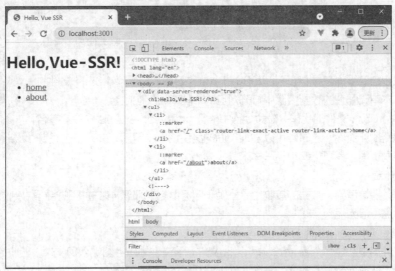

图 9-17　使用 node server04.js 命令重启服务时的页面浏览效果

这是因为只是将页面渲染的工作交给服务器端，而页面路由切换还是在前端执行，服务器端并未能接收到该指令。因此无论怎么切换路由，服务器端渲染出来的页面都不会发生变化。

9．实现服务器端控制页面路由

（1）在文件夹 src 下创建 app02.js 文件与编写程序代码

在文件夹 src 下创建 app02.js 文件，并在该文件中编写程序代码，将 router 和 Vue 实例暴露出去。

读者可以扫描二维码查看【电子活页 9-10】中文件夹 src 下 app02.js 文件的代码，或者从本单元配套的教学资源中打开对应的文档查看相应内容。

电子活页 9-10

文件夹 src 下
app02.js 文件的代码

（2）创建 entry-server01.js 文件与编写程序代码

在 src 文件夹中创建一个 entry-server01.js 文件，该文件为服务器端入口文件，接收 app 和 router 实例，在该文件中编写以下程序代码：

```
const createApp = require("./app02.js");
module.exports = (context) => {
    return new Promise(async (reslove,reject) => {
        let {url} = context;
        let {app,router} = createApp(context);
        router.push(url);
        //  router 回调函数
        //  当所有异步请求完成之后就会触发
        router.onReady(() => {
            let matchedComponents = router.getMatchedComponents();
            if(!matchedComponents.length){
                return reject();
            }
```

```
                reslove(app);
        },reject)
    })
}
```

（3）在根文件夹下新建一个 server05.js 文件与编写程序代码

在根文件夹下新建一个 server05.js 文件，在该文件中编写程序代码，引入 app01.js。

读者可以扫描二维码查看【电子活页 9-11】中根文件夹下 server05.js 文件的代码，或者从本单元配套的教学资源中打开对应的文档查看相应内容。

保存 server05.js 文件的代码，在命令行中执行 node server05.js 命令，重启服务，然后重新刷新页面。这时候可以发现页面的路由切换生效了，并且单击超链接会切换到不同页面，其源代码也不一样了。

电子活页 9-11

根文件夹下
server05.js 文件的
代码

10. 数据传递

既然是服务器端渲染，数据的接收也是来源于服务器端，那怎样才能把服务器端接收到的数据传输给前端，然后进行渲染呢？

（1）创建 entry-server.js 文件与编写程序代码

在 src 文件夹中创建一个 entry-server.js 文件，该文件为服务器端入口文件，接收 app 和 router 实例，进行同步或者异步获取数据。在该文件中编写以下程序代码：

```
const createApp = require("./app.js");
const getData = function(){
    return new Promise((reslove, reject) => {
        let str = 'this is a async data!';
        reslove(str);
    })
}
module.exports = (context) => {
    return new Promise(async (reslove,reject) => {
        let {url} = context;
        // 数据传递
        context.propsData = 'this is a data from props!'
        context.asyncData = await getData();
        let {app,router} = createApp(context);
        router.push(url);
        //  router 回调函数
        //  当所有异步请求完成之后就会触发
        router.onReady(() => {
            let matchedComponents = router.getMatchedComponents();
            if(!matchedComponents.length){
                return reject();
            }
            reslove(app);
        },reject)
    })
```

```
}
```

（2）创建 entry-client.js 文件与编写程序代码

在 src 文件夹中再创建一个 entry-client.js 文件，该文件为客户端入口文件，负责将路由挂载到 app 里面，在该文件中编写以下程序代码：

```
const createApp = require("./app.js");
let {app,router} = createApp({});
router.onReady(() => {
    app.$mount("#app")
});
```

（3）创建 app.js 文件与编写程序代码

在文件夹 src 下创建 app.js 文件，并在该文件中编写程序代码，接收数据并渲染。

读者可以扫描二维码查看【电子活页 9-12】中文件夹 src 下 app.js 文件的代码，或者从本单元配套的教学资源中打开对应的文档查看相应内容。

（4）创建 index.js 文件与编写程序代码

在 router 文件夹下创建 index.js 文件，在该文件中编写程序代码。

读者可以扫描二维码查看【电子活页 9-13】中文件夹 router 下 index.js 文件的代码，或者从本单元配套的教学资源中打开对应的文档查看相应内容。

（5）完善 package.json 文件中"scripts"节点的程序代码

完善 package.json 文件中"scripts"节点的程序代码，在 package.json 文件中添加一个启动命令，代码如下：

```
"scripts": {
    "test": "echo \"Error: no test specified\" && exit 1",
    "serve": "node index.js"
},
```

电子活页 9-12

文件夹 src 下 app.js
文件的代码

电子活页 9-13

文件夹 router 下
index.js 文件的代码

11. 启动项目与浏览页面

在命令行中执行以下命令，启动项目 case01-vue-ssr：

```
npm run serve
```

命令行中出现以下提示信息，表示项目 case01-vue-ssr 启动成功：

```
> case01-vue-ssr@1.0.0 server
> node index.js
服务已开启
```

打开浏览器，在地址栏中输入"http://localhost:3001/"，按【Enter】键即可看到图 9-17 所示的浏览效果。

可以看到，无论是同步还是异步获取的数据，都能成功地通过服务器端渲染展示在页面源代码中。

【任务 9-2】创建 vue-cli 改造而成的 vue-ssr 服务器端渲染项目

【任务描述】

基于 vue-cli 对 webpack 进行改造，创建 vue-cli 版本的 vue-ssr 服务器端渲染项目 case02-vue-cli-ssr，实现以下功能。

① 创建一个基于 webpack 模板的 Vue 项目 case02-vue-cli-ssr。

② 完善文件夹 build 中 webpack.dev.conf.js 文件的部分代码，添加所需的插件。

255

③ 完善 router 文件夹中的 index.js 文件。

④ 完善 src 文件夹中的 app.js 文件、entry-server.js 文件、entry-client.js 文件。

⑤ 在文件夹 build 中创建服务器端 webpack 配置文件，完善 build 文件夹中的 webpack.base.conf.js 文件，修改 webpack 客户端入口以及输出。

⑥ 在项目根文件夹下创建 server.js 文件。

⑦ 完善项目根文件夹下的 index.html 文件。

⑧ 在 package.json 文件中添加一个启动服务器端的命令"server": "node server.js"。

项目 case02-vue-cli-ssr 成功启动后，其在浏览器中浏览的效果如图 9-18 左侧所示，通过服务器端渲染展示在页面源代码中的 HTML 代码如图 9-18 右侧所示。

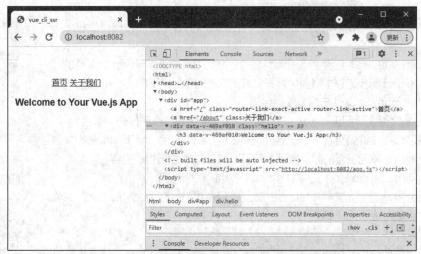

图 9-18　case02-vue-cli-ssr 项目在浏览器中浏览的效果

【任务实施】

1. 创建一个基于 webpack 模板的 Vue 项目

创建 Vue 项目之前下载并安装好长期支持版的 node，完成 vue-cli 的全局安装。

在命令行中执行以下命令创建基于 webpack 模板的 Vue 项目：

```
vue init webpack case02-vue-cli-ssr
```

在对各个选项进行选择时，可以直接按【Enter】键，取其默认配置值创建一个基于 webpack 模板的 Vue 项目。

2. 安装项目依赖

在命令行中依次执行以下命令安装依赖：

```
npm install axios
npm install webpack-node-externals
npm install vue-server-renderer
```

在安装依赖完毕之后，可以看到 package.json 文件中已经包含所安装的依赖项，对应的代码如下：

```
"dependencies": {
  "axios": "^0.24.0",
  "vue-server-renderer": "^2.6.14",
  "webpack-node-externals": "^3.0.0"
}
```

3. 完善客户端的 webpack 配置代码

完善文件夹 build 中 webpack.dev.conf.js 文件的部分代码，添加所需的插件，添加的代码如下：

```
const vueSSRClientPlugin = require("vue-server-renderer/client-plugin");

const devWebpackConfig = merge(baseWebpackConfig,{
    plugins:[
        new vueSSRClientPlugin()
    ]
});
```

添加了这个配置以后，重新启动项目，通过地址就可以访问 vue-ssr-client-manifest.json（http://localhost:8082/vue-ssr-client-manifest.json），页面中出现的内容就是所需要的 client-bundle。

电子活页 9-14

文件夹 src\router 下 index.js 文件的代码

4. 完善 vue 的相关文件

（1）完善 router 文件夹中的 index.js 文件

对文件夹 src\router 中的 index.js 文件进行完善。

读者可以扫描二维码查看【电子活页 9-14】中文件夹 src\router 下 index.js 文件的代码，或者从本单元配套的教学资源中打开对应的文档查看相应内容。

（2）完善 src 文件夹中的 app.js 文件

对文件夹 src 中的 app.js 文件进行完善。

读者可以扫描二维码查看【电子活页 9-15】中文件夹 src 下 app.js 文件的代码，或者从本单元配套的教学资源中打开对应的文档查看相应内容。

电子活页 9-15

文件夹 src 下 app.js 文件的代码

（3）完善 src 文件夹中的 entry-server.js 文件

对文件夹 src 中的 entry-server.js 文件进行完善，对应的代码如下：

```
import createApp from "./app.js";
export default (context) => {
    return new Promise((reslove,reject) => {
        let { url } = context;
        let { app,router } = createApp(context);
        router.push(url);
        router.onReady(() => {
            let matchedComponents = router.getMatchedComponents();
            if(!matchedComponents.length){
                return reject();
            }
            reslove(app);
        },reject)
    })
}
```

（4）完善 src 文件夹中的 entry-client.js 文件

对文件夹 src 中的 entry-client.js 文件进行完善，对应的代码如下：

```
import createApp from "./app.js";
let {app,router} = createApp();
```

```
router.onReady(() => {
    app.$mount("#app");
});
```

5. 修改 webpack 客户端入口以及输出

（1）完善 build 文件夹中的 webpack.base.conf.js 文件

对文件夹 build 中的 webpack.base.conf.js 文件进行完善，添加的代码如下：

```
module.exports = {
    entry:{
        app:"./src/entry-client.js"
    },
    output:{
        publicPath:"http://localhost:8080/"
    }
};
```

（2）在文件夹 build 中创建服务器端 webpack 配置文件

在文件夹 build 中创建配置文件 webpack.server.conf.js，目的是将插件 vue-server-renderer/server-plugin 引入服务器端执行。

读者可以扫描二维码查看【电子活页 9-16】中文件夹 build 下配置文件 webpack.server.conf.js 的代码，或者从本单元配套的教学资源中打开对应的文档查看相应内容。

（3）在文件夹 build 中创建 dev-server.js 文件

在文件夹 build 中创建 dev-server.js 文件，在该文件中编写代码获取客户端和服务器端的 bundle 文件以及读取到 index.html 中的模板用作渲染。

读者可以扫描二维码查看【电子活页 9-17】中文件夹 build 下 dev-server.js 文件的代码，或者从本单元配套的教学资源中打开对应的文档查看相应内容。

6. 在项目根文件夹下创建 server.js 文件

在项目根文件夹下创建 server.js 文件，用于启动服务，并利用 createBundleRenderer()方法将两个 Bundle 文件和 HTML 模板渲染出来，在该文件中编写对应的代码。

读者可以扫描二维码查看【电子活页 9-18】中项目根文件夹下 server.js 文件的代码，或者从本单元配套的教学资源中打开对应的文档查看相应内容。

7. 完善项目根文件夹下的 index.html 文件

完善项目根文件夹下的 index.html 文件，对应的代码如下：

```
<!DOCTYPE html>
<html>
  <head>
    <meta charset="utf-8">
    <meta name="viewport" content="width=device-width,initial-scale=1.0">
    <title>vue_cli_ssr</title>
  </head>
  <body>
    <div id="app">
```

电子活页 9-16

文件夹 build 下配置文件 webpack. server.conf.js 的代码

电子活页 9-17

文件夹 build 下 dev-server.js 文件的代码

电子活页 9-18

项目根文件夹下 server.js 文件的代码

```
        <!--vue-ssr-outlet-->
    </div>
    <!-- built files will be auto injected -->
  </body>
</html>
```

8. 完善 package.json 文件

在 package.json 文件中添加一个启动服务器端的命令，代码如下：

```
"server": "node server.js"
```

9. 启动项目与浏览页面

打开一个 Windows 命令行，在命令行中执行以下命令，启动项目 case02-vue-cli-ssr 的服务器端：

```
npm run server
```

命令行中出现以下提示信息，表示项目 case02-vue-cli-ssr 的服务器端启动成功：

```
> vue-project-demo@1.0.0 server

> node server.js

服务已开启
```

打开另一个 Windows 命令行，在命令行中执行以下命令启动项目 case02-vue-cli-ssr 的客户端：

```
npm run dev
```

命令行中出现以下提示信息，表示项目 case02-vue-cli-ssr 的客户端启动成功：

```
DONE   Compiled successfully in 1820ms

  |   Your application is running here: http://localhost:8082
```

打开浏览器，在地址栏中输入"http://localhost:8082/"，按【Enter】键即可看到图 9-18 所示的浏览效果。

【任务 9-3】基于 Nuxt.js 创建一个服务器端渲染应用——旅游网站

【任务描述】

基于 Nuxt.js 创建一个服务器端渲染应用——旅游网站，具体要求如下。

① 在指定文件夹下创建 Nuxt.js 项目 case03-nuxt-ssr。

② 完善配置文件 nuxt.config.js，对项目进行全局配置。

③ 在 components 文件夹中新建头部组件 header.vue、页脚组件 footer.vue。

④ 完善 layouts 文件夹中的 default.vue 文件，编写代码引入与使用头部组件、页脚组件。使用内容占位组件<nuxt />引入 pages 文件夹中 index.vue 文件的内容。

⑤ 完善 pages 文件夹中的 index.vue 文件，编写代码实现旅游网站首页中部主体内容。

⑥ 在 post 文件夹中新建 index.vue 文件，编写代码实现旅游网站的"旅游攻略大全"页面内容。

⑦ 在 user 文件夹中新建 login.vue 文件，编写代码实现旅游网站的"登录/注册"页面内容，在该文件中引入与使用"登录功能组件"和"注册功能组件"。

⑧ 在 hotel 文件夹中新建 index.vue 文件，编写代码实现旅游网站的"住宿与酒店"页面内容。

⑨ 在 air 文件夹中新建 index.vue 文件，编写代码实现旅游网站的"国内机票"页面内容。

旅游网站首页的浏览效果如图 9-19 所示。

图 9-19　旅游网站首页的浏览效果

【任务实施】

1. 创建 Nuxt.js 项目与搭建项目环境

在指定文件夹下执行以下命令，创建 Nuxt.js 项目 case03-nuxt-ssr：

```
create-nuxt-app case03-nuxt-ssr
```

该命令执行过程中，各个选项的选择结果如下所示，这里 Package manager 选择了"Yarn"，UI framework 选择了"Element"，Rendering mode 选择了"Universal（SSR / SSG）"选项：

```
create-nuxt-app v3.7.1
    ✨  Generating Nuxt.js project in case03-nuxt-ssr
? Project name: case03-nuxt-ssr
? Programming language: JavaScript
? Package manager: Yarn
? UI framework: Element
? Nuxt.js modules: (Press <space> to select, <a> to toggle all, <i> to invert selection)
? Linting tools: (Press <space> to select, <a> to toggle all, <i> to invert selection)
? Testing framework: None
? Rendering mode: Universal (SSR / SSG)
? Deployment target: Server (Node.js hosting)
? Development tools: (Press <space> to select, <a> to toggle all, <i> to invert selection)
? What is your GitHub username?
? Version control system: None
```

warning element-ui > async-validator > babel-runtime > core-js@2.6.12: core-js@<3.3 is no longer maintained and not rec

ommended for usage due to the number of issues. Because of the V8 engine whims, feature detection in old core-js versio

ns could cause a slowdown up to 100x even if nothing is polyfilled. Please, upgrade your dependencies to the actual ver

sion of core-js.

warning nuxt > @nuxt/babel-preset

命令成功执行后会出现以下提示信息：

```
Successfully created project case03-nuxt-ssr
    To get started:
            cd case03-nuxt-ssr
            yarn dev
    To build & start for production:
            cd case03-nuxt-ssr
            yarn build
            yarn start
```

在命令行中执行以下命令，改变当前文件夹：

```
cd case03-nuxt-ssr
```

在命令行中执行以下命令，第 1 次启动新创建的 nuxt 项目 case03-nuxt-ssr：

```
yarn dev
```

如果项目启动成功，说明 nuxt 项目 case03-nuxt-ssr 成功初始化。

2．完善文件夹结构

在 pages 文件夹下和 components 文件夹下分别新建文件夹 post、air、hotel、user，文件夹分别对应接下来要开发的业务模块。其中 post 文件夹用于存放旅游攻略模块的页面文件或组件，air 文件夹用于存放机票模块的页面文件或组件，hotel 文件夹用于存放酒店模块的页面文件或组件，user 文件夹用于存放用户模块的页面文件或组件。

3．修改完善配置文件

配置文件 nuxt.config.js 对项目进行了全局配置，对每个页面都生效。

读者可以扫描二维码查看【电子活页 9-19】中配置文件 nuxt.config.js 的代码，或者从本单元配套的教学资源中打开对应的文档查看相应内容。

4．创建或完善页面文件

（1）在 components 文件夹中新建头部组件 header.vue

读者可以扫描二维码查看【电子活页 9-20】中文件夹 components 下头部组件 header.vue 的代码，或者从本单元配套的教学资源中打开对应的文档查看相应内容。

（2）在 components 文件夹中新建页脚组件 footer.vue

读者可以扫描二维码查看【电子活页 9-21】中文件夹 components 下页脚组件 footer.vue 的代码，或者从本单元配套的教学资源中打开对应的文档查看相应内容。

电子活页 9-19

配置文件 nuxt.config.js 的代码

电子活页 9-20

文件夹 components 下头部组件 header.vue 的代码

电子活页 9-21

文件夹 components 下页脚组件 footer.vue 的代码

（3）完善 layouts 文件夹中的 default.vue 文件

读者可以扫描二维码查看【电子活页 9-22】中文件夹 layouts 下 default.vue 文件的代码，或者从本单元配套的教学资源中打开对应的文档查看相应内容。

（4）完善 pages 文件夹中的 index.vue 文件

读者可以扫描二维码查看【电子活页 9-23】中文件夹 pages 下 index.vue 文件的代码，或者从本单元配套的教学资源中打开对应的文档查看相应内容。

电子活页 9-22

文件夹 layouts 下
default.vue 文件的
代码

电子活页 9-23

文件夹 pages 下
index.vue 文件的
代码

（5）在 post 文件夹中新建 index.vue 文件

在 post 文件夹的 index.vue 文件中输入以下代码：

```
<template>
    <div class="container" style="text-align: center;"><h3>旅游攻略大全</h3>
    <img src="~/static/02.jpg" alt />
    </div>
</template>
```

（6）在 user 文件夹中新建 login.vue 文件

在 user 文件夹的 login.vue 文件中输入代码。

读者可以扫描二维码查看【电子活页 9-24】中文件夹 user 下 login.vue 文件的代码，或者从本单元配套的教学资源中打开对应的文档查看相应内容。

在文件夹 components\user 中创建登录组件 loginForm.vue 和注册组件 registerForm.vue，这两个组件的代码通过随书资源可以获取与查看，由于教材篇幅的限制，这里不再列出代码。

电子活页 9-24

文件夹 user 下
login.vue 文件的代码

（7）在 hotel 文件夹中新建 index.vue 文件

在 hotel 文件夹的 index.vue 文件中输入以下代码：

```
<template>
    <div class="container" style="text-align: center;"><h3>住宿与酒店</h3>
    <img src="~/static/djd01.jpg" alt />
    </div>
</template>
```

（8）在 air 文件夹中新建 index.vue 文件

在 air 文件夹的 index.vue 文件中输入以下代码：

```
<template>
    <section class="container">
      <h2 class="air-title"><span class="iconfont iconfeiji"></span>
        <i>国内机票</i>
      </h2>
    </section>
</template>
```

5. 启动项目与浏览页面

在命令行中执行以下命令，启动 nuxt 项目 case03-nuxt-ssr：

```
yarn dev
```

打开浏览器，在地址栏中输入"http://localhost:3000/"，按【Enter】键即可看到图 9-19 所示的浏览效果。

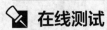

在线测试

电子活页 9-25

在线测试

单元 10
Vue综合应用实战

经过前面 9 个单元的深入学习与实践体验，读者已经熟悉了 Vue 的基本用法。本单元进入 Vue 结合应用任务的实战，优选了 4 个综合应用任务，这 4 个任务具有典型性和实用性。第 1 个任务为实现简单的登录注册评论功能，用户数据与评论内容存放在 Vue 实例的 data 节点中，采用"1 个 HTML 文件+1 个 JavaScript 文件"的方式实现。第 2 个任务为实现简单的购物车功能，商品数据与用户数据存放在 JSON 文件中，采用"1 个 HTML 文件+1 个 JavaScript 文件+1 个 JSON 文件"的方式实现。第 3 个任务为实现前后端分离的移动版网上商城项目，商品数据存放在 MySQL 数据库中，综合应用了"Vue.js+Axios+Vuex+Node.js+MySQL"等多项技术构建前后端分离的移动版网上商城。第 4 个任务是一个难度较大的真正的综合项目，项目中的所有数据都存放在 MySQL 数据库中，综合应用了"Vue.js+Vue-router+Axios+Vuex+Element-ui+Node.js+MySQL"等多项技术实现前后端分离的网上商城项目，前端包含 11 个页面，后端采取 MVC 模式，根据前端需要的数据分模块设计了相应的接口、控制层、数据持久层。

【任务 10-1】编写程序实现简单的登录注册评论功能

【任务描述】

在文件夹"case01-登录注册评论"中创建网页 index.html，实现简单的登录注册评论功能，具体要求如下。

① 浏览网页 index.html 时的初始页面，如图 10-1 所示。

图 10-1　浏览网页 index.html 时的初始页面

② 输入留言参加评论之前必须先进行登录操作，如果没有注册，还需要先进行注册。如果曾经注册过，则直接单击【登录】按钮，弹出【用户登录】对话框，分别输入正确的用户名与密码，如图 10-2

所示，然后单击【立即登录】按钮，弹出【成功登录】的提示对话框，在该对话框中单击【确定】按钮，进入图 10-3 所示的评论留言主界面。

图 10-2 【用户登录】对话框　　　　　　　图 10-3 评论留言主界面

在留言输入框中输入评论内容，然后单击【提交】按钮。

【任务实施】

1. 创建程序的文件夹结构

登录注册评论程序的文件夹结构如图 10-4 所示，在文件夹"case01-登录注册评论"下分别创建 css、img、js、lib 文件夹，然后将本程序所需的 CSS 文件 index.css、jquery-1.11.3.min.js 文件、vue.min.js 文件和图片文件复制到对应的文件夹中。

2. 编写 index.html 文件中的 HTML 代码

在文件夹"case01-登录注册评论"中先创建 index.html 文件，然后编写 HTML 代码。

（1）编写 index.html 文件基本结构的 HTML 代码

index.html 文件基本结构的 HTML 代码如下：

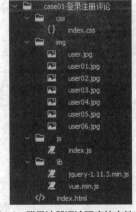

图 10-4 登录注册评论程序的文件夹结构

```
<!DOCTYPE html>
<html lang="en">
<head>
    <meta charset="utf-8">
    <title>留言</title>
    <link rel="stylesheet" href="css/index.css" />
    <script type="text/javascript" src="lib/vue.min.js"></script>
    <script type="text/javascript" src="lib/jquery-1.11.3.min.js"></script>
```

```html
</head>
<body>
    <div id="comment">
        <!--登录代码-->
        <!--注册代码-->
        <!--评论代码-->
    </div>
</body>
</html>
<script src="js/index.js "></script>
```

这里在</html>下一行引入 js 文件夹中的 index.js 文件。

（2）编写实现登录功能的 HTML 代码

index.html 文件中实现登录功能的 HTML 代码如下：

```html
<div class="loginbox" v-show="loginStatus" @click="loginboxClick()"
    style="display:none;">
  <div class="box" @click="stopProp()">
    <h3>用户登录</h3>
    <form name="login" id="login">
        <input type="text" placeholder="请输入用户名" class="username">
        <input type="password" placeholder="请输入登录密码" class="psw">
        <input type="button" value="立即登录" @click="login()">
        <input type="button" value="立即注册" @click="showregister()"
            class="blueBtn">
    </form>
  </div>
</div>
```

（3）编写实现注册功能的 HTML 代码

index.html 文件中实现注册功能的 HTML 代码如下：

```html
<div class="loginbox registerbox" v-show="registerStatus"
    @click="registerboxClick()" style="display:none;">
    <div class="box" @click="stopProp()">
        <h3>用户注册</h3>
        <form name="register" id="register">
            <input type="text" placeholder="请输入用户名" class="username">
            <input type="password" placeholder="请输入登录密码" class="psw">
            <input type="button" value="立即注册" @click="register()">
            <input type="button" value="立即登录" @click="showLogin()"
                class="blueBtn">
        </form>
    </div>
</div>
```

（4）编写评论留言主界面的 HTML 代码

读者可以扫描二维码查看【电子活页 10-1】中的源代码，或者从本单元配套的教学资源中查看 index.html 文件中评论留言主界面的 HTML 代码。

电子活页 10-1

index.html 文件中评论留言主界面的 HTML 代码

3．编写 index.js 文件中的 JavaScript 代码

先在 js 文件夹中创建 index.js 文件，然后编写 JavaScript 代码。

（1）编写日期格式化函数的代码

读者可以扫描二维码查看【电子活页 10-2】中的源代码，或者从本单元配套的教学资源中查看 index.js 文件中日期格式化函数的代码。

（2）创建 Vue 实例

创建 Vue 实例，该实例的基本结构如下：

电子活页 10-2

index.js 文件中日期格式化函数的代码

```
var vm = new Vue({
    el: "#comment",
    data: {
        },
    methods: {
            }
  });
```

（3）编写基本数据代码

读者可以扫描二维码查看【电子活页 10-3】中的源代码，或者从本单元配套的教学资源中查看 index.js 文件中的基本数据代码。

（4）编写基本方法的 JavaScript 代码

读者可以扫描二维码查看【电子活页 10-4】中的源代码，或者从本单元配套的教学资源中查看 index.js 文件中基本方法的 JavaScript 代码。

电子活页 10-3

index.js 文件中的基本数据代码

电子活页 10-4

index.js 文件中基本方法的 JavaScript 代码

（5）编写 JavaScript 代码实现登录功能

读者可以扫描二维码查看【电子活页 10-5】中的源代码，或者从本单元配套的教学资源中查看 index.js 文件中实现登录功能的 JavaScript 代码。

（6）编写 JavaScript 代码实现注册功能

读者可以扫描二维码查看【电子活页 10-6】中的源代码，或者从本单元配套的教学资源中查看 index.js 文件中实现注册功能的 JavaScript 代码。

电子活页 10-5

index.js 文件中实现登录功能的 JavaScript 代码

电子活页 10-6

index.js 文件中实现注册功能的 JavaScript 代码

（7）编写 JavaScript 代码实现评论功能

index.js 文件中实现评论功能的 JavaScript 代码如下：

```
subCommont: function() {
    if (!this.userbarStatus) {
        alert("登录之后才可以评论！");
        this.loginStatus = true;
    } else {
        if ($(".wordsbox textarea").val() == "") {
            alert("请先填写评论内容！");
```

```
        } else {
            var obj = {}; //评论信息对象的容器
            obj.username = this.currentUser.username;
            obj.userimg = this.currentUser.userimg;
            obj.words = $(".wordsbox textarea").val();
            obj.like = 0;
            obj.nolike = 0;
            obj.time = new Date().format("yyyy-MM-dd hh:mm:ss");
            //将评论信息压入评论信息列表
            this.comments.push(obj);
            alert("评论成功！");
            $(".wordsbox textarea").val("");
        }
    }
}
```

4. 浏览网页测试其主要功能

浏览网页 index.html 时，初始页面如图 10-1 所示。经测试实现了要求的功能。

【任务 10-2】编写程序实现简单的购物车功能

【任务描述】

创建 Vue 项目 case02-shoppingCart，实现简单的购物车功能，页面布局外观如图 10-5 所示，具体要求如下。

图 10-5　页面布局外观

① 页面上方为文本内容"购物车"和标题名称，中部为商品列表，下方左侧为【全选】和【取消全选】按钮，右侧为【金额合计】与【结账】按钮。

② 页面中以列表形式展示商品数据，从左至右依次为单选按钮、商品图片、商品名称（商品名称下方为文本内容"赠送:"和赠送的物品名称）、商品单价、商品数量、金额小计和【删除】按钮。

③ 单击商品图片左侧的单选按钮则选中该商品，右下角的金额合计同步发生变化。

④ 单击左下角的【全选】按钮，左侧的单选按钮会变成选中状态，选中全部商品；单击【取消全选】

按钮，则会取消所有商品的选中状态。

⑤ 单击"商品数量"列右侧的【＋】按钮，会增加数量。每单击 1 次，增加 1。单击"商品数量"列左侧的【－】按钮，会减少数量，每单击 1 次，减少 1。右下角的金额合计都会同步变化。

【任务实施】

1. 创建包含默认设置值的 package.json 文件

先创建项目根文件夹 case02-shoppingCart，然后将项目根文件夹设置为当前文件夹，在命令行中执行以下命令创建包含默认设置值的 package.json 文件：

```
npm init -y
```

package.json 文件的初始代码如下：

```
{
  "name": " case02-shoppingCart",
  "version": "1.0.0",
  "description": "",
  "main": "index.js",
  "scripts": {
    "test": "echo \"Error: no test specified\" && exit 1"
  },
  "keywords": [],
  "author": "",
  "license": "ISC"
}
```

2. 安装项目依赖项

在命令行中执行以下命令安装项目依赖项：

```
npm install vue
npm install axios
npm install http-server
```

项目依赖项安装完成后，package.json 文件中会添加以下代码：

```
"dependencies": {
  "axios": "^0.24.0",
  "http-server": "^14.0.0",
  "vue": "^2.6.14"
}
```

在"scripts"节点中添加以下代码：

```
"start": "http-server -a localhost -p 8080"
```

3. 创建文件夹与复制相关资源

在项目根文件夹 case02-shoppingCart 下分别创建子文件夹 css、data、img，然后将 CSS 样式文件 base.css、checkout.css、modal.css 复制到文件夹 css 中，将商品图片复制到文件夹 img 中。

4. 创建 cartData.json 文件与编写代码

在文件夹 data 中创建 cartData.json 文件，然后编写代码。

读者可以扫描二维码查看【电子活页 10-7】中的源代码，或者从本单元配套的教学资源中查看文件夹 data 中 cartData.json 文件的代码。

电子活页 10-7

文件夹 data 中 cartData.json 文件的代码

5. 创建 index.js 文件与编写代码

在项目根文件夹中创建 index.js 文件，然后编写代码。

读者可以扫描二维码查看【电子活页 10-8】中的源代码，或者从本单元配套的教学资源中查看项目根文件夹中 index.js 文件的代码。

电子活页 10-8

项目根文件夹中
index.js 文件的代码

6. 创建 index.html 文件与编写代码

在项目根文件夹中创建 index.html 文件，然后编写 HTML 代码。

（1）编写 index.html 文件的主体结构代码

读者可以扫描二维码查看【电子活页 10-9】中的源代码，或者从本单元配套的教学资源中查看项目根文件夹中 index.html 文件的主体结构代码。

（2）编写 index.html 文件中部的商品列表代码

读者可以扫描二维码查看【电子活页 10-10】中的源代码，或者从本单元配套的教学资源中查看 index.html 文件中的<div class="item-list-wrap">与</div>之间的代码。

电子活页 10-9

项目根文件夹中
index.html 文件的
主体结构代码

电子活页 10-10

index.html 文件中部
的商品列表代码

（3）编写 index.html 文件底部的 HTML 代码

读者可以扫描二维码查看【电子活页 10-11】中的源代码，或者从本单元配套的教学资源中查看 index.html 文件中的<div class="cart-foot-wrap">与</div>之间的代码。

电子活页 10-11

index.html 文件
底部的 HTML 代码

7. 运行项目 case02-shoppingCart 与测试其功能

在命令行中执行以下命令启动项目 case02-shoppingCart：

```
npm run start
```

项目启动成功，会出现以下提示信息：

```
Available on:
   http://localhost:8080
Hit CTRL-C to stop the server
```

打开浏览器，在地址栏中输入"http://localhost:8080"，按【Enter】键，显示的网页内容如图 10-5 所示。经测试实现了要求的功能。

【任务 10-3】综合应用多项技术实现前后端分离的移动版网上商城项目

【任务描述】

创建 Vue 项目 case03-onlineStore，综合应用"Vue.js+Axios+Vuex+Node.js+MySQL"多项技术实现前后端分离的移动版网上商城功能，具体要求如下。

① 移动版【网上商城】首页显示商品列表，其下方显示【商品列表】和【购物车】按钮，如图 10-6 所示。

② 在商品列表的各个商品区域单击，进入【商品详情】页面，如图 10-7 所示。在【商品详情】页面单击【加入购物车】按钮，可以选购当前正在浏览的商品。

加入购物车功能调用 mutations 中的 addToCar(state, product)方法实现。

③ 在【网上商城】首页或者【商品详情】页面单击【购

图10-6 移动版【网上商城】首页的商品列表

物车】按钮，即可进入【购物车】页面，如图 10-8 所示。

在图 10-8 所示的【购物车】页面中可以单击【+】按钮增加购物数量，单击【-】按钮减少购物数量，购物数量改变时，下方的已勾选商品件数和总价会同步发生变化。单击【删除】按钮还可以删除选购的商品。

图 10-7 移动版网上商城的【商品详情】页面 　　图 10-8 移动版网上商城的【购物车】页面

在【购物车】页面中，更新商品的购买数量调用 mutations 中的 updateprodsInfo(state, info)方法实现，更新商品的选中状态调用 mutations 中的 updateProdsSelected(state, info)方法实现，删除商品调用 mutations 中的 removeFormCar(state, id)方法实现。

getters 中的 getProdsSelectedCount(state)方法用于得到购物车中已选择的商品总量，其在底部购物车图标右上方的小红圈中显示。

getters 中的 getProdsCount(state)方法用于得到购物车中各个商品的数量，在【购物车】页面 numbox 中显示商品当前购买数量。

getters 中的 getProdsSelected(state)方法用于得到购物车中各个商品的选中状态，在【购物车】页面中设置商品的选中状态。

getters 中的 getGoodsCountAndAmount(state)方法用于得到购物车中总的选择数量和总价，其在结算框中显示。

【任务实施】

1. 创建 Vue 项目 case03-onlineStore

在命令行中执行以下命令创建基于 webpack 模板的 Vue 项目：

```
vue init webpack case03-onlineStore
```

在对各个选项进行选择时，可以直接按【Enter】键，取其默认配置值创建一个基于 webpack 模板的 Vue 项目。

2. 完善项目的文件夹结构

在本项目文件夹 case03-onlineStore 中创建子文件夹 onlineStore-client 和 onlineStore-server。

读者可以扫描二维码查看【电子活页 10-12】中子文件夹 onlineStore-client 完整的文件夹结构。

读者可以扫描二维码查看【电子活页 10-13】中子文件夹 onlineStore-server 完整的文件夹结构。

电子活页 10-12　电子活页 10-13

子文件夹 onlineStore-client 完整的文件夹结构　子文件夹 onlineStore-server 完整的文件夹结构

3. 创建数据库与数据表

电子活页 10-14

在 Navicat for MySQL 的工作界面中创建一个数据库 test。

在项目根文件夹中创建 SQL 文件 malldata.sql，该文件用于创建数据表。

读者可以扫描二维码查看【电子活页 10-14】中 SQL 文件 malldata.sql 对应的代码，或者从本单元配套的教学资源中打开对应文件 malldata.sql 查看源代码。

SQL 文件 malldata.sql 对应的代码

在命令行中执行以下命令，运行 SQL 文件，在数据库 test 中创建数据表 prods_list，同时插入 5 条商品记录：

```
D:\>mysql -uroot -p123456 -Dtest< D:\malldata.sql
```

创建的 prods_list 数据表对应的结构信息如表 10-1 所示，其中 id 字段为主键。

表 10-1　创建的 prods_list 数据表对应的结构信息

字段名称	字段类型	字段长度
id	tinyint	0
title	varchar	255
add_time	datetime	0
abstract	varchar	255
click	tinyint	0
img_url	varchar	255
sell_price	double	0
market_price	double	0
stock_quantity	tinyint	0
goods_no	varchar	255

4. 准备项目环境

在文件夹 case03-onlineStore 下执行以下命令，分别安装相关依赖项：

```
npm install express
npm install axios
npm install fastclick
npm install mint-ui
npm install vuex
```

在文件夹 onlineStore-server 下执行以下命令，分别安装相关依赖项：

```
npm install mysql
```

5. 创建文件与编写代码实现后端功能

（1）创建 app.js 文件与编写代码

在文件夹 onlineStore-server 中创建文件 app.js，并输入以下代码：

```
var express = require('express')
var app = express()
//静态资源
app.use('/public/',express.static('./public'))
app.use('/node_modules/',express.static('./node_modules'))
var routerCar = require('./routes/routerCar')   //引入路由模块
app.use('/shopCar',routerCar)
app.listen(3000,function(){
```

```
        console.log('server is running')
})
```

（2）创建 routerCar.js 文件与编写代码

在文件夹 onlineStore-server\routes 中创建文件 routerCar.js，并输入以下代码：

```
var express = require('express')
var router = express.Router()      //创建一个路由
var Products = require('../models/Products')
router.get('/prodlist',function(req,res){
        Products.getList(req.query.id,function(qerr,vals,fields){
                if(qerr){
                        res.status(500).send('ERR')
                }else{
                        res.json(vals)
                }
        })
})
module.exports = router   //导出 router
```

（3）创建 Products.js 文件与编写代码

在文件夹 onlineStore-server/models 中创建文件 Products.js，并在该文件中输入代码。

读者可以扫描二维码查看【电子活页 10-15】中文件 Products.js 对应的代码，或者从本单元配套的教学资源中打开对应文件 Products.js 查看源代码。

（4）创建 mysqlPool.js 文件与编写代码

电子活页 10-15

文件 Products.js
对应的代码

在文件夹 onlineStore-server/common 中创建文件 mysqlPool.js，并在该文件中输入以下代码：

```
var mysql = require('mysql')
var $dbConfig = require('../config/dbConfig')
// 使用连接池，避免打开太多的线程，提升性能
var pool = mysql.createPool($dbConfig);
//导出查询相关
var query=function(sql,callback){
        pool.getConnection(function(err,conn){
                if(err){
                        callback(err,null,null);
                }else{
                        conn.query(sql,function(qerr,vals,fields){
                                //释放连接
                                conn.release();
                                //事件驱动回调函数
                                callback(qerr,vals,fields);
                        });
                }
        });
```

```
  };
module.exports = query
```

（5）创建 dbConfig.js 文件与编写代码

在文件夹 onlineStore-server/config 中创建文件 dbConfig.js，并在该文件中输入以下代码：

```
var dbConfig = {
    host: "127.0.0.1", //数据库的地址
    user: "root",
    password: "123456",
    database: "test",
    dateStrings: true
}
module.exports = dbConfig;
```

6. 创建文件与编写代码实现前端功能

（1）完善 index.html 文件的代码

对文件夹 onlineStore-client 下的文件 index.html 中的代码进行完善：

```
<!DOCTYPE html>
<html>
  <head>
    <meta charset="utf-8">
    <meta name="viewport" content="width=device-width,initial-scale=1.0">
    <link rel="shortcut icon" href="./static/favicon.ico" type="image/x-icon">
    <title>网上商城</title>
  </head>
  <body>
    <div id="app"></div>
    <!-- built files will be auto injected -->
  </body>
</html>
```

（2）完善 main.js 文件的代码

对文件夹 onlineStore-client/src 下的文件 main.js 中的代码进行完善。

读者可以扫描二维码查看【电子活页 10-16】中文件 main.js 对应的代码，或者从本单元配套的教学资源中打开对应文件 main.js 查看源代码。

（3）完善 App.vue 文件的代码

对文件夹 onlineStore-client/src 下的文件 App.vue 中的代码进行完善。

读者可以扫描二维码查看【电子活页 10-17】中文件 App.vue 对应的代码，或者从本单元配套的教学资源中打开对应文件 App.vue 查看源代码。

（4）完善 index.js 文件的代码

对文件夹 onlineStore-client/src/router 下的文件 index.js 中的代码进行完善。

读者可以扫描二维码查看【电子活页 10-18】中文件 index.js 对应的代码，或者从本单元配套的教学资源中打开对

电子活页 10-16

文件 main.js 对应的代码

电子活页 10-17

文件 App.vue 对应的代码

电子活页 10-18

文件 index.js 对应的代码

应文件 index.js 查看源代码。

（5）创建 Products.vue 文件与编写代码

在文件夹 onlineStore-client/components 中创建文件 Products.vue，在该文件中输入模块代码。

读者可以扫描二维码查看【电子活页 10-19】中文件 Products.vue 对应的代码，或者从本单元配套的教学资源中打开对应文件 Products.vue 查看源代码。

电子活页 10-19

文件 Products.vue
对应的代码

（6）创建 ProductInfo.vue 文件与编写代码

在文件夹 onlineStore-client/components 中创建文件 ProductInfo.vue，在该文件中输入模块代码。

读者可以扫描二维码查看【电子活页 10-20】中文件 ProductInfo.vue 对应的代码，或者从本单元配套的教学资源中打开对应文件 ProductInfo.vue 查看源代码。

（7）创建 ShopCar.vue 文件与编写代码

在文件夹 onlineStore-client/components 中创建文件 ShopCar.vue，在该文件中输入模块代码。

电子活页 10-20

文件 ProductInfo.
vue 对应的代码

电子活页 10-21

文件 ShopCar.vue
对应的代码

读者可以扫描二维码查看【电子活页 10-21】中文件 ShopCar.vue 对应的代码，或者从本单元配套的教学资源中打开对应文件 ShopCar.vue 查看源代码。

（8）创建 NumBox.vue 文件与编写代码

在文件夹 onlineStore-client/components/subComponents 中创建文件 NumBox.vue，该文件用于在【商品详情】页面中增减购买数量，在该文件中输入模块代码。

读者可以扫描二维码查看【电子活页 10-22】中文件 NumBox.vue 对应的代码，或者从本单元配套的教学资源中打开对应文件 NumBox.vue 查看源代码。

电子活页 10-22

文件 NumBox.vue
对应的代码

（9）创建 ShopCarNumBox.vue 文件与编写代码

在文件夹 onlineStore-client/components/subComponents 中创建文件 ShopCarNumBox.vue，该文件用于在【购物车】页面中增减购买数量，在该文件中输入模块代码。

读者可以扫描二维码查看【电子活页 10-23】中文件 ShopCarNumBox.vue 对应的代码，或者从本单元配套的教学资源中打开对应文件 ShopCarNumBox.vue 查看源代码。

电子活页 10-23

文件
ShopCarNumBox.
vue 对应的代码

7. 启动项目与浏览运行结果

在当前文件夹 case03-onlineStore/onlineStore-server 下执行以下命令，启动项目的后端程序：

```
node app.js
```

命令行中显示 "server is running" 的提示信息。

在当前文件夹 case03-onlineStore/onlineStore-client 下执行以下命令，启动项目的前端程序：

```
npm run dev
```

命令行中输出以下提示信息，则表示项目的前端程序启动成功：

```
DONE    Compiled successfully in 3312ms

 I  Your application is running here: http://localhost:8080
```

项目 case03-onlineStore 前端程序启动成功后，打开浏览器，在地址栏中输入 "http://localhost: 8080/"，按【Enter】键，即可看到【网上商城】首页，如图 10-6 所示。

经测试实现了要求的功能。

【任务 10-4 】综合应用多项技术实现前后端分离的网上商城项目

【任务描述】

创建 Vue 项目 Case04-EShop，实现网上商城功能，具体功能需求要求如下。

① 本项目前后端分离，前端基于"Vue.js+Vue-router+Axios +Vuex+Element-ui+Node.js+MySQL"等技术，参考小米商城实现。后端基于"Node.js（Koa 框架）+MySQL"技术实现。

② 前端包含 11 个页面：【首页】、【登录】、【注册】、【全部商品】、【商品详情】、【关于我们】、【我的购物车】、【订单结算】、【我的收藏】、【我的订单】及【错误处理】页面。

前端实现了登录、注册、商品的展示、商品分类查询、通过关键字搜索商品、商品详细信息展示、用户购物车、订单结算、用户订单、用户收藏列表及错误处理功能。

③ 后端采取 MVC 模式，根据前端需要的数据分模块设计相应的接口、控制层、数据持久层。

各个功能模块的实现方法如下。

①【登录】页面。

该页面使用了 element-ui 的 Dialog 实现弹出蒙版对话框的效果，【登录】按钮设置在 App.vue 根组件中，通过 Vuex 中的 showLogin 状态控制登录框是否显示。这样设计既可以通过单击页面中的按钮登录，也可以用户访问需要登录验证的页面或后端返回需要验证登录的提示后自动弹出登录框，减少了页面的跳转，简化了用户操作。

用户输入的数据有时是不可靠的，所以本项目前后端都对登录信息进行了校验，前端基于 element-ui 的表单校验方式，自定义了校验规则进行校验。

网上商城的【登录】页面如图 10-9 所示。

②【注册】页面。

该页面同样使用了 element-ui 的 Dialog 实现弹出蒙版对话框的效果，【注册】按钮设置在 App.vue 根组件中，通过父子组件传值控制注册框是否显示。用户输入的数据有时是不可靠的，所以本项目前后端同样都对注册信息进行了校验，前端基于 element-ui 的表单校验方式，自定义了校验规则进行校验。

网上商城的【注册】页面如图 10-10 所示。

图 10-9　网上商城的【登录】页面

图 10-10　网上商城的【注册】页面

③【首页】页面。

【首页】主要是对商品的展示，有轮播图展示推荐的商品，分类别对热门商品进行展示。网上商城的【首页】页面如图 10-11 所示。

图 10-11　网上商城的【首页】页面

④【全部商品】页面。

【全部商品】页面集成了全部商品展示、商品分类查询，以及根据关键字搜索商品结果展示。网上商城的【全部商品】页面如图 10-12 所示。

图 10-12　网上商城的【全部商品】页面

⑤【商品详情】页面。

【商品详情】页面主要是对某个商品的详细信息进行展示，用户可以在这里把喜欢的商品加入购物车或收藏列表。网上商城的【商品详情】页面如图 10-13 所示。

图 10-13　网上商城的【商品详情】页面

⑥【我的购物车】页面。

购物车采用 Vuex 实现，页面效果参考了小米商城的购物车。网上商城的【我的购物车】页面如图 10-14 所示。

图10-14　网上商城的【我的购物车】页面

- 从数据库同步购物车数据，根据购物车数据动态生成该页面，添加商品到购物车。
- 在购物车中可以删除选中的商品，修改购物车中商品的数量；可以勾选购物车中的商品，也可以全选购物车中的商品。
- 在购物车中可以计算已加购商品的总数量，计算购物车中勾选的商品的总数量，计算购物车中勾选的商品的总价格，生成购物车中勾选的商品的详细信息。

⑦【订单结算】页面。

用户在购物车中选择了准备购买的商品后，单击【去结算】按钮，会来到该页面。用户在这里选择收货地址，确认订单的相关信息，然后确认购买。网上商城的【订单结算】页面如图 10-15 所示。

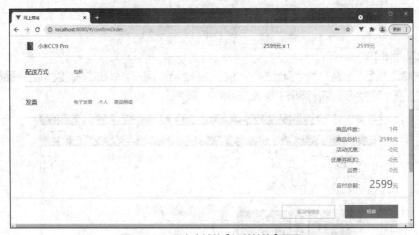

图10-15　网上商城的【订单结算】页面

⑧【我的收藏】页面。

用户在商品的详情页可以通过单击【喜欢】按钮，把喜欢的商品加入收藏列表。网上商城的【我的收藏】页面如图 10-16 所示。

⑨【我的订单】页面。

该页面用于对用户所有的订单进行展示，网上商城的【我的订单】页面如图 10-17 所示。

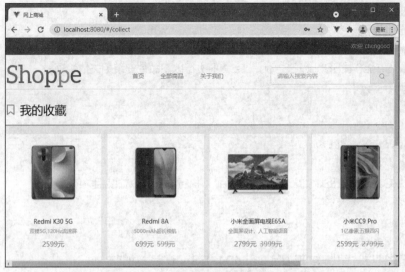

图 10-16　网上商城的【我的收藏】页面

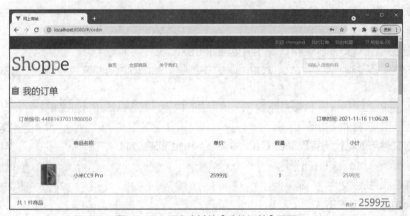

图 10-17　网上商城的【我的订单】页面

【任务实施】

1. 创建 Vue 项目 Case04-EShop

在命令行中执行以下命令创建 Vue 项目：

```
vue create Case04-EShop
```

按【Enter】键，开始执行上述命令后会出现一系列的选择项，可以根据自己的需要进行选择。

2. 完善项目 Case04-EShop 的文件夹结构

在本项目文件夹 Case04-EShop 中创建子文件夹 EShop-server 和 EShop-client。

读者可以扫描二维码查看【电子活页 10-24】中项目 Case04-EShop 的文件夹结构。

3. 创建数据库与数据表

在文件夹 EShop-server 中创建 SQL 文件 storeDB.sql，该文件用于创建数据库 storedb、打开数据库 storedb，创建 users、carousel、category、product、product_picture、shoppingCart、orders、collect 等数据表的表结构。

在文件夹 EShop-server 中创建 SQL 文件 analogDataSql.sql，该文件用于

电子活页 10-24

项目 Case04-EShop 的文件夹结构

向数据表 category、product、product_picture 添加初始数据。

4. 准备项目环境

基于 vue-cli 脚手架创建项目，需要安装 Node.js 和全局安装 vue-cli。

在文件夹 Case04-EShop/EShop-client 下执行以下命令安装相关依赖项：

```
npm install axios
npm install core-js
npm install element-ui
npm install vue-markdown
npm install vuex
```

在文件夹 Case04-EShop/EShop-server 下执行以下命令安装相关依赖项：

```
npm install koa
npm install mysql
npm install request
```

5. 创建文件与编写代码实现项目 Case04-EShop 后端功能

① 创建 app.js 文件与编写代码。

② 创建 config.js 文件与编写代码。

③ 创建 db.js 文件与编写代码。

④ 在文件夹 EShop-server/routers 中创建 index.js 文件与编写代码。

⑤ 在文件夹 EShop-server/routers/router 中创建 userRouter.js 文件与编写代码。

读者可以扫描二维码查看【电子活页 10-25】中的内容，或者从本单元配套的教学资源中打开对应文件查看源代码。

电子活页 10-25

实现项目 Case04-
EShop 后端功能

6. 创建文件与编写代码实现项目 Case04-EShop 前端功能

① 完善 index.html 文件的代码。

② 完善 Global.js 文件的代码。

③ 完善 main.js 文件的代码。

④ 完善 App.vue 文件的代码。

⑤ 创建 Home.vue 文件与编写代码。

⑥ 完善文件夹 src/router 下的 index.js 文件的代码。

读者可以扫描二维码查看【电子活页 10-26】中的内容，或者从本单元配套的教学资源中打开对应文件查看源代码。

电子活页 10-26

实现项目 Case04-
EShop 前端功能

7. 项目 Case04-EShop 中购物车模块的实现

① 在 main.js 文件中引入 element-ui。

② 创建 ShoppingCart.vue 文件与编写程序代码。

③ 创建 Vuex。

④ 实现同步购物车状态。

⑤ 实现动态生成购物车页面。

⑥ 实现添加商品到购物车。

⑦ 实现删除购物车中的商品。

⑧ 实现修改购物车中商品的数量。

⑨ 实现勾选商品。

⑩ 实现全选商品。

⑪ 实现计算购物车中商品的总数量。

⑫ 实现计算购物车中勾选的商品的总数量。

⑬ 实现计算购物车中勾选的商品的总价格。

⑭ 实现生成购物车中勾选的商品的详细信息。

电子活页 10-27

项目 Case04-
EShop 中购物车模块
的实现

读者可以扫描二维码查看【电子活页 10-27】中的内容，或者从本单元配套的教学资源中打开对应文件查看源代码。

8. 启动项目与浏览运行结果

在文件夹 Case04-EShop/EShop-client 下执行以下命令，启动项目：

```
npm run serve
```

命令行中输出以下提示信息，则表示项目启动成功：

```
DONE   Compiled successfully in 123ms
   App running at:
   - Local:    http://localhost:8080
   - Network: http://192.168.1.7:8080
```

打开浏览器，在地址栏中输入"http://localhost:8080/#/"，按【Enter】键，即可看到网上商城的首页。

经测试实现了要求的功能。

📝 在线测试

电子活页 10-28

在线测试

附录 A
Vue 程序开发环境搭建

1. 命令执行环境
命令执行环境为 Windows 命令行窗口。

2. 网页开发环境
网页开发环境为 Dreamweaver，应安装最新版本的 Dreamweaver。

3. 搭建 Vue 程序开发环境
Node.js 是一个基于 Chrome V8 引擎的 JavaScript 环境，它让 JavaScript 运行在服务器端，V8 引擎执行 Javascript 的速度快、性能好。

（1）下载 Node.js

下载 Node.js 的网址为 https://nodejs.org/en/，下载 Node.js 的网页如图 A-1 所示。

图 A-1　下载 Node.js 的网页

从图 A-1 可以看出，Node.js 有两个版本：LTS（Long Term Support）版本提供长期稳定的更新，目前已经被正式列入标准的版本，只进行微小的 Bug 修复且版本稳定，因此有很多用户在使用；Current 版本提供当前发布的最新版本，增加了一些新特性，但还未被完全列入标准，可能以后会有所变动。这里选择 LTS 版本。下载 LTS 版本后，得到 node-v14.18.0-x64.msi 安装包文件。

（2）在 Windows 环境中安装 Node.js

双击安装包文件 node-v14.18.0-x64.msi，启动安装程序，打开安装向导，【Node.js Setup】页面的【Welcome】界面，如图 A-2 所示。

Node.js 的默认安装文件夹为 C:\Program Files\nodejs，安装过程全部使用默认值，直接单击【Next】按钮即可完成安装，Node.js 安装完成后会出现图 A-3 所示的提示信息。

图 A-2 【Node.js Setup】页面的【Welcome】界面　　　　图 A-3　Node.js 成功安装的提示信息

（3）在【编辑环境变量】对话框中增加路径

依次打开【系统属性】-【环境变量】-【编辑环境变量】对话框，如图 A-4 所示，在用户变量 Path 中增加路径 C:\Program Files\nodejs。依次单击【确定】按钮，完成路径的增加。

（4）在命令行窗口中测试 Node.js 是否安装成功

打开命令行窗口，在路径 C:\WINDOWS\system32>下输入以下命令：

```
node -v
```

按【Enter】键，可以看到 Node.js 的版本为 v14.8.0，如图 A-5 所示。

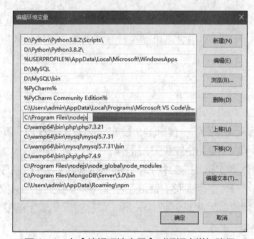

图 A-4　在【编辑环境变量】对话框中增加路径：　　　　图 A-5　查看 Node.js 的版本
　　　　　　C:\Program Files\nodejs

（5）查看 NPM 的版本

NPM 是随同 Node.js 一起安装的包管理工具，用来解决 NodeJS 代码部署时的很多问题。由于新版的 Node.js 已经集成了 NPM，所以安装 Node.js 时 NPM 也一并安装好了。同样可以在命令行窗口中通过执行 npm -v 命令来测试是否安装成功：

```
C:\WINDOWS\system32>npm -v
7.24.2
```

从执行结果可以看出，NPM 的版本为 7.24.2。

如果安装的是旧版本的 NPM，可以通过 NPM 命令来升级，升级命令如下：

```
npm install npm -g
```

附录 B
JavaScript与ECMAScript 6.0简介

B.1 JavaScript 简介

JavaScript 是一种直译式脚本编程语言，可以与 HTML 语言配合实现网页中的动态交互功能，弥补 HTML 的不足，使得网页变得更加生动。

JavaScript 是一种动态类型、弱类型、基于原型的语言，是一种广泛用于客户端的脚本语言，用来给 HTML 网页增加动态功能，它的解释器被称为 JavaScript 引擎，为浏览器的一部分。

JavaScript 是一种基于对象和事件驱动的脚本语言，是一种轻量级的编程语言，JavaScript 插入 HTML 页面后，所有的现代浏览器都可以执行，通过嵌入或调用 JavaScript 代码在标准的 HTML 中实现其功能。

JavaScript 的基本语法与 C 语言类似，但运行过程中不需要单独编译，而是逐行解释执行，运行速度快。JavaScript 具有跨平台性，与操作环境无关，只依赖于浏览器本身，只要支持 JavaScript 的浏览器就能正确执行。

B.2 初识 ES6

ES6 是 ECMAScript 6.0 的简称，它是 JavaScript 的下一代标准，发布于 2015 年 6 月，其目标是使得 JavaScript 可以用来编写复杂的大型应用程序，成为企业级开发语言。

ES6 标准增加了 JavaScript 语言层面的模块体系定义，ES6 中所引入的语言新特性使 JavaScript 更具规范性和易读性，更方便操作，简化了大型项目开发的复杂度，降低了出错概率，提升了开发效率。ES6 模块的设计思想是尽量静态化，使得编译时就能确定模块的依赖关系，以及输入和输出的变量。CommonJS 和 AMD 模块都只能在运行时确定这些东西。

> **说明** 本附录中的各示例代码详见文件夹 ES6-demo01 中的网页文件。

1. ES6 的变量声明

ES6 中新增了 let 和 const 来定义变量，三者的主要区别如下。

- let 声明的变量只在 let 命令所在的代码块内有效，而 var 声明的变量在全局范围内有效。
- let 不能重复定义，但是可以修改；var 可以重复声明，但是会覆盖之前已经声明的。
- var 声明变量存在变量提升，也就是在声明变量之前就可以使用该变量；let 必须先声明再使用。
- const 是用来声明常量的，声明过后值不能再改变，即不能再做声明，作用域与 let 相同，只在声明所在的块级作用域内有效。

let 和 const 的作用如下。

- 禁止重复声明。
- 支持块级作用域。

- 控制修改。

使用 var 声明的变量可以重复声明、没有块级作用域、不能限制。

① var：用于定义全局变量，var 是 variable 的简写。

分析以下代码：

```
{
    var x = 2;
}
console.log(x);    //这里的 x 指的是区块里的 x
```

上方代码的输出结果为 2。因为 var 是全局变量的，所以即使是在区块里声明，仍然在全局起作用。

再来分析以下这段代码：

```
var x = 2;
{
    var x = 3;
}
console.log(x);    //这里的 x 指的是区块里的 x
```

这段代码的输出结果为 3，因为 var 是全局声明。

使用 var 定义的全部变量，有时候会污染整个 js 的作用域。

② let：用于定义局部变量，替代 var。

分析以下代码：

```
var x = 2;
{
    let x = 3;
}
console.log(x);
```

这段代码的输出结果为 2，因为使用 let 声明的变量只在局部（块级作用域内）起作用。

let 是防止数据污染，来看下面这个很经典的 for 循环的例子。

- 用 var 声明变量：

```
for (var i = 0; i < 10; i++) {
    // 每循环一次，就会在{ }所在的块级作用域中重新定义一个新的 i
    console.log('循环体中:' + i);
}
console.log('循环体外:' + i);
```

这段代码可以正常输出结果，且最后一行的输出结果是 10。这说明循环体外定义的变量 i 是在全局起作用的。

- 用 let 声明变量：

```
for (let i = 0; i < 10; i++) {
    console.log('循环体中:' + i);
}
console.log('循环体外:' + i);
```

这段代码的最后一行无法输出结果，也就是说输出会报错，因为用 let 定义的变量 i 只在{ }这个块级作用域里生效。

总之，要习惯使用 let 声明变量，减少 var 声明带来的全局空间污染。

需要说明的是当定义了 let a = 1 时，如果在同一个作用域内继续定义 let a = 2，是会报错的。

③ const：用于定义常量，常量一经定义后不可修改。

在程序开发中，希望有些变量一经声明后，在业务层就不再发生变化，此时可以用 const 来定义。例如：

```
const name = admin';   //定义常量
```

用 const 声明的变量只在局部（块级作用域内）起作用。

2. 变量的解构赋值

3. Vue.js 中==和===的区别

① ==用于比较、判断两者相等，比较时可自动换数据类型。

② ===用于（严格）比较、判断两者（严格）相等，不会进行自动转换，要求进行比较的操作数必须类型一致，不一致时返回 flase。

4. 模板字符串

5. 字符串操作

6. 函数

7. 对象简写

8. 面向对象编程

9. Promise

读者可以扫描二维码查看【电子活页 B-1】中的内容，或者从附录 B 配套的教学资源中打开对应的文档查看相应内容。

电子活页 B-1

初识 ES6

附录 C
Vue应用开发工具简介

C.1　认知与使用 Node.js 的包管理器——NPM

C.1.1　NPM 概述

1. 什么是 NPM
2. 为什么要使用 NPM

C.1.2　安装 NPM

C.1.3　安装与卸载包

1. 使用 npm install 安装包的命令格式
2. 区分全局安装与本地安装
3. 安装了哪个版本的软件包
4. 安装不同版本
5. 区分 dependencies（前端运行时依赖）与 devDependencies（开发依赖）
6. 在代码中使用已安装的软件包
7. 卸载包
8. 更新包
9. 搜索包
10. 尝试清除 npm 缓存

C.1.4　使用 NPM 常用的命令

1. 使用 npm init 命令
2. 使用 npm set 命令
3. 使用 npm info 命令
4. 使用 npm search 命令
5. 使用 npm list 命令
6. 使用 npm run 命令
7. 使用 npm bin 命令
8. 使用 npm link 命令创建全局链接
9. 使用 npm 的其他命令

C.1.5　使用 package.json

【示例】文件夹 npm-demo01 中的 package.json 文件

C.1.6　区分包和模块

1.　什么是包（Package）
2.　什么是模块（Module）

C.1.7　解决国内使用 NPM 慢的问题

电子活页 C-1

1.　使用淘宝 NPM 镜像
2.　使用淘宝的其他镜像

读者可以扫描二维码查看【电子活页 C-1】中的内容，或者从附录 C 配套的教学资源中打开对应的文档查看相应内容。

认知与使用 node.js
的包管理器——npm

C.2　认知与使用包管理工具——Yarn

与 NPM 相比，Yarn 有着众多的优势，其主要的优势在于速度快、具有离线模式和版本控制。

1.　背景
2.　什么是 Yarn
3.　Yarn 的优势
4.　安装 Yarn
5.　使用 Yarn

电子活页 C-2

读者可以扫描二维码查看【电子活页 C-2】中的内容，或者从附录 C 配套的教学资源中打开对应的文档查看相应内容。

认知与使用包管理
工具——Yarn

C.3　认知与使用脚手架工具——vue-cli

　　vue-cli 是 Vue 官方出品的快速构建 SPA 的脚手架工具，集成了 webpack 环境及主要依赖项——webpack、NPM、Node.js、Babel、Vue、vue-router，对于项目的搭建、打包、维护管理等都非常方便快捷。

　　很多人可能经常会听到"脚手架"3 个字，无论是前端还是后台，其实它在生活中的含义是为了保证各施工过程顺利进行而搭设的工作平台。因此，作为一个工作平台，前端的"脚手架"可以理解为能够帮助开发者快速构建前端项目的一个工具或平台。目前很多主流的前端框架都提供了各自官方的脚手架工具，以帮助开发者快速构建起自己的项目，这里主要介绍 Vue 的脚手架工具 vue-cli。

　　vue-cli 这个构建工具大大降低了 webpack 的使用难度，支持热更新，有 webpack-dev-server 的支持，相当于启动了一个请求服务器，给用户搭建了一个测试环境，用户只关注开发就可以了。

　　vue-cli 经历了几个版本的迭代，目前常用的版本是 3.x，Vue-CLI 3.x 是一个基于 Vue.js 进行快速开发的完整系统，其主要有 3 个组件。

　　① CLI：使用 npm i -g @vue/cli 命令全局安装的 NPM 包管理器，提供了终端里的 Vue 命令，例如 vue create、vue serve、vue ui 等命令。

　　② CLI 服务：@vue/cli-service 是一个开发环境依赖项，构建于 webpack 和 webpack-dev-server 环境之上，提供 serve、build 和 inspect 等命令。

③ CLI 插件：给 Vue 项目提供可选功能的 NPM 包管理器，例如 Babel/TypeScript 转译、ESLint 集成、Unit 和 E2E 测试等。

1. **使用 vue-cli 的主要优势**
2. **全局安装 webpack**
3. **全局安装 vue-cli 2.x**

读者可以扫描二维码查看【电子活页 C-3】中的内容，或者从附录 C 配套的教学资源中打开对应的文档查看相应内容。

电子活页 C-3

认知与使用脚手架
工具——vue-cli

C.4 认知模块打包工具——webpack

webpack 作为目前最流行的项目打包工具，被广泛使用于项目的构建和开发过程中。说它是打包工具其实有点大材小用了，可以认为它是一个集前端自动化、模块化、组件化于一体的可拓展系统。用户可以根据自己的需要来进行一系列的配置和安装，最终实现所需要的功能并进行打包输出。

C.4.1 webpack 概述

1. **webpack 是什么**
2. **webpack-cli 是什么**
3. **webpack 的主要特点**

C.4.2 创建一个新的项目

创建一个新的项目来开始 webpack 之旅。首先创建一个文件夹，创建一个 package.json 文件，然后在本地安装 webpack，接着安装 webpack-cli（此工具用于在命令行中运行 webpack）。

【示例】项目 webpack-project

读者可以扫描二维码查看【电子活页 C-4】中的内容，或者从附录 C 配套的教学资源中打开对应的文档查看相应内容。

电子活页 C-4

认知模块打包工具
——webpack

C.5 认知前端构建工具——Vite

Vite 是一种新型的前端构建工具，最初是配合 Vue 3.0 一起使用的，后来适配了各种前端项目，目前它提供了 Vue、React、Preact 框架模板。Vue 使用的是 vue-cli 脚手架，React 一般使用 create-react-app 脚手架。虽然脚手架工具不一样，但是内部的打包工具都是 webpack。

C.5.1 Vite 概述

C.5.2 Vite 的使用方式

C.5.3 Vite 解决了 webpack 哪些问题

C.5.4 Vite 启动链路

1. **命令解析**

2. server
3. plugin
4. build

读者可以扫描二维码查看【电子活页 C-5】中的内容，或者从附录 C 配套的教学资源中打开对应的文档查看相应内容。

C.6　认知 ES 转码器——Babel

当使用更高版本的 JavaScript 语法（例如 ES6）时，低版本的浏览器将无法运行。为了兼容低版本的浏览器，可以使用 Babel 将 ES6、ES7 等高版本代码转换为 ES5 代码。

C.6.1　Babel 概述

C.6.2　使用 Babel

Babel 支持的使用场景很多，能够在浏览器中使用，也能够在命令行中使用，还能在 webpack 中使用。以下以安装 babel-cli 为例进行说明。

【示例】项目 babel-demo01

读者可以扫描二维码查看【电子活页 C-6】中的内容，或者从附录 C 配套的教学资源中打开对应的文档查看相应内容。

C.7　认知 CSS 预处理器——SASS

由于 CSS 不是一种编程语言，可以使用它设计网页样式，但是没法使用它编程。在程序员的眼里，CSS 是一件很麻烦的东西。它没有变量，也没有条件语句，只是一行行单纯的描述，写起来相当费事。CSS 本身语法不够强大，导致重复编写一些代码，无法实现复用，而且代码也不方便维护。

现在有人开始为 CSS 加入编程元素，这被叫作 CSS 预处理器。它的基本思想是用一种专门的编程语言进行网页样式设计，然后再编译成正常的 CSS 文件。

C.7.1　SASS 概述

1. SASS 是什么
2. SASS 的特性
3. 为什么要使用 SASS
4. 安装 SASS
5. SASS 是如何工作的

C.7.2　使用 SASS

【示例】文件夹 sass-demo01 下的文件

C.7.3　SASS 的基本用法

1. SASS 变量

2. SASS 作用域

3. 设置 SASS 的全局变量

4. 计算功能

5. 嵌套

6. 注释

7. 继承

8. 插入文件

9. 自定义函数

电子活页 C-7

认知 CSS 预处理器
——SASS

读者可以扫描二维码查看【电子活页 C-7】中的内容，或者从附录 C 配套的教学资源中打开对应的文档查看相应内容。

C.8 认知代码检查工具——ESLint

ESLint 是一个插件化的、开源的 JavaScript 代码检查工具（即代码规范和错误检查工具），可以用来保证写出语法正确、风格统一的代码。代码检查是一种静态的分析，常用于寻找有问题的模式或者代码，并且不依赖于具体的编程风格。对大多数编程语言来说都会有代码检查，一般来说编译程序会内置检查工具。

JavaScript 是一个动态的弱类型语言，在开发中比较容易出错。由于没有编译程序，为了寻找 JavaScript 代码错误，通常需要在执行过程中不断调试。ESLint 可以让程序员在编程的过程中而不是在执行的过程中发现问题。

不管是多人合作还是个人项目，代码规范是很重要的，这样做不仅可以很大程度地避免基本语法错误，也保证了代码的可读性。这就是所谓"工欲善其事，必先利其器"。ESLint 的初衷是让程序员可以创建自己的检测规则。

C.8.1 ESLint 概述

1. Lint 的产生

2. ESLint 是什么

3. 安装 ESLint

电子活页 C-8

认知代码检查工具
——ESLint

C.8.2 使用 ESLint

【示例】项目 eslint-demo01

读者可以扫描二维码查看【电子活页 C-8】中的内容，或者从附录 C 配套的教学资源中打开对应的文档查看相应内容。

附录 D
Vue应用开发平台与框架简介

D.1 认知 JavaScript 应用开发平台——Node.js

简单地说，Node.js 就是运行在服务器端的 JavaScript，Node.js 是一个基于 Chrome JavaScript 运行时建立的平台。

D.1.1 Node.js 概述

1. Node.js 是什么
2. Node.js 的特点
3. Node.js 的相关网站
4. 查看当前的 Node 版本

D.1.2 创建与执行简单的 Node.js 程序

【示例】文件夹 node-demo01 中 test.js

D.1.3 创建与执行在服务器端运行的 Node.js 应用程序

【示例】文件夹 node-demo01 中的 server.js

D.1.4 使用 Node.js 连接 MySQL 数据库

【示例】项目 node-mysql-demo

D.1.5 使用 Node.js 操作数据库

读者可以扫描二维码查看【电子活页 D-1】中的内容，或者从附录 D 配套的教学资源中打开对应的文档查看相应内容。

电子活页 D-1

认知 JavaScript 应用
开发平台——
Node.js

D.2 认知 Web 应用框架——Express

Express 是一个简洁而灵活的 Node.js Web 应用框架，提供一系列强大特性帮助程序员创建各种 Web 应用。Express 不对 Node.js 已有的特性进行二次抽象，只是在它之上扩展了 Web 应用所需的功能。其拥有丰富的 HTTP 工具，以及随取随用的来自 Connect 框架的中间件，使得创建强健、友好的 API 变得快速又简单。

D.2.1 Express 概述

1. **Express 框架核心特性**
2. **安装 Express**
【示例】项目 express-demo01

D.2.2 创建简单的 Express 应用程序

D.2.3 使用应用程序生成器工具快速创建应用程序

电子活页 D-2

认知 Web 应用框架
——Express

【示例】项目 express-demo02

D.2.4 Express 的基本路由简介

读者可以扫描二维码查看【电子活页 D-2】中的内容，或者从附录 D 配套的教学资源中打开对应的文档查看相应内容。

D.3 认知 Web 开发框架——Koa 与 Koa2

Koa 是由 express 的原班成员开发的简约、扩展性强、基于 Node.js 平台的 Web 开发框架。Koa 框架有两个版本：Koa 和 Koa2。

D.3.1 Koa 快速入门

【示例】项目 koa-demo01

D.3.2 Koa2 快速入门

Koa 使用 ES6 的 generator 来编写，当 Node 引擎支持 ES8 之后，Koa 的创始人立即使用 async 和 await 重构了 Koa 框架，就有了现在的 Koa2。

1. **安装 Koa2 的脚手架和基础配置**
2. **创建一个简单的 Koa2 项目**
【示例】项目 koa2-demo01

电子活页 D-3

认知 Web 开发框架
——Koa 与 Koa2

读者可以扫描二维码查看【电子活页 D-3】中的内容，或者从附录 D 配套的教学资源中打开对应的文档查看相应内容。

D.4 认知状态管理框架——Vuex

D.4.1 Vuex 概述

Vuex 是一个专为 Vue 服务的，用于管理页面数据状态、提供统一数据操作的生态系统。它集中于 MVC 模式中的 Model 层，规定所有的数据操作必须通过 Action-Mutation-State Change 的流程来进行，再结合 Vue 的数据视图双向绑定特性来实现页面的展示更新。Vuex 提供统一的页面状态管理以及操作处理，可以让复杂的组件交互变得简单清晰，同时可在调试模式下进行时光机般的倒退前进操作，查看数据改变过程，使代码调试更加方便。

电子活页 D-4

认知状态管理框架
——Vuex

D.4.2　Vuex 的几个术语

读者可以扫描二维码查看【电子活页 D-4】中的内容，或者从附录 D 配套的教学资源中打开对应的文档查看相应内容。

D.5　认知前端开发框架——Nuxt.js

D.5.1　Nuxt.js 概述

Nuxt.js 前端开发框架不仅提供了脚手架的基本功能，还对项目结构、代码做了约定，以减少代码量。从这点可以看出，脚手架永远围绕两个核心目标：让每一行源代码都在描述业务逻辑，让每个项目结构都相同且易读。Nuxt.js 的主要作用是实现用户界面（User Interface，UI）渲染，同时抽象出客户端/服务器端分布。Nuxt.js 是一个易用、足够灵活的开源框架，让 Web 开发变得简单而强大。Nuxt.js 预先设置了使 Vue.js 应用服务器的开发更加愉快的所有配置。

1. Nust.js 的主要特点
2. Nuxt.js 框架的主要功用

电子活页 D-5

认知前端开发框架
——Nuxt.js

D.5.2　认知 Nuxt.js 项目的文件夹结构

读者可以扫描二维码查看【电子活页 D-5】中的内容，或者从附录 D 配套的教学资源中打开对应的文档查看相应内容。

附录 E
Vue应用开发的库与插件简介

E.1 认知 HTTP 库——Axios

E.1.1 概述

1. 何为同源策略
2. 什么是跨域访问
3. Axios 是什么
4. Axios 的安装方法

E.1.2 Axios 的常用方法与 API

1. 使用 Axios 的 get()方法向后端请求数据
2. 使用 Axios 的 post()方法提交数据
3. 使用 Axios 的 API

E.1.3 使用 Axios 的实例

【示例】文件夹 axios-demo01 中的网页 01.html
【示例】文件夹 axios-demo01 中的网页 02.html
读者可以扫描二维码查看【电子活页 E-1】中的内容，或者从附录 E 配套的教学资源中打开对应的文档查看相应内容。

电子活页 E-1

认知 HTTP 库——Axios

E.2 认知 UI 组件库——Element-UI

Element-UI 是由饿了么团队出品的，一套为开发者、设计师和产品经理准备的，基于 Vue 2.0 的桌面端组件库，提供了配套 Axure、Sektch 设计资源，可以直接下载使用，能帮助程序开发人员节省大量的时间。

使用现成的 UI 组件库，能快速搭建项目，后期也容易维护，在敏捷开发项目中尤为常见。设计师可以下载设计文件，在做设计图时直接使用模板，既能快速出图，也保证了前端还原实现。

E.2.1 Element-UI 概述

1. 区分 Element-UI 与 Element Plus
2. Element-UI 的特点
3. Element-UI 的安装方法

4. 引入 Element-UI 组件库

E.2.2　通过 CDN 方式使用 Element-UI 组件

【示例】文件夹 Element-UI-demo 中的网页 index.html

E.2.3　在 webpack 项目中使用 Element-UI 组件

电子活页 E-2

认知 UI 组件库——
Element-UI

【示例】项目 Element-UI-demo01
读者可以扫描二维码查看【电子活页 E-2】中的内容，或者从附录 E 配套的教学资源中打开对应的文档查看相应内容。

E.3　认知 UI 组件库——iView UI 与 View UI

iView 是一套基于 Vue.js 的高质量开源 UI 组件库，主要服务于 PC 界面的中后台业务。

E.3.1　iView UI 概述

1. iView UI 是什么
2. iView UI 的特性
3. iView UI 的安装方法
4. 引入 iView
5. iView 组件的使用规范

E.3.2　通过 CDN 方式使用 iView 组件

【示例】文件夹 iview-demo01 下的 test.html

E.3.3　在 webpack 项目中使用 iView 组件

【示例】项目 iview-demo02

E.3.4　View UI 概述

1. View UI 是什么
2. View UI 的特点
3. 安装 View UI
4. 引入 View UI

E.3.5　在 webpack 项目中使用 View UI 组件

电子活页 E-3

认知 UI 组件库——
iView UI 与 View UI

【示例】项目 View-UI-demo03
读者可以扫描二维码查看【电子活页 E-3】中的内容，或者从附录 E 配套的教学资源中打开对应的文档查看相应内容。

E.4 认知插件 Postman

开发程序时，特别是需要与接口打交道时，无论是写接口还是用接口，拿到接口后肯定都得提前测试一下。这样的话，就非常需要有一个比较给力的 HTTP 请求模拟工具，现在这种工具有很多，如火狐浏览器插件 RESTClient、Chrome 浏览器插件 Postman 等。下面主要介绍 Postman。

E.4.1 Postman 概述

1. Postman 是什么
2. Postman 的主要特点
3. 认知 Postman 的界面组成

E.4.2 发送 HTTP 请求

读者可以扫描二维码查看【电子活页 E-4】中的内容，或者从附录 E 配套的教学资源中打开对应的文档查看相应内容。

电子活页 E-4

认知插件 Postman

E.5 认知模拟后端接口插件——Mock.js

在前后端分离的开发环境中，前端程序员需要等待后端程序员完成接口及接口文档之后才能继续开发。Mock.js 可以让前端程序员独立于后端程序员进行开发，前端程序员可以根据业务先梳理出接口文档并使用 Mock.js 模拟后端接口。那么 Mock.js 是如何模拟后端接口的呢？Mock.js 通过拦截特定的AJAX 请求，并生成给定的数据类型的随机数据，以此来模拟后端程序员提供的接口。

E.5.1 Mock.js 概述

1. 模拟后端接口的实现方式
2. Mock.js 的优点
3. Mock.js 定义模拟接口返回数据的两种方式

E.5.2 使用 Mock.js

【示例】项目 mock-demo

读者可以扫描二维码查看【电子活页 E-5】中的内容，或者从附录 E 配套的教学资源中打开对应的文档查看相应内容。

电子活页 E-5

认知模拟后端接口
插件——Mock.js

附录 F
精简版Vue编程风格指南

Vue 编程风格指南按照优先级（依次为必要、强烈推荐、推荐、谨慎使用）分类。本附录按照类型分类，并对部分示例或解释进行缩减，是 Vue 编程风格指南的精简版。

1. Vue 的组件名称命名约定

1-1　组件名为多个单词（必要）。

1-2　单文件组件文件名应该要么始终是单词首字母大写（PascalCase），要么始终用短横线连接（kebab-case）（强烈推荐）。

1-3　基础组件名要有一个特定前缀开头（强烈推荐）。

1-4　只应该拥有单个活跃实例的组件应该以 The 前缀命名，以示其唯一性（强烈推荐），这不意味着组件只可用于一个单页面，而是每个页面只使用一次，这些组件永远不接受任何 prop。

1-5　和父组件紧密耦合的子组件应该以父组件名作为前缀命名（强烈推荐）。

1-6　组件名应该以高级别的（通常是一般化描述的）单词开头，以描述性的修饰词结尾（强烈推荐）。

1-7　单文件组件和字符串模板中的组件名应总是单词首字母大写——但在 DOM 模板中总是用短横线连接（强烈推荐）。

1-8　文件名应该倾向于使用完整单词而不是缩写（强烈推荐）。

读者可以扫描二维码查看【电子活页 F-1】中的内容，或者从附录 F 配套的教学资源中打开对应的文档查看相应内容。

电子活页 F-1

Vue 的组件名称命名约定

2. Vue 的组件使用相关约定

2-1　单文件组件、字符串模板和 JSX 中没有内容的组件应该自闭合——但在 DOM 模板里不要这样做（强烈推荐）。

2-2　为组件样式设置作用域（必要）。

2-3　单文件组件应该总是让<script>、<template>和<style>标签的顺序保持一致（推荐）。

2-4　一个文件中只有一个组件（强烈推荐）。

2-5　组件选项默认顺序（推荐）。

读者可以扫描二维码查看【电子活页 F-2】中的内容，或者从本单元配套的教学资源中打开对应的文档查看相应内容。

电子活页 F-2

Vue 的组件使用相关约定

3. Vue 的 props 使用约定

3-1　props 定义应该尽量详细（必要）。

3-2　声明 props 时，其命名应始终使用驼峰命名法，而在模板和 JSX 中应始终使用短横线连接（强烈推荐）。

读者可以扫描二维码查看【电子活页 F-3】中的内容，或者从附录 F 配套的教学资源中打开对应的文档查看相应内容。

电子活页 F-3

Vue 的 prop 使用约定

4. Vue 的指令使用约定

4-1　总是用 key 配合 v-for 指令（必要）。

4-2　不要把 v-if 和 v-for 指令同时用在同一个元素上（必要）。

4-3　多个特性的元素应该分多行撰写，每个特性一行（强烈推荐）。

4-4　元素特性默认顺序（推荐）。

读者可以扫描二维码查看【电子活页 F-4】中的内容，或者从附录 F 配套的教学资源中打开对应的文档查看相应内容。

电子活页 F-4

Vue 的指令使用约定

5. Vue 的属性使用约定

5-1　私有属性名（必要）。

5-2　组件的 data 必须是一个函数（必要）。

5-3　组件模板应该只包含简单的表达式，复杂的表达式则应该重构为计算属性或方法（强烈推荐）。

5-4　应该把复杂计算属性分割为尽可能多的更简单的属性（强烈推荐）。

5-5　当开始觉得组件密集或难以阅读时，在多个属性之间添加空行可以让其变得容易阅读（推荐）。

读者可以扫描二维码查看【电子活页 F-5】中的内容，或者从附录 F 配套的教学资源中打开对应的文档查看相应内容。

电子活页 F-5

Vue 的属性使用约定

6. Vue 的谨慎使用约定

6-1　元素选择器应该避免在 scoped 中出现。

6-2　应该优先通过 props 和事件进行父子组件之间的通信，而不是 this.$parent 或改变 props。

6-3　应该优先通过 Vuex 管理全局状态，而不是通过 this.$root 或一个全局事件总线。

6-4　如果一组"v-if + v-else"的元素类型相同，最好使用 key（例如两个 <div> 元素）。

读者可以扫描二维码查看【电子活页 F-6】中的内容，或者从附录 F 配套的教学资源中打开对应的文档查看相应内容。

电子活页 F-6

Vue 的谨慎使用约定

参考文献

[1] 郑韩京. Vue.js 前端开发基础与项目实战[M]. 北京：人民邮电出版社，2021.

[2] 黑马程序员. Vue.js 前端开发实战[M]. 北京：人民邮电出版社，2021.

[3] 明日科技. Vue.js 前端开发实战（慕课版）[M]. 北京：人民邮电出版社，2020.

[4] 黄菊华. Vue.js 入门与商城开发实战[M]. 北京：机械工业出版社，2020.

[5] 张帆. Vue.js 项目开发实战[M]. 北京：机械工业出版社，2018.